Der Kosmos-Steinführer

Vorwort	2
Hinweise für die Benutzung	2
Einleitung	4
Minerale	6
Elemente	14
Sulfide, Arsenide, Antimonide	20
Oxide und Hydroxide	38
Halide	56
Karbonate	62
Nitrate und Borate	72
Sulfate und Chromate	74
Wolframate und Molybdate	82
Phosphate, Arsenate und Vanadate	84
Silikate	94
Gesteine	146
Eruptivgesteine	154
Metamorphe Gesteine	174
Sedimentgesteine	192
Meteorite	206
Tektite	208
Fossilien	210
Fossile Pflanzen	214
Korallen	222
Spongien (Schwämme)	230
Bryozoen (Moostierchen)	232
Mollusken (Weichtiere)	238
Gastropoden (Schnecken)	238
Cephalopoden (Kopffüßer)	250
Bivalven (Zweischaler)	260
Brachiopoden (Armkiemer)	270
Graptolithen	280
Echinodermen (Stachelhäuter)	282
Arthropoden (Gliederfüßer)	292
Vertebraten (Wirbeltiere)	302
Geologische Zeittafel	310
Weiterführende und ergänzende Literatur	311
Sachregister	312

Einleitung

Dieses Buch – es ist für den Gebrauch im Gelände geschrieben – gliedert sich in drei Abschnitte. Im ersten werden die Minerale behandelt, im zweiten die Gesteine einschließlich der Meteorite und Tektite und im dritten die Fossilien. Jeder Abschnitt beginnt mit einer Einleitung, in der Zeichnungen die wichtigen Begriffe erläutern. Ihr folgt der beschreibende Teil, der sowohl Zeichnungen als auch Farbfotos enthält. Dabei bringt die Einleitung das Minimum an Informationen, die notwendig sind, um den beschreibenden Teil verstehen zu können. Der beschreibende Teil ist im Interesse größerer Übersichtlichkeit so angeordnet, daß die Abbildungen und die Erläuterungen dazu nebeneinander stehen.

Den größten Nutzen aus diesem Buch zieht man bei häufigem Gebrauch von Inhaltsverzeichnis und Index. Das Inhaltsverzeichnis ermöglicht es, schnell den gewünschten Abschnitt im Buch zu finden; wenn aber bereits eine ungefähre Bestimmung durchgeführt werden konnte, dann führt Sie der Index unmittelbar zu der Seite, auf welcher das Sie interessierende Objekt behandelt wird. Der Index enthält nicht nur die Namen der Minerale, Gesteine und Fossilien, sondern auch technische Ausdrücke, die bei deren Beschreibung benutzt werden. Die Seitenzahlen des Index verweisen Sie auf die Seite, auf welcher der Ausdruck definiert oder durch eine Abbildung erläutert ist. Eine stratigraphische (d. h. geologische) Zeittafel befindet sich auf Seite 310. Sie ist besonders für die Sammler von Fossilien eine wertvolle Hilfe.

Wie man sammelt

Als Grundausrüstung braucht man Hammer, Meißel, Notizbuch mit Bleistift, Filzschreiber, Packmaterial und einen Beutel. Der gebräuchliche Geologenhammer hat einen quadratischen Kopf und eine meißelförmige Spitze oder Schneide, mit der man unter Umständen einen Gesteinsbrocken auseinandersprengen kann, um aus ihm z. B. Fossilien herauszupräparieren. Man sollte keinen anderen Hammer benützen. Geologenhämmer sind nämlich besonders getempert, die gängigen hingegen nicht; leicht kann sich dann beim Zerschlagen besonders harter Gesteine ein Metallsplitter lösen und unter Umständen zu einer bösen Augenverletzung führen. Einen Stahlmeißel braucht man bisweilen, um einen Gesteinsbrocken auseinanderzuspalten, der den Hammerschlägen widersteht; auch zum Herauspräparieren von Objekten, die durch Hammerschläge zerstört werden könnten, ist er sehr vorteilhaft. Beim Gebrauch des Hammers ist größte Vorsicht geboten, da häufig Splitter vom Gestein abspringen, die erheblich verletzen können. Zu empfehlen ist eine Schutzbrille. Alle Geräte für den Mineraliensammler sind erhältlich durch Kosmos-Service, 7000 Stuttgart 1, Postfach 640. Die gesammelten Proben müssen sorgfältig numeriert werden. Dazu benützt man einen Filzschreiber oder aber ein Klebeschildchen, auf das man eine Nummer schreibt. Im Notizbuch muß dann neben dieser Nummer der genaue Fundpunkt der Probe, die man auch Handstück nennt, eingetragen werden. Die Proben sollten immer in reichlich Zeitungspapier eingepackt werden, um zu vermeiden, daß sie zerbrechen oder zerkratzt werden; kleine, besonders empfindliche Stücke legt man am besten in kleine Schächtelchen. Streichholzschachteln oder Zigarettenpackungen sind da besonders gut geeignet. Wenn man beim Sammeln weite Wegstrecken zurücklegt oder aber auch wenn man viele Stücke sammelt, empfiehlt es sich, einen Rucksack zu benützen.

Die besten Stellen, an denen man Minerale, Gesteine oder Fossilien sammeln kann, sind im allgemeinen Steinbrüche, anstehende Felsen, Straßenanschnitte, Halden von noch in Betrieb befindlichen oder aufgelassenen Bergwerken; grundsätzlich kann man aber überall fündig werden, wo ein Gestein zutage tritt. Besondere Vorsicht ist geboten, wenn man nahe an einer Steinbruchwand oder am Fuße steiler Felsen sammelt. Befindet sich die Stelle, an der man sammeln will, in Privatbesitz, so muß man auf alle Fälle vorher die Erlaubnis zum Sammeln einholen. Seien Sie vorsichtig, wenn Sie ins Gelände gehen und teilen Sie, bevor Sie aufbrechen, immer jemandem mit, welchen Weg Sie einschlagen wollen.

Geologische Karten auch großen Maßstabs gibt es von den meisten Teilen der Welt. Sie zeigen die Verteilung der Gesteine im Gelände und ihr geologisches Alter. Diese Angaben ermöglichen es abzuschätzen, ob man wohl Fossilien finden kann, wo am wahrscheinlichsten Mineralien auftreten werden oder besonders interessante Gesteine. Wenn es in Ihrer Nachbarschaft ein einschlägiges Museum gibt, kann ein Besuch dort für Sie sehr nützlich sein. Viele Museen zeigen nicht nur Beispiele für die Geologie der Umgebung, sondern sie stellen auch Mi-

4

Alan R. Woolley / A. Clive Bishop
W. Roger Hamilton

Der Kosmos-Steinführer

Minerale, Gesteine, Fossilien
Ein Bestimmungsbuch
mit 834 Objekten in Farbe
und 370 Zeichnungen

Kosmos · Gesellschaft der Naturfreunde
Franckh'sche Verlagshandlung · Stuttgart

Vorwort

Bei der Abfassung dieses Buches waren wir in der glücklichen Lage, zur Anfertigung der Farbbilder auf Material aus dem Britischen Museum, Abteilung für Naturgeschichte, zurückgreifen zu können. Unsere Auswahl legte hierbei mehr Wert auf typische als auf besonders attraktive Stücke. Autoren und Verlag danken dem Direktor der Abteilung, Herrn Dr. G. F. Claringbull, für die Erlaubnis zu den Aufnahmen.

Viele unserer Kollegen haben uns unterstützt, indem sie das Manuskript durchlasen, korrigierten und Verbesserungsvorschläge machten. Ganz besonders aber möchten wir Fräulein Valerie Jones danken, die einen Großteil der erläuternden Abbildungen in den Abschnitten Minerale und Gesteine zeichnete. Unser Dank gilt auch unserem Lektor, Herrn Ian Jackson, der das voranschreitende Werk mit Sorgfalt und Geduld betreute und uns unsere Aufgabe sehr erleichterte.

A. C. Bishop, A. R. Woolley (Minerale und Gesteine)
W. R. Hamilton (Versteinerungen)

Hinweise für die Benutzung

Die natürliche Größe der dargestellten Handstücke und Fossilien kann man an einem Maßstab ablesen, der, sofern irgend möglich, am Fußende jeder Seite zu sehen ist. Die Länge des Maßstabes ist von Seite zu Seite unterschiedlich, je nach der Größe des auf dem Farbfoto dargestellten Objektes (je länger der Maßstab ist, desto kleiner ist in Wirklichkeit das dargestellte Objekt). Immer aber ist dieser Maßstab 5 cm lang, so daß man die Größe der verschiedenen Objekte gut vergleichen kann. Die in eckigen Klammern stehenden Zahlen bezeichnen die abgebildeten Objekte auf den Farbtafeln.

nerale, Gesteine und Fossilien aus. Auf diese Weise lernen Sie vieles aus eigener Anschauung kennen und gewinnen wertvolle Hinweise darüber, wo in ihrer näheren Umgebung was zu finden ist.

Die Unterbringung der Sammlung

Der beste Aufbewahrungsort für eine Sammlung ist ein Schrank mit flachen Schubladen. Jedes Stück sollte sein eigenes Pappschächtelchen haben. Auf gar keinen Fall dürfen die Stücke direkt übereinander gelagert werden. Jedes Stück sollte ein Etikett haben, auf dem angegeben ist, worum es sich handelt sowie wann und wo es gefunden wurde. Immer sollte es auch eine Nummer tragen, die in einem Buche oder auf einer Karteikarte verzeichnet ist; dort sollten dann der Name, der Fundpunkt und andere wichtige Details angegeben sein. Dieses Buch oder diese Kartei, man führt es am besten als Eingangsbuch, ermöglicht Ihnen zusammen mit der fest am Stück angebrachten Nummer die Identifizierung, wenn das Begleitetikett verloren gegangen sein sollte.

Das System, dem dieses Buch folgt, kann Ihnen als nützlicher Leitfaden zur Anordnung Ihrer Sammlung dienen, es gibt aber natürlich auch andere Möglichkeiten, eine Sammlung anzuordnen, die Ihnen vielleicht geeigneter erscheinen können. Mineralien vor allem sehen dann am vorteilhaftesten aus, wenn sie gewaschen sind. Um Staub und Schmutz zu entfernen, taucht man die Probe in klares Wasser, in welchem etwas Waschmittel aufgelöst wurde, und reibt sie ganz sanft mit einer weichen Bürste ab. Natürlich darf man das nicht, wenn das Mineral wasserlöslich ist oder aber leicht zerbrechlich. Auch bei erdigen Anflügen muß man sehr vorsichtig sein.

Weitere Hinweise

Obwohl in den einleitenden Kapiteln der drei Abschnitte dieses Buches ein Überblick über das Gebiet der Mineralogie, Petrologie (Lehre von der Entstehung und Untersuchung von Gesteinen) und Paläontologie (Untersuchung von Fossilien) gegeben wird, ist es natürlich in einem einzigen Buch nicht möglich, allen diesen Themen gerecht zu werden. Auch wenn auf den folgenden Seiten etwa 700 einzelne Arten von Mineralien, Gesteinen und Fossilien beschrieben werden, so gibt es natürlich eine ganze Reihe weiterer Arten, die aus Raumgründen nicht erwähnt werden können. Dem Leser, der sein Wissen erweitern will, wird deshalb auf Seite 311 eine Reihe von Büchern empfohlen. Es wäre gleichfalls günstig, wenn eine Zusammenstellung der erhältlichen geologischen Karten der verschiedensten Gegenden gegeben werden könnte; eine solche Liste wäre aber gar zu umfangreich. Geologische Karten erhalten Sie in Buchhandlungen und bei den entsprechenden geologischen Landesämtern, die auch Auskunft geben.

Wer sich ganz der Mineralogie, Petrographie oder Paläontologie verschreiben will, wird am besten Mitglied einer entsprechenden Gesellschaft. Die meisten Länder haben solche Gesellschaften auf nationaler Basis. Es gibt aber auch eine ganze Reihe von regionalen Gesellschaften, die gerade den begeisterten Liebhaber ansprechen, oft eigene Bibliotheken haben und Exkursionen zu ergiebigen und interessanten Fundpunkten veranstalten. Um diese zu erfahren, wendet man sich am besten an das mineralogische, petrographische, geologische oder paläontologische Institut der nächstgelegenen Universität.

Minerale

Gesteine bilden die Erde; die Gesteine aber sind aus Mineralen in charakteristischen Mengenverhältnissen aufgebaut. Minerale sind feste Stoffe, die ihrerseits aus Atomen in gesetzmäßiger und regelmäßiger Anordnung aufgebaut sind. Diese Anordnung ist das Kennzeichen für den kristallinen Zustand der Materie und bedeutet gleichzeitig, daß man die chemische Zusammensetzung durch eine Formel ausdrücken kann.

Kristalle. Wenn Minerale ungehindert wachsen können, sind sie von ebenen Flächen, den Kristallflächen, begrenzt. Diese sind gesetzmäßig angeordnet, und ihre gegenseitigen Beziehungen sind für Kristalle der gleichen Mineralart immer die gleichen. Ein Kristall ist immer von natürlich gewachsenen ebenen Flächen begrenzt, und seine regelmäßige äußere Form ist der Ausdruck einer regelmäßigen und gesetzmäßigen Anordnung seiner Atome.

Kristallaufbau. Seit Beginn dieses Jahrhunderts kann man mit Röntgenstrahlen diese innere Struktur eines Kristalls exakt bestimmen; schon seit etwa zweihundert

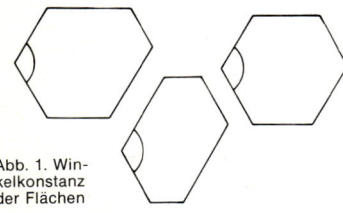

Abb. 1. Winkelkonstanz der Flächen

Jahren aber weiß man, daß der Aufbau eines Kristalls eine schier unglaubliche Regelmäßigkeit aufweist. Das ist jedoch nicht auf den ersten Blick erkennbar; so zeigen die Flächen des Quarzes eine ungeheure Variabilität in Größe und Form. Erst wenn man die Winkel zwischen entsprechenden Flächenpaaren mißt, wird die Regelmäßigkeit offensichtlich. Der Winkel zwischen zwei entsprechenden Flächen verschiedener Kristalle der gleichen Substanz ist konstant (Abb. 1). Das rührt daher, daß die Atome, die den Kristall aufbauen, in definierter und gesetzmäßiger Weise angeordnet sind. Schon lange bevor dies bekannt war, sind Kristalle untersucht worden. Allein aus der Beobachtung ihrer äußeren Form war abgeleitet worden, daß Kristalle Symmetrieeigenschaften aufweisen und danach klassifiziert werden können.

Kristallsymmetrie. Wir alle kennen Objekte, die eine *Symmetrie- oder Spiegelebene* haben, d. h. sie werden entlang dieser Ebene in zwei spiegelbildlich gleiche Hälften geteilt (Abb. 2). Der menschliche Körper z. B. ist entlang einer senkrecht stehenden Ebene symmetrisch. Man kennt aber auch Symmetrien entlang einer Linie, der *Symmetrieachse*. Sie geht durch den Mittelpunkt des betreffenden Objektes. Dreht man den Kristall um diese Achse, dann zeigt er zwei-, drei-, vier- oder sechsmal während einer vollen Drehung um 360° das gleiche Bild

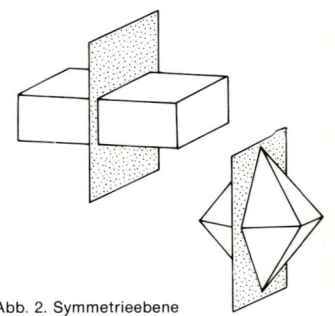

Abb. 2. Symmetrieebene

(Abb. 3). Je nachdem, wie oft der Kristall bei einer vollen Drehung deckungsgleich wird, nennt man diese Achse 2zählig, 3zählig, 4zählig oder 6zählig. 5zählige Achsen gibt es aus Raumerfüllungsgründen nicht. Ein *Symmetriezentrum* liegt dann vor, wenn von jeder Fläche eine parallele Gegenfläche existiert (Abb. 4).

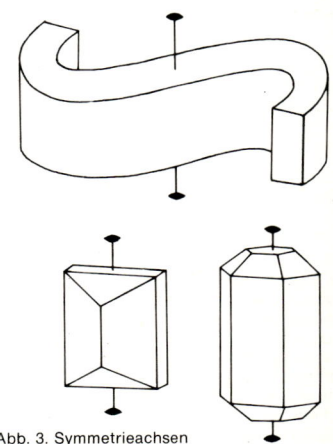

Abb. 3. Symmetrieachsen

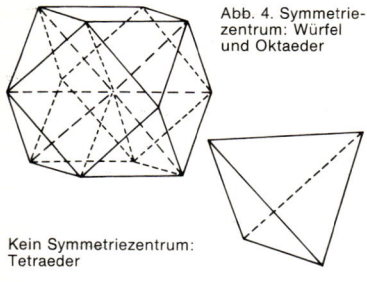

Abb. 4. Symmetrie-
zentrum: Würfel
und Oktaeder

Kein Symmetriezentrum:
Tetraeder

Kristallsysteme. Auf der Grundlage ihrer Symmetrieeigenschaften können alle Kristalle sechs Kristallsystemen zugeordnet werden (Abb. 5). Diese werden nach der Gesamtheit der auftretenden Symmetrieelemente – in der folgenden Tabelle

sind nur die entscheidenden angeführt – noch in Kristallklassen unterteilt, die hier aufzuführen zu weit ginge. Aus einigen Klassen des trigonalen und hexagonalen Kristallsystems kann man das rhomboedrische Kristallsystem zusammenfassen, das durch drei gleichlange, im gleichen, aber nicht rechten Winkel aufeinander stehende Bezugsachsen charakterisiert ist. Die Bezugsachsen der verschiedenen Kristallsysteme werden so gewählt, daß sie den Kanten der Elementarzelle parallelgehen. Die Elementarzelle ist die kleinste strukturelle Einheit, aus der man sich einen Kristall aufgebaut denken kann. – Die folgende Tabelle nennt die für die einzelnen Kristallsysteme charakteristischen Symmetrien und Bezugsachsen. Das trigonale System ist auch aufgeführt, obwohl man es im hexagonalen unterbringen könnte.

System	Symmetrien	Bezugsachse
kubisch	4 3zählige Achsen	3 aufeinander senkrecht stehende, gleichlange Achsen
tetragonal	1 4zählige Achse	3 aufeinander senkrecht stehende Achsen. Die senkrecht stehende hat eine andere Länge als die beiden gleichlangen anderen
hexagonal	1 6zählige Achse	4 Achsen; eine parallel zur 6zähligen Achse, die anderen 3 gleichlang, in einer Ebene senkrecht zu ihr. Sie bilden untereinander Winkel von 120°
trigonal	1 3zählige Achse	wie beim hexagonalen System
rhombisch	nur 2zählige Achsen oder Symmetrieebenen. 3 derartige Symmetrieelemente senkrecht aufeinander	3 aufeinander senkrecht stehende, verschieden lange Achsen
monoklin	1 Symmetrieebene oder 1 2zählige Achse oder beides	3 verschieden lange Achsen; 2 davon bilden keinen rechten Winkel, die 3. steht auf der durch sie beschriebenen Ebene senkrecht
triklin	Symmetriezentrum oder keine Symmetrie	3 verschieden lange, in verschiedenen Winkeln aufeinanderstehende Achsen

Kristallformen. Wenn man Kristalle bestimmen will, ist es sehr nützlich, das Kristallsystem zu kennen, dem sie angehören. Aber auch Minerale, die im gleichen Kristallsystem kristallisieren, ja sogar Kristalle derselben Substanz, können in ihrem Aussehen beachtliche Unterschiede aufweisen, je nachdem, in welcher *Kristallform* oder Kombination von Kristallformen sie auftreten.

Eine Kristallform umfaßt alle Flächen, die durch die Symmetrie des betreffenden Kristalls bedingt sind. Formen, wie der Würfel und das Oktaeder (Abb. 6, S. 8), umschließen einen Raum vollständig und werden *geschlossene* Formen genannt. Sie können selbst als Kristalle auftreten. Andere Formen, wie beispielsweise das Pinakoid (ein Paar paralleler Gegenflächen) oder das Prisma (eine Form, die aus

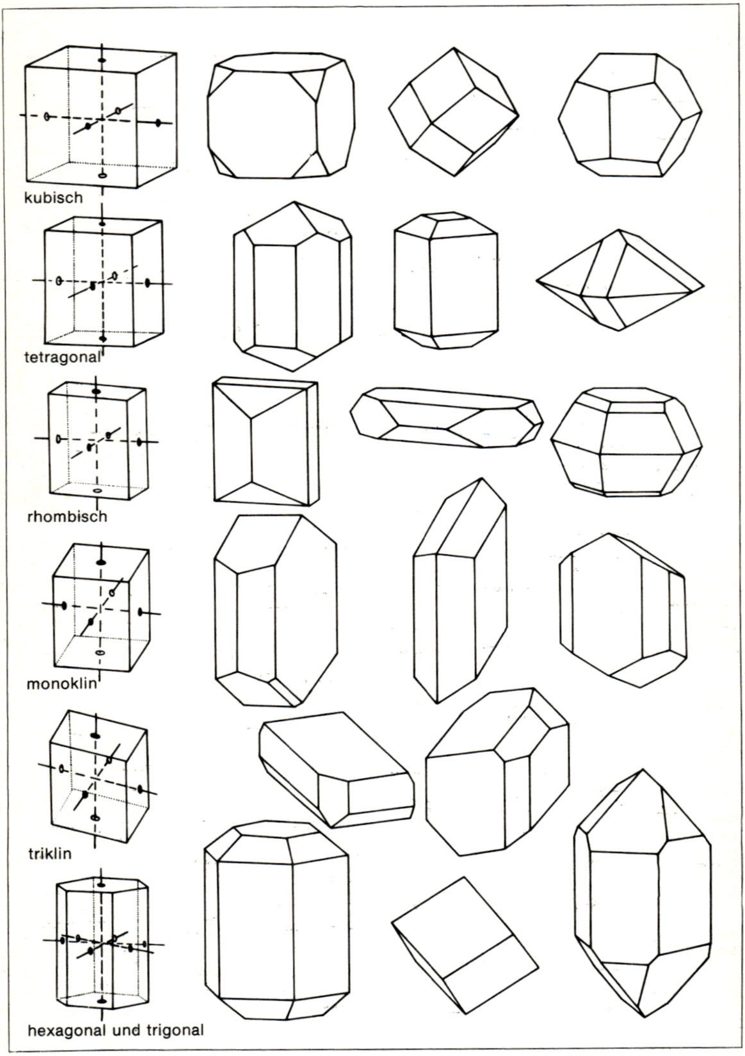

Abb. 5. Bezugsachsen der Kristallsysteme und einige Beispiele zugehöriger Kristalle

kubisch

tetragonal

rhombisch

monoklin

triklin

hexagonal und trigonal

Abb. 6. Würfel und Oktaeder

drei oder mehr Flächen besteht, die gemeinsame parallele Kanten haben), umschließen den Raum nicht vollständig; sie heißen *offene* Formen (Abb. 7). Natürlich können solche Formen nur in Kombinationen mit anderen Formen zusammen vorkommen, denn ein Kristall ist ein fester

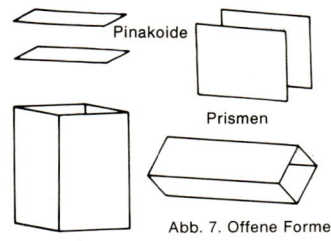

Pinakoide

Prismen

Abb. 7. Offene Formen

und somit begrenzter Körper. Kristallformen werden oft benützt, um das Erscheinungsbild eines Kristalls zu beschreiben. So ist der Spinell oktaedrisch, weil er in

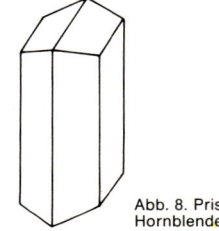

Abb. 8. Prismatischer Hornblendekristall

Oktaedern auftritt, und die Hornblende kommt in prismatischen Kristallen vor (Abb. 8).
Der allgemeine Eindruck, den ein Mineral

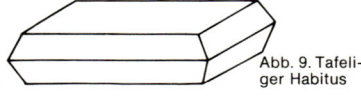

Abb. 9. Tafeliger Habitus

durch die verschiedene Entwicklung seiner Flächen bietet, wird Habitus genannt. So kristallisiert Baryt im allgemeinen im tafeligen Habitus (Abb. 9), Zeolithe häufig im nadeligen Habitus (Abb. 10).

Abb. 10. Nadeliger oder stengeliger Habitus

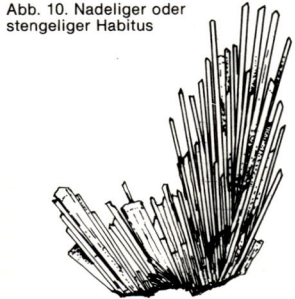

Mineralaggregate. Bisher wurden nur Einzelkristalle beschrieben. Die meisten Minerale aber kommen in Form von Aggregaten vor, die selten vollkommene Kristallformen erkennen lassen. Trotzdem: Auch die Form von Aggregaten kann bei der Identifikation von Mineralen sehr nützlich sein. Die faserigen Zeolithe wurden bereits erwähnt. Dieses Eigenschaftswort beschreibt ihr Erscheinungsbild so vollkommen, daß man eine Gruppe dieser Minerale Faserzeolithe ge-

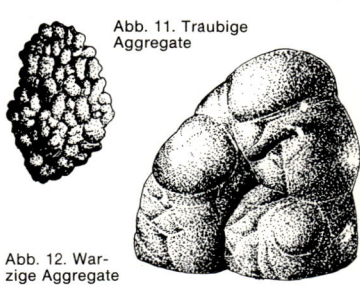

Abb. 11. Traubige Aggregate

Abb. 12. Warzige Aggregate

nannt hat. Wachsen Kristalle von einem Zentrum heraus nach außen, so entstehen radialstrahlige Aggregate, die einem Bündel Trauben ähneln. Man nennt sie botryoidal, auf gut deutsch: traubig. Von größeren, deutlicher gerundeten Formen

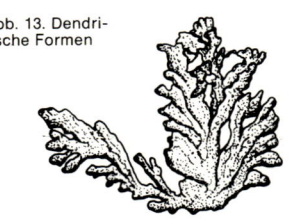

Abb. 13. Dendritische Formen

sagt man, sie seien warzenförmig (Abb. 12). Minerale, wie natives Kupfer, bilden oft verzweigte, bäumchenförmige Aggregate, die man als Dendrite bezeichnet (Abb. 13). Kristalle, die deutliche ebene Blättchen bilden, nennt man blättrig. Sind diese Blättchen sehr dünn und können

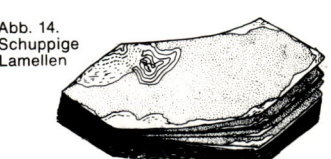

Abb. 14. Schuppige Lamellen

9

gut voneinander getrennt werden, so sagt man, sie wären *schuppig* ausgebildet (Abb. 14). Weitere Beispiele für Aggregatformen werden bei der Beschreibung der Minerale genannt.

Physikalische Eigenschaften. Da ein enger Zusammenhang zwischen dem atomaren Bau eines Minerals und dessen physikalischen Eigenschaften besteht, sind diese wertvolle Hilfsmittel zu seiner Erkennung. Einige der besonders brauchbaren physikalischen Eigenschaften seien nun angeführt.

Die **Dichte,** exakt definiert als Masse je Volumeneinheit, wird ausgedrückt, beispielsweise, in Gramm je Kubikzentimeter. Sie wird oft synonym, jedoch nicht exakt identisch, im gleichen Sinne verwendet wie das *spezifische Gewicht.* Die Dichte hängt von verschiedenen Faktoren ab, deren wichtigster die Art der Atome im Kristall und ihre Packungsdichte ist. Je schwerer die Atome sind und je dichter sie gepackt sind, desto höher ist die Dichte. Tridymit und Quarz sind beide chemisch identisch, nämlich SiO_2. Quarz hat jedoch das spezifische Gewicht 2,65, denn er ist dichter gepackt als Tridymit mit einer Dichte von 2,26, beide Male bei Raumtemperatur gemessen. Beim Tridymit spricht man von einer „offenen" Struktur. Ähnlich ist es beim Coelestin und beim Anglesit, den Sulfaten von Strontium bzw. Blei. Sie haben beide die gleiche Struktur, die gleiche Anordnung der Atome. Das schwere Bleiatom des Anglesits ergibt aber ein spezifisches Gewicht von 6,32, das wesentlich leichtere Strontiumatom nur ein solches von 3,97. Mit etwas Erfahrung kann man das spezifische Gewicht durch Abwägen mit der Hand ungefähr abschätzen. Genauere Methoden zu Bestimmung der Dichte sind in einigen der auf Seite 311 genannten Bücher angeführt.

Die **Härte** ist der Widerstand, den ein Mineral dem Abrieb (Abriebhärte) oder dem Eindringen eines spitzen Gegenstandes (Ritzhärte) entgegensetzt. F. Mohs hat 1812 eine zehnstufige Härteskala angegeben. Jedes hier genannte Mineral ritzt das vorangehende bzw. wird von dem nachfolgenden geritzt:

1. Talk	6. Orthoklas
2. Gips	7. Quarz
3. Kalzit	8. Topas
4. Fluorit	9. Korund
5. Apatit	10. Diamant

Diese Härteskala wird so verwendet, daß man das Bezugsmineral mit dem unbekannten, zu bestimmenden Mineral zu ritzen versucht und umgekehrt. So kann es auch zu Zwischenwerten kommen. Minerale der Härte 1 fühlen sich seifig an. Der Fingernagel hat eine Härte von etwa 2,5, die Stahlklinge eines Messers etwa die Härte 5,5; Minerale ab Härte 6 ritzen Fensterglas. Ausdrücklich sei darauf verwiesen, daß Härte nichts mit dem Widerstand zu tun hat, den ein Kristall dem Zerbrechen entgegensetzt. Ein sehr hartes Mineral kann sehr wohl gleichzeitig sehr spröde sein. Nicht selten ist die Ritzhärte auf verschiedenen Flächen des gleichen Kristalls oder in verschiedenen Richtungen unterschiedlich.

Spaltbarkeit und Bruch. Wenn man Kristalle hinreichendem Druck aussetzt, zerbrechen sie. Wenn die Oberfläche der Bruchstücke unregelmäßig begrenzt ist, spricht man von *Bruch.* Erfolgt der Bruchvorgang entlang einer Fläche, deren Lage von der Struktur abhängt und immer einer möglichen Kristallfläche

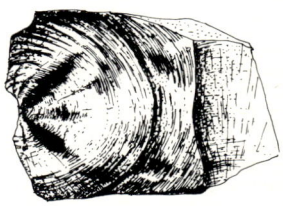

Abb. 15. Muscheliger Bruch

parallelgeht, dann spricht man von *Spaltbarkeit.* Spaltbarkeit und Bruch sind Ausdruck des inneren Baues der Kristalle. Spaltbarkeit tritt auf, wenn die Bindungsstärken verschiedener Atome untereinander oder, noch ausgeprägter, wenn die Bindungsstärke planar angeordneter Atome zur parallelen Nebenfläche sehr unterschiedlich ist. Das kann man am besten bei den Glimmern sehen, die Schichtsilikate sind. Sie sind, wie der Name sagt, aus Schichten zusammengesetzt. Innerhalb einer Schicht haben wir die festen Silizium-Sauerstoff-Bindungen, während die Stärke der Bindungen der Schichten untereinander nur sehr gering ist: Glimmer läßt sich sehr leicht in sehr dünne Blättchen aufspalten.

Die Bindungsenergie variiert sehr, und mit ihr variiert auch die Güte der Spaltbarkeit. Glimmer z. B. haben eine *vollkommene* Spaltbarkeit; nicht so vollkommene Spaltbarkeit wird als *gut, schlecht* oder *undeutlich* beschrieben. Im gleichen Kristall kann es verschiedene Spaltrichtungen auch von unterschiedlicher Qualität geben. Diese sind dann von ganz besonderem diagnostischen Wert. Glas wiederum, das eine relativ unregelmäßige Struktur hat, hat keine Spaltbarkeit, sondern einen *muscheligen* Bruch (Abb. 15). Man nennt ihn so, weil die Bruchfläche mit ihren konzentrischen Rillen ähnlich wie die Wachstumslinien einer Muschel aussieht. Quarz hat, obwohl er Kristalle bildet, eine so gleichmäßige Art der interatomaren Bindungen, daß auch hier der Bruch nahezu muschelig ist. Wenn die Oberfläche beim gebrochenen Kristall so aussieht wie gebrochenes, gekrümmtes Eisen, spricht man von einem *hackigen* Bruch.

Die **optischen Eigenschaften** der Kristalle sind durch die Wechselwirkung des Lichtes mit dem Kristallgitter bedingt. Eine auch nur flüchtige Behandlung dieses Stoffes würde jedoch den Rahmen dieses Buches sprengen. Hier nur das Allerwichtigste und für die Bestimmung der Minerale mit freiem Auge Wissenswerte. Eine sehr auffallende Eigenart eines Minerals ist die *Transparenz:* ob es *durchsichtig, durchscheinend* oder aber *opak, d. h. undurchsichtig* ist. Diese Eigenschaft ist durch die Art und Intensität der Absorption des Lichts im Kristall bedingt und somit auch abhängig von der Dicke des Mineralkornes. So werden in extrem dünnen Schichten alle Minerale durchsichtig. Man denke hier nur an das Blattgold, das sich in Dicken von etwa 1/1000 Millimeter grün durchsichtig zeigt.

Wenn Lichtstrahlen unter schrägem Winkel in ein durchsichtiges oder durchscheinendes Mineral einfallen, wird ein Teil des Lichtes an der Oberfläche *reflektiert,* ein anderer, der in den Kristall eintritt, ändert seine Richtung, er wird *gebrochen.* Diese Erscheinung ist für uns von geringem diagnostischem Wert. Deshalb sei hier nur am Rande darauf verwiesen, daß in den meisten (in allen nicht-kubischen und nicht-amorphen) Mineralen dabei nach dem Eintritt in den Kristall zwei Fortpflanzungsrichtungen des Lichtes zu beobachten sind. Und hier beginnt das weite Feld der Mineraluntersuchung mit dem Polarisationsmikroskop.

Der **Glanz** ist vor allem eine Eigenschaft der Oberfläche eines Minerals und unabhängig von der Farbe. Man unterscheidet verschiedene Arten von Glanz: *Metallischer Glanz* ist typisch für Metalle. Er tritt auch bei Mineralen auf, die, ähnlich wie Metalle, Licht sogar in dünnsten Schichten stark absorbieren. Neben den natürlich vorkommenden Metallen haben die meisten Sulfide metallischen Glanz. Ist dieser Glanz nicht ganz so vollkommen, dann spricht man von *submetallischem Glanz.* Unter den verschiedenen Arten *nichtmetallischen Glanzes* sei der *Diamantglanz* genannt, der beim Diamanten auftritt, der *Harzglanz,* der für Harze typisch ist und

bei verschiedenen Mineralen von gelber oder brauner Farbe vorkommt. Am häufigsten ist der *Glasglanz,* der dem zerbrochenen Glases ähnelt. Verschiedene Arten von Glanz sind ganz besonders durch die Qualität der reflektierenden Oberfläche bedingt. So tritt *Fettglanz* häufig bei rauhen Oberflächen auf, die als vollständig glatte Flächen Diamantglanz oder Harzglanz ergeben würden. *Perlglanz* rührt daher, daß das Licht an einer Folge paralleler Oberflächen, beispielsweise Spaltflächen, reflektiert wird. Kleine, parallele Fasern, wie bei Asbesten und manchen Varietäten von Gips, rufen *Seidenglanz* hervor. Ein *erdiger* Glanz schließlich beruht darauf, daß es durch Streuung des Lichtes an der Oberfläche zu keinem Glanz kommt. Ein Mineral kann auch auf verschiedenen Flächen einen unterschiedlichen Glanz haben. So zeigt bei Heulandit ein Flächenpaar Perlglanz, alle anderen Flächen aber zeigen Glasglanz.

Die **Farbe** eines Minerals entsteht durch die teilweise Absorption des weißen Lichts. Die beobachtete Farbe ist die Farbe der Wellenlänge des Lichtes, die am wenigsten absorbiert wird. Es gibt noch eine ganze Reihe anderer Ursachen für die Farbe eines Minerals, von denen als häufigste die erwähnt sei, daß ein anderes, farbiges Mineral in Form kleinster Partikelchen eingebaut ist. Die Farbe ist für den Sammler eines der wichtigsten Erkennungszeichen eines Minerals.

Der **Strich** ist die Farbe des gepulverten Minerals. Üblicherweise erzeugt man ihn dadurch, daß man mit dem Mineral über ein Stück unglasierten Prozellans, Strichplatte genannt, streicht. Während die Farbe des Minerals oft sehr variieren kann, ist dies beim Strich nicht der Fall. Der Strich ist besonders wertvoll für die Bestimmung opaker oder farbiger Minerale. Er ist von geringem diagnostischem Wert bei den Silikaten, da die meisten einen weißen Strich haben und noch dazu zu hart sind, um auf der Strichplatte ein Pulver zu hinterlassen.

Wenn Minerale mit ultraviolettem Licht bestrahlt werden und dann sichtbares Licht emittieren, spricht man von **Fluoreszenz.** Fluorit, der diesem Phänomen den Namen gab, und manche andere Minerale zeigen diese Eigenart. Diese Fluoreszenz ist zwar sehr interessant und manchmal auch sehr attraktiv; doch ist ihr diagnostischer Wert im allgemeinen sehr gering, da das gleiche Mineral verschiedener Vorkommen, ja bisweilen sogar des gleichen Vorkommens, unterschiedliche Fluoreszenzfarben zeigen kann. Manche Minerale zeigen auch besondere magnetische, elektrische und radioaktive Eigenschaften, die man in speziellen Fällen zur Bestimmung heranziehen kann. Sie werden bei den entsprechenden Mineralen angegeben. Im übrigen sei hier auf die Literaturzusammenstellung am Ende des Buches verwiesen.

Chemische Zusammensetzung. Für jedes Mineral läßt sich eine chemische Formel angeben, welche seine chemische Zusammensetzung beschreibt, ja definiert. Diese chemische Formel ist also gleichzeitig eine bequeme Möglichkeit, die chemische Zusammensetzung eines Minerals auszudrücken. Atome sind gewöhnlich elektrisch neutral, da die positiven Ladungen des Kernes durch die negativen Ladungen der umgebenden Elektronen ausgeglichen werden. Atome können aber Elektronen verlieren oder einfangen und werden so positiv oder negativ geladen. Dann sind es *Ionen* des betreffenden Elements. Negativ geladene Ionen werden *Anionen,* positiv geladene *Kationen* genannt. Jede chemische Verbindung ist aus Kationen und Anionen in einem solchen Mengenverhältnis zusammengesetzt, daß die positiven Ladungen der Kationen und die negativen Ladungen der Anionen einander entsprechen. Dadurch ist die resultierende Verbindung wieder elektrisch neutral. Der positiv geladene Anteil, die Kationen also, ist im allgemeinen ein Metall und wird in der chemischen Formel meist an erster Stelle geschrieben. Der negative Teil, die Anionen, können entweder ein nichtmetallisches Ion sein, wie Sauerstoff oder Schwefel, oder aber eine Kombination verschiedener Elemente, die in ihrer Gesamtheit negativ geladen sind. Als Beispiel hierfür sei das Karbonation, CO_3^{--}, oder das Sulfation, SO_4^{--}, genannt.

In der folgenden Tabelle sind die in diesem Buche vorkommenden Elemente mit ihren Symbolen zusammengestellt.

Ag	Silber	Fe	Eisen
Al	Aluminium	H	Wasserstoff
As	Arsen	Hg	Quecksilber
Au	Gold	K	Kalium
B	Bor	La	Lanthan
Ba	Barium	Li	Lithium
Be	Beryllium	Mg	Magnesium
Bi	Wismut	Mn	Mangan
C	Kohlenstoff	Mo	Molybdän
Ca	Kalzium	N	Stickstoff
Cd	Kadmium	Na	Natrium
Ce	Cer	Nb	Niob
Cl	Chlor	Ni	Nickel
Co	Kobalt	O	Sauerstoff
Cr	Chrom	P	Phosphor
Cu	Kupfer	Pb	Blei
F	Fluor	S	Schwefel

Sb	Antimon	U	Uran
Si	Silizium	V	Vanadin
Sn	Zinn	W	Wolfram
Sr	Strontium	Y	Yttrium
Ta	Tantal	Zn	Zink
Th	Thorium	Zr	Zirkon
Ti	Titan		

Im folgenden, ohne Angabe der Anzahl der negativen Ladungen, einige Anionengruppen:

Al_2O_4	Aluminat
As, As_2	Arsenid
AsO_4	Arsenat
BO_3, B_3O_4	Borat
Cl, Cl_2	Chlorid
CO_3	Karbonat
CrO_4	Chromat
F, F_2	Fluorid
MoO_4	Molybdat
N, N_2	Nitrid
NO_3	Nitrat
NbO_3	Niobat
O, O_2	Oxid
$(OH), (OH)_2$	Hydroxid
PO_4	Phosphat
S, S_2	Sulfid
SiO_4, Si_2O_7	Silikat
SO_4	Sulfat
TaO_3	Tantalat
TiO_3	Titanat
UO_2	Uranat
VO_4	Vanadat
WO_4	Wolframat

Der Index hinter dem Symbol des Elementes gibt an, wieviel Atome dieses Elementes in der Formeleinheit enthalten sind. Will man aus der chemischen Formel einen Namen ableiten, so muß man sowohl die Kationen als auch die Anionen angeben. So heißt $CaCO_3$ chemisch Kalziumkarbonat, FeS_2 Eisendisulfid, CaF_2 Kalziumfluorid, $(Mg, Fe)_2 SiO_4$ Magnesium-Eisen-Silikat usw. $KAISi_3O_8$ kann man sowohl Kalium-Aluminium-Silikat nennen als auch, besser, Kalium-Alumino-Silikat. Hier gibt es nämlich in der Anionengruppe zwei Ionen und nicht in derjenigen der Kationen. Ein anderes Beispiel ist $K_2 (UO_2)_2 (VO_4)_2 \cdot 3H_2O$. Man nennt diese Verbindung hydratisiertes Kalium-Uranyl-Vanadat. Daraus geht auch hervor, daß man Kristallwasser, H_2O, in dem Namen einer Verbindung dadurch ausdrückt, daß man die betreffende Verbindung *hydratisiert* nennt. Atome, die sich gegenseitig mehr oder weniger vollständig ersetzen können, werden in einer Klammer zusammengefaßt, beispielsweise (Mg, Fe).

Vorkommen. Nahezu alle Gesteine bestehen aus Mineralen. Doch schöne

Stücke, *Mineralstufen* genannt, sind selten. In erster Linie sind sie entlang von Hohlräumen zu finden, wo die Kristalle unbehindert wachsen konnten Schöne Stufen findet man in Mineralklüften (Abb. 16). Heiße Lösungen lagerten Minerale in Klüften und Sprüngen eines Gesteins ab, und manche dieser Gänge, meist hydrothermale Gänge genannt (Bildungstemperatur unter 375°C), werden als Erzgänge abgebaut. Diese enthalten häufig farbenprächtige Stufen und schöne Kristalle nicht nur der wirtschaftlich interessanten Erzminerale, sondern auch der sie begleitenden wirtschaftlich meist wertlosen *Gangart*. Es ist gar nicht nötig, in diesen Erzgängen selbst zu sammeln, denn das ist häufig unmöglich oder gefährlich. Beim Abbau werden die nicht der weiteren Aufbereitung zugeführten Massen sowie die Gangart auf eine Halde gefahren. Dort kann man, wenn man sorgfältig sucht, häufig schöne Stufen finden. Das gilt auch und besonders für die Halden aufgelassener Bergwerke.

Gute Kristalle findet man oft in blasenförmigen Hohlräumen von Gesteinen. Zum größten Teil sind es für derartige Vorkommen typische Minerale, meist unabhängig von der Zusammensetzung des Nebengesteins. Bisweilen können derartige mit Mineralen angefüllte Hohlräume herauswittern und liegen dann am Fuße einer Steinbruchwand als *Geoden*. Besonders Varietäten von Quarz, beispielsweise Amethyst, ist in solchen Vorkommen recht häufig (Abb. 17). Pegmatite, die aus einem an flüchtigen Gemengteilen reichen Magma bei relativ niedrigen Temperaturen (etwa 700°C) herauskristallisieren, sind eine Quelle seltener und schöner Minerale.

Nicht immer aber sind die größten Kristalle auch die schönsten, eher im Gegenteil. Deshalb steigt das Interesse an Kleinstufen, auch im deutschen Sprachgebrauch gerne *Micromounts* genannt, immer mehr. Kleine Einzelkristalle oder Kristallstufen werden vorsichtig in einem oder auf einem Glas- oder Plastikschächtelchen befestigt oder in durchsichtigen Kunststoff eingebettet. Die Minerale betrachtet man dann mit einer Lupe, einem

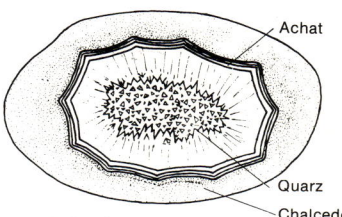

Abb. 17. Geode

Binokular oder gar einem Mikroskop, je nach der Größe des Objektes. Diese kleinen Kristalle sind viel regelmäßiger gewachsen als die großen Kristalle, sind viel schöner und nehmen auch viel weniger Platz ein.

Immer wieder wird der Sammler Minerale finden, die er nicht bestimmen kann. Hier wird ihm ein Besuch entsprechender Sammlungen und Museen weiterhelfen. Der Zeitaufwand lohnt sich immer, denn er kann so nicht nur ein fragliches Mineral bestimmen, sondern wird auch sein Wissen auf dem Gebiet der Naturgeschichte vertiefen.

Zu den Mineralen dieses Buches. Die beschriebenen Minerale sind – etwas anders als bei Strunz – in den nachstehenden Gruppen zusammengefaßt:

Elemente
Sulfide, Arsenide, Antimonide
Oxide und Hydroxide
Halide (Chloride, Fluoride)
Karbonate
Nitrate und Borate
Sulfate und Chromate
Molybdate und Wolframate
Arsenate und Vanadate
Silikate

Das ist eine Klassifikation nach chemischen Gesichtspunkten. Dabei ist gerade die Gruppe der Silikate eine so umfangreiche Gruppe, daß man sie nach ihren Strukturen weiter unterteilt. Dieses System hat den Vorteil, daß Minerale ähnlicher Eigenschaften in eine Gruppe kommen. In einigen der in der Literaturzusammenstellung genannten Bücher ist dieses System ausführlich erklärt.

Es gibt natürlich auch andere Möglichkeiten der Klassifikation der Minerale. Die modernste dürfte wohl die paragenetische sein, bei welcher Minerale, die unter gleichen Bedingungen entstanden sind, auch gemeinsam ihre Behandlung finden. Auch kann man Minerale so zusammenfassen, wie sie als Rohstoffe für bestimmte Elemente verwendet werden oder bestimmte Elemente enthalten. So wird eine Sammlung auch wirtschaftlich instruktiv.

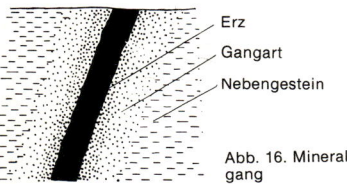

Abb. 16. Mineralgang

Gold Au [1, 2]

Kristallsystem: Kubisch. **Habitus:** Im allgemeinen feine Flitter oder dendritische Formen; die seltenen Kristalle sind oktaedrisch. Würfel und Rhombendodekaeder sind sehr selten. Unregelmäßig gerundete Massen nennt man Nuggets. **Zwillingsbildung:** Häufig nach dem Oktaeder. **Spez. Gewicht:** 19,3, sinkt mit steigendem Anteil an anderen Metallen. **Härte:** 2,5–3. **Spaltbarkeit:** Keine. **Bruch:** Hackig. **Farbe und Transparenz:** Charakteristisch goldgelb; etwas heller, wenn silberhaltig. Außer in dünnsten Schichten opak. **Strich:** Goldgelb. **Glanz:** Metallisch. **Erkennungsmerkmale:** Farbe, niedrige Härte, unlöslich in Säuren außer Königswasser. Gold kann mit Pyrit oder Chalkopyrit (Narrengold) verwechselt werden. Die Farbe aber, die niedere Härte und die Schmiedbarkeit (Duktilität) sind gute Unterscheidungsmerkmale zu der größeren Härte und dem spröden Verhalten dieser beiden Minerale. **Zersetzung:** Keine. **Vorkommen:** In kleinen Mengen auf hydrothermalen Gängen, fast immer zusammen mit Quarz [2]. Auf alluvialen Lagerstätten, in denen Gold wegen seiner hohen Dichte und durch die Verwitterung der Begleitminerale während des Transportes angereichert wurde; es sind dies Flußsedimente, die noch unverfestigt sein können oder aber im Laufe der Zeit zu kompakten Gesteinen verfestigt wurden. Kleine Körnchen (Nuggets [1]) von Gold können über weite Entfernungen durch Flüsse transportiert werden. Sie lassen sich zusammen mit den Schwermineralen aus den Flußsanden und -schottern auswaschen und dann auf Grund ihrer Farbe auslesen. Das südafrikanische Gold wird aus verfestigten, goldhaltigen Quarzkonglomeraten gewonnen.

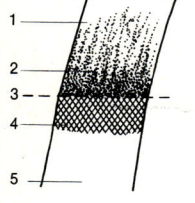

Mineralgang mit sekundärer Sulfidanreicherung.

1 Auslaugungszone;
2 Oxidationszone;
3 Grundwasserspiegel;
4 Zone sekundärer Sulfidanreicherung (Zementationszone);
5 unveränderte Partien

Silber Ag [3, 4]

Kristallsystem: Kubisch. **Habitus:** Gewöhnlich blättrige, drahtartige Aggregate, Kristalle selten. **Spez. Gewicht:** 10–11. **Härte:** 2,5–3. **Spaltbarkeit:** Keine. **Bruch:** Hackig. **Farbe und Transparenz:** Silberweiß, meist jedoch mit schwarzen Anlauffarben. Opak. **Strich:** Silberweiß. **Glanz:** Metallisch. **Erkennungsmerkmale:** Die Farbe, die schwarze Anlauffarbe, Schmiedbarkeit, Löslichkeit in Salpetersäure. **Vorkommen:** Auf hydrothermalen Gängen oder in kleinen Mengen in der Oxidationszone silberführender Lagerstätten. Die Abb. 3 zeigt eine Verwachsung von Silber und Kupfer.

Kupfer Cu [3, 5, 6]

Kristallsystem: Kubisch. **Habitus:** Dendritisch-verästelt, auch blechförmig. Die seltenen Kristalle sind Würfel oder Rhombendodekaeder. **Spez. Gewicht:** 8,9. **Spaltbarkeit:** Keine. **Bruch:** Hackig. **Farbe und Transparenz:** Kupferrot, häufig mit schmutzigbraunen Anlauffarben. Opak. **Strich:** Metallisch kupferrot. **Glanz:** Metallisch. **Erkennungsmerkmale:** Farbe und Duktilität, leicht löslich in Salpetersäure. **Vorkommen:** In basaltischen Laven, in Sandsteinen und Konglomeraten, in denen es sekundärer Entstehung ist. Es hat sich dort durch Reaktion kupferhaltiger Lösungen mit anderen Mineralen, vor allem Eisenmineralen, gebildet. Elementares Kupfer [5, 6], obzwar weit verbreitet, kommt immer nur in kleinen Mengen vor.

Eisen Fe [1]; **Nickeleisen NiFe**
Kristallsystem: Kubisch. **Habitus:** Als Körner und massiv in terrestrischen Gesteinen. Nickeleisen ist in der Form von Taenit und Kamazit die wesentlichste metallische Komponente von Meteoriten (s. unter Meteorite). **Spez. Gewicht:** 7,3–7,9. **Härte:** 4,5. **Spaltbarkeit:** Schlecht. **Bruch:** Hackig. **Farbe und Transparenz:** Stahlgrau bis schwarz. Opak. **Glanz:** Metallisch. **Erkennungsmerkmale:** Stark magnetisch, schmiedbar. **Vorkommen:** Terrestrisches Eisen ist ziemlich selten. Es kommt vor, wenn Vulkanite in Kohlenflöze eindringen.

Arsen As [2]
Kristallsystem: Trigonal. **Habitus:** Kristalle selten, gewöhnlich dichte, körnige, mandelförmige oder stalaktitische Massen. **Spez. Gewicht:** 5,6–5,8. **Spaltbarkeit:** Nach der Basis vollkommen. **Farbe und Transparenz:** Hellgrau, überzieht sich schnell mit schmutziggrauen 'Anlauffarben. Opak. **Strich:** Hellgrau. **Glanz:** In frischem Zustand metallisch. **Erkennungsmerkmale:** Wenn man kleine Splitter in eine Flamme hält, macht sich beim Verbrennen ein starker Knoblauchgeruch bemerkbar. **Vorkommen:** Auf hydrothermalen Gängen gewöhnlich in Eruptivgesteinen oder Metamorphiten. Häufig vergesellschaftet mit Silber-, Kobalt- oder Nickel-Erzen. Der Namen leitet sich vom griechischen Wort für männlich ab und stammt aus einer Zeit, da man annahm, daß verschiedene Metalle verschiedenen Geschlechtes seien.

Antimon Sb [3, 4]
Kristallsystem: Trigonal. **Habitus:** Meist massive, nierenförmige Massen, bisweilen blättrig. Kristalle selten. **Zwillingsbildung:** Verbreitet. **Spez. Gewicht:** 6,6–6,7. **Härte:** 3–3,5. **Spaltbarkeit:** Vollkommen nach der Basis, gut nach dem Rhomboeder. **Farbe und Transparenz:** Sehr hellgrau. Opak. **Strich:** Grau. **Glanz:** Metallisch. **Vorkommen:** Auf hydrothermalen Gängen, oft zusammen mit Silber oder Arsen. Als Begleitminerale treten Antimonit, Zinkblende, Bleiglanz und Pyrit auf.

Wismut Bi [5, 6]
Kristallsystem: Trigonal. **Habitus:** Massive, körnige, auch baumartig verzweigte Massen. Kristalle selten. **Zwillingsbildung:** Ziemlich verbreitet. **Spez. Gewicht:** 9,7–9,8. **Härte:** 2–2,5. **Spaltbarkeit:** Vollkommen nach der Basis. **Farbe und Transparenz:** Silbrigweiß, rötliche Anlauffarben. Opak. **Strich:** Silberweiß glänzend. **Glanz:** Metallisch. **Erkennungsmerkmale:** Rötlich-silbrige Farbe, ausgezeichnete Spaltbarkeit, schmilzt leicht bei 270°C. **Vorkommen:** Auf hydrothermalen Gängen, häufig zusammen mit Erzen von Gold, Silber, Zinn, Nickel, Kobalt und Blei.

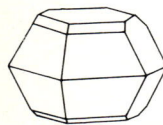

Schwefel

Schwefel S [1, 2]
Kristallsystem: Rhombisch. **Habitus:** Bipyramidale oder tafelige Kristalle. Kommt auch in Form von Stalaktiten und Krusten vor. **Spez. Gewicht:** 2,0–2,1. **Härte:** 1,5–2,5. **Spaltbarkeit:** Keine. **Bruch:** Uneben, manchmal muschelig. **Farbe und Transparenz:** Hellgelb, bisweilen bräunlich, durchsichtig bis durchscheinend. **Strich:** Weiß. **Glanz:** Harzig. **Erkennungsmerkmale:** Farbe, niedere Härte, niedriger Schmelzpunkt (113°C), unlöslich in Wasser und verdünnter Salzsäure, löslich in Kohlenstoffdisulfid. **Vorkommen:** Als krustenförmige Überzüge in der Nachbarschaft vulkanischer Förderwege und Fumarolen; in Sedimenten, besonders in Kalken und Gipsgesteinen. Schwefel kommt oft zusammen mit Steinsalz, Anhydrit, Gips und Kalzit in den obersten Teilen von Salzlagerstätten vor.

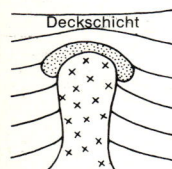

Deckschichten über einem Salzdom; sie führen Schwefel

Diamant C [5, 6]
Kristallsystem: Kubisch. **Habitus:** Gewöhnlich oktaedrische, häufig verzerrte Kristalle, seltener Würfel. Oft mit gekrümmten Kristallflächen. **Zwillingsbildung:** Bisweilen nach dem Oktaeder. **Spez. Gewicht:** 3,5. **Härte:** 10. **Spaltbarkeit:** Vollkommen nach dem Oktaeder. **Bruch:** Muschelig. **Farbe und Transparenz:** Farblos, durchsichtig. Kann auch gelblich, braun, rot und sogar schwarz sein. Edelsteindiamanten sind wasserklar. Grauer bis schwarzer, feinkörniger, opaker Diamant wird Bort [6] genannt. **Strich:** Weiß. **Glanz:** Diamantglanz; ungeschliffene Kristalle zeigen Fettglanz. **Erkennungsmerkmale:** Extreme Härte, oktaedrische Spaltbarkeit. **Vorkommen:** Sporadisch verteilt in Kimberliten, einem Gestein, das röhrenförmige Intrusionen bildet, die aus großen Tiefen kommen. Sie werden auch im Deutschen mit dem englischen Namen „Pipes" bezeichnet. Auch in alluvialen Lagerstätten, vor allem in Fluß- und Strandkiesen, in welchen der Diamant angereichert ist. Die meisten Diamanten wurden aus solchen alluvialen Lagerstätten gewonnen, bis in der Mitte des neunzehnten Jahrhunderts die Diamanten-Pipes Südafrikas entdeckt wurden.

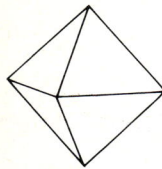

Diamant: Oktaeder

Graphit C [3, 4]
Kristallsystem: Hexagonal. **Habitus:** Flachtafelige Kristalle, doch häufiger dichte, blättrige oder schuppig-erdige Massen. **Spez. Gewicht:** 2,1–2,3. **Härte:** 1–2. **Spaltbarkeit:** Vollkommen nach der Basis. **Farbe und Transparenz:** Schwarz. Opak. **Strich:** Schwarz. **Glanz:** Stumpf-metallisch. **Erkennungsmerkmale:** Sehr weich, fühlt sich fettig an, färbt leicht auf Finger und Papier ab. Vom ähnlichen Molybdänit durch seinen schwarzen Strich, das niedrige spezifische Gewicht und die Farbe zu unterscheiden. Molybdänit ist bläulichgrau mit grauem bis graugrünem Strich. **Vorkommen:** In Form verstreuter Blättchen in metamorphen Gesteinen, wo er durch die Metamorphose kohlenstoffhaltiger Sedimente entstanden ist. Graphitführende Schiefer und Kalke sind weit verbreitet. Er kommt auch gangförmig in Eruptivgesteinen oder Pegmatiten vor. Der Name wird vom Griechischen hergeleitet, wo er „schreiben" bedeutet.
Diamant und Graphit haben dieselbe chemische Zusammensetzung, aber sehr unterschiedliche Strukturen und auch Eigenschaften. Dieses Phänomen, bei welchem eine chemische Verbindung in zwei oder mehr unterschiedlichen Formen vorkommen kann, die sich in ihrer Struktur und ihren Eigenschaften unterscheiden, nennt man *Polymorphie.* Es kann kaum einen größeren Unterschied in der Härte geben, als bei Diamant und Graphit.

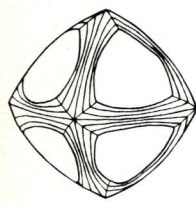

Diamant: Oktaeder mit gekrümmten Kristallflächen

Silberglanz (Argentit-Akanthit) Ag_2S [1]

Kristallsystem: Kubisch (Argentit); rhombisch (Akanthit). **Habitus:** Meist würfelige oder oktaedrische Kristalle, häufig als Parallelverwachsungen. Akanthit kristallisiert bei tiefen Temperaturen in Form spitzer Kristalle. Auch baumförmige, haarförmige und massive Massen. **Spez. Gewicht:** 7,2–7,4. **Härte:** 2–2,5. **Spaltbarkeit:** Schlecht nach dem Würfel. **Bruch:** Nahezu muschelig. **Farbe und Transparenz:** Schwarz. Opak. **Strich:** Glänzend-schwarz. **Glanz:** Metallisch. **Erkennungsmerkmale:** Farbe; kann, wie Blei, mit einem Messer geschnitten werden. **Zersetzung:** Argentit ist nur über 180°C stabil. Unter dieser Temperatur hat Ag_2S eine rhombische Struktur und wird Akanthit genannt. Die kubischen Formen, die man beobachtet, sind also Paramorphosen von Akanthit nach Argentit. **Vorkommen:** Auf hydrothermalen Gängen zusammen mit Pyrargyrit, Proustit und gediegenem Silber. Kommt auch als Verwitterungsprodukt anderer sulfidischer Silbererze vor.

Bornit Cu_5FeS_4 [2, 3]

Kristallsystem: Kubisch. **Habitus:** Kristalle unregelmäßig würfelig und rhombendodekaedrisch. Meist massive Massen. **Zwillingsbildung:** Nach dem Oktaeder. **Spez. Gewicht:** 5,0–5,1. **Härte:** 3. **Spaltbarkeit:** Nicht erkennbar. **Bruch:** Uneben, nahezu muschelig. **Farbe und Transparenz:** Auf frischer Oberfläche rötlichbraun. Überzieht sich bald mit einer schillernden, purpurroten Anlauffarbe. Opak. **Strich:** Blaß grauschwarz. **Glanz:** Metallisch. **Erkennungsmerkmale:** Schillernde Farben, daher auch Buntkupferkies genannt. In Salpetersäure löslich. **Zersetzung:** Bildet Chalkosin, Covellin, Cuprit, Chrysokoll, Malachit und Azurit. **Vorkommen:** Ein sehr verbreitetes Kupfermineral; wird zusammen mit Chalkopyrit und Chalkosin auf hydrothermalen Gängen gefunden. Kommt auch als primäres Mineral in manchen Eruptivgesteinen und Pegmatiten vor.

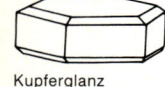

Kupferglanz

Covellin (Kupferindig) CuS [4, 5]

Kristallsystem: Hexagonal. **Habitus:** Die seltenen Kristalle sind tafelig oder plattenförmig; gewöhnlich blättrige Massen oder Überzüge. **Spez. Gewicht:** 4,6–4,8. **Härte:** 1,5–2. **Spaltbarkeit:** Vollkommen nach der Basis. **Farbe und Transparenz:** Indigoblau mit purpurroten Anlauffarben. Opak. **Strich:** Schmutziggrau bis schwarz. **Glanz:** Metallisch. **Erkennungsmerkmale:** Durch die ausgezeichnete Spaltbarkeit wird Covellin von Bornit unterschieden, durch die Farbe von Chalkosin. **Vorkommen:** Auf hydrothermalen Gängen als primäres Sulfid; häufiger in der Zementationszone zusammen mit Chalkosin, Bornit und Chalkopyrit.

Chalkosin (Kupferglanz) Cu_2S [6]

Kristallsystem: Rhombisch. **Habitus:** Kristalle selten, prismatisch oder tafelig. Gewöhnlich dichte Massen oder erdige Überzüge. **Zwillingsbildung:** Verbreitet. Ergibt dann pseudohexagonale Formen. **Spez. Gewicht:** 5,5–5,8. **Härte:** 2,5–3. **Spaltbarkeit:** Undeutlich nach dem Prisma. **Bruch:** Muschelig. **Farbe und Transparenz:** Schmutzig bleigrau mit schwarzen Anlauffarben. Opak. **Strich:** Schwarz. **Glanz:** Metallisch. **Erkennungsmerkmale:** Schwarze Farbe; immer zusammen mit anderen Kupfererzen. In Salpetersäure löslich. **Zersetzung:** Bildet Covellin, Malachit oder Azurit. **Vorkommen:** Sehr verbreitet, oft mit gediegenem Kupfer oder Cuprit. Tritt meist in der Zone sekundärer Sulfidanreicherung auf, wenn Sulfatlösungen aus den oberen Zonen unter dem Grundwasserspiegel mit primären Sulfiden reagieren und sekundäre Chalkosin-„Lagergänge" bilden.

Mineralgang mit sekundärer Sulfidanreicherung.
1 Auslaugungszone;
2 Oxidationszone;
3 Grundwasserspiegel;
4 Zone sekundärer Sulfidanreicherung (Zementationszone);
5 unveränderte Partien

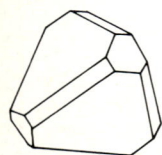

Zinkblende, Kombination zweier Tetraeder mit Würfel

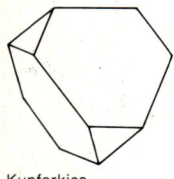

Kupferkies

Zinkblende (Sphalerit) ZnS [1, 2]

Kristallsystem: Kubisch. **Habitus:** Meist tetraedrische oder rhombendodekaedrische Kristalle in Kombination mit dem Würfel. Die Kristalle sind oft gekrümmt und zeigen gewölbte Kristallflächen. Auch körnig, faserig, traubig. **Zwillingsbildung:** Häufig nach dem Oktaeder. **Spez. Gewicht:** 3,9–4,1. **Härte:** 3,5–4. **Spaltbarkeit:** Vollkommen nach dem Rhombendodekaeder. **Bruch:** Muschelig. **Farbe und Transparenz:** Meist gelb, braun, schwarz. Durchsichtig bis durchscheinend. Bisweilen Opak. **Strich:** Braun bis hellgelb oder weiß. **Glanz:** Harzig, bei opaken Proben nahezu metallisch. **Erkennungsmerkmale:** Zinkblende ist in ihrer Farbe sehr unterschiedlich und kann schwer mit Sicherheit erkannt werden. Der Namen Sphalerit wird aus dem Griechischen abgeleitet, wo er ,,trügerisch'' bedeutet. Man wollte damit zum Ausdruck bringen, daß er leicht mit anderen Mineralen verwechselt werden kann. Spaltbarkeit und harziger Glanz sind aber ziemlich zuverlässige Erkennungsmerkmale. Meist ist Zinkblende gelb bis schmutzigbraun. **Zersetzung:** Es bildet sich dabei Limonit, Hemimorphit oder Smithsonit. **Vorkommen:** Zinkblende ist das verbreitetste Zinkmineral. Auf hydrothermalen Gängen ist sie sehr oft mit Bleiglanz vergesellschaftet. Auch in Kalken kommt sie vor, wo sie meistens durch metasomatische Lösungen gebildet wurde und zusammen mit Pyrit, Pyrrhotin und Magnetit auftritt.

Kupferkies (Chalkopyrit) CuFeS$_2$ [3, 4]

Kristallsystem: Tetragonal. **Habitus:** Tetraedrische Kristalle. Gewöhnlich derb. **Zwillingsbildung:** Nach verschiedenen Zwillingsgesetzen. Es entstehen Durchdringungszwillinge, die an Spinellzwillinge erinnern. **Spez. Gewicht:** 4,1–4,3. **Härte:** 3,5–4. **Spaltbarkeit:** Sehr schlecht. **Bruch:** Muschelig bis uneben. **Farbe und Transparenz:** Messinggelb, oft mit schillernden Beflügen. Opak. **Strich:** Grünlich-schwarz. **Glanz:** Metallisch. **Erkennungsmerkmale:** Von Pyrit durch die tiefer gelbe Farbe, die schillernden Beflüge und die niedrige Härte zu unterscheiden. Im Vergleich zu Gold spröder und härter. Löslich in Salpetersäure. **Zersetzung:** Umwandlung in Chalkosin, Covellin, Chrysokoll und Malachit. **Vorkommen:** Kupferkies ist das verbreitetste Kupfererz und auch wirtschaftlich wichtig. Primär kommt er in Eruptiva sowie auf hydrothermalen Gängen zusammen mit Pyrit, Pyrrhotin, Zinnstein, Zinkblende, Bleiglanz und Gangmineralen wie Quarz, Kalzit und Dolomit vor. In den sogenannten porphyrischen Kupfererzen kommt er feinverteilt in Porphyren mit Bornit und Pyrit vor. Auch in Pegmatiten, kristallinen Schiefern und in kontaktmetamorphen Lagerstätten ist er anzutreffen.

Wurtzit ZnS [5]

Kristallsystem: Hexagonal. **Habitus:** Pyramidal ausgebildete Kristalle, auch strahlige, faserige, derbe Massen. **Spez. Gewicht:** 4,0–4,1. **Härte:** 3,5–4. **Spaltbarkeit:** Nach dem Prisma deutlich, nach der Basis unvollkommen. **Farbe und Transparenz:** Bräunlich-schwarz. **Strich:** Braun. **Glanz:** Harzig. **Vorkommen:** Ziemlich selten mit anderen sulfidischen Erzen. Wurtzit ist die Hochtemperaturmodifikation von ZnS und nach A. Wurtz, einem französischen Chemiker, benannt.

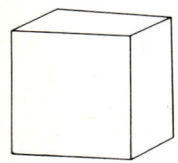

Bleiglanzwürfel

Bleiglanz, Kombination von Würfel mit Oktaeder

Bleiglanz (Galenit) PbS [3, 4, 5]

Kristallsystem: Kubisch. **Habitus:** Die Kristalle sind oft Kombinationen von Würfeln mit dem Oktaeder oder aber Oktaeder, seltener Würfel. Auch in derben Massen oder körnig. **Zwillingsbildung:** Kontaktzwillinge oder Durchdringungszwillinge nach dem Oktaeder. **Spez. Gewicht:** 7,4–7,6. **Härte:** 2,5. **Spaltbarkeit:** Ausgezeichnet nach dem Würfel. **Farbe und Transparenz:** Bleigrau. Opak. **Strich:** Bleigrau. **Glanz:** Metallisch. **Erkennungsmerkmale:** Farbe, metallischer Glanz, ausgezeichnete Spaltbarkeit nach dem Würfel, hohes spezifisches Gewicht. **Zersetzung:** Oxidiert leicht zu Anglesit, Cerussit, Pyromorphit oder Mimetesit. **Vorkommen:** Bleiglanz ist sehr verbreitet und das wichtigste Bleierz. Er kommt in Sedimentgesteinen parallel der Schichtung angeordnet vor, auf hydrothermalen Gängen, in Pegmatiten und als metasomatische Bildung in Kalken und Dolomiten. Auf hydrothermalen Gängen ist er meist mit Zinkblende, Pyrit, Kupferkies, Fahlerz und Bournonit vergesellschaftet. Als Gangart treten dann Quarz, Kalzit, Dolomit, Baryt und Fluorit auf. In Gängen, die bei hoher Temperatur entstanden sind, oder in Verdrängungslagerstätten wird er gerne von Granat, Feldspat, Diopsid, Rhodonit und Biotit begleitet. Verdrängungslagerstätten kommen in Karbonatgesteinen vor, in denen häufig der Kalk zuvor durch Dolomit verdrängt wurde. Der Name Galenit kommt vom lateinischen Wort für Bleierz. Bleiglanz ist nicht nur als Bleierz wichtig, sondern auch, und das vor allem, als Silbererz. Der Silbergehalt des Bleiglanzes ist dabei sehr unterschiedlich. Allgemein kann man sagen, daß er um so reicher an Silber ist, je höherthermal die Bildung war. Gehalte bis zu 0,5 % Ag werden hier erreicht. Tiefthermale Bildungen erreichen nur Gehalte von etwa 0,01 %; auch solche Gehalte können, wenn die Lagerstätte nur groß genug ist, durchaus wirtschaftlich interessant sein.

Magnetkies (Pyrrhotin) FeS (bis $Fe_{0,8}S$) [1, 2]

Kristallsystem: Hexagonal. **Habitus:** Meist massiv, körnig. Die tafeligen bis blättrigen Kristalle sind selten. **Zwillingsbildung:** Selten. **Spez. Gewicht:** 4,6–4,7. **Härte:** 3,5–4,5. **Spaltbarkeit:** Teilbarkeit nach der Basis. **Bruch:** Uneben bis nahezu muschelig. **Farbe und Transparenz:** Bronzegelb. Der Luft ausgesetzt, dunkelt diese Farbe bis rötlich bronzefarben nach. Opak. **Strich:** Grauschwarz. **Glanz:** Metallisch. **Erkennungsmerkmale:** Die rötlich bronzene Farbe. Magnetisch. Neben dem Magnetit ist er das einzige deutlich magnetische Mineral. Vom Pyrit durch die Farbe und niedrigere Härte, vom Kupferkies durch die Farbe und den Magnetismus zu unterscheiden. **Vorkommen:** Magnetkies kommt in Eruptivgesteinen wie Gabbro oder Norit meist zusammen mit Chalkopyrit, Pentlandit und Pyrit in Form verstreuter Körner vor. Man findet ihn auch auf Kontaktlagerstätten, in Gängen und in Pegmatiten. Er kommt als Troilit in Eisenmeteoriten vor. Der Name Pyrrhotin kommt aus dem Griechischen, wo er rötlich bedeutet.

Der Troilit der Eisenmeteorite hat wohl die gleiche Kristallstruktur wie der Pyrrhotin, unterscheidet sich aber von diesem dadurch, daß seine chemische Zusammensetzung genau der Formel FeS entspricht.

In manchen basischen Gesteinen, wie Noriten und Gabbros, enthält der Magnetkies erhebliche Mengen von Nickel und wird, wie in Sudbury, Kanada, auf dieses Element auch abgebaut. Das Mineral hat dann eine mehr ins Silbrige gehende Farbe und wird Pentlandit genannt. Seine Symmetrie ist kubisch, Kristalle kommen kaum vor. Der Gehalt an Nickel ist unterschiedlich; er kann dem an Eisen entsprechen.

Rotnickelkies (Nickelin, Niccolit) NiAs [1]

Kristallsystem: Hexagonal. **Habitus:** Gewöhnlich derb in nierigen oder säuligen Aggregaten. Kristalle selten. **Spez. Gewicht:** 7,8. **Härte:** 5–5,5. **Spaltbarkeit:** Keine. **Bruch:** Uneben. **Farbe und Transparenz:** Blaß kupferrot. Opak. **Strich:** Blaß bräunlichschwarz. **Glanz:** Metallisch. **Erkennungsmerkmale:** Farbe. **Zersetzung:** Überzieht sich mit einer Schicht von grünem Annabergit, Nickelblüte. **Vorkommen:** Kommt in Eruptivgesteinen wie Noriten und Gabbros zusammen mit Magnetkies, Kupferkies und Nickelsulfiden vor. Auf hydrothermalen Gängen mit Silber, Silberarseniden und Kobaltmineralen.

Greenockit

Greenockit CdS [3]

Kristallsystem: Hexagonal. **Habitus:** Gewöhnlich pulverige Überzüge. Selten in Form deutlicher Kristalle. **Spez. Gewicht:** 4,9–5,0. **Härte:** 3–3,5. **Spaltbarkeit:** Deutlich nach dem Prisma, undeutlich nach der Basis. **Bruch:** Muschelig. **Farbe und Transparenz:** Orangegelb, nahezu durchscheinend. **Strich:** Rötlichgelb. **Glanz:** Diamantglanz bis Harzglanz. **Erkennungsmerkmale:** Gelbe Farbe, erdig. Löst sich in Salzsäure und ergibt dabei Schwefelwasserstoffgeruch. **Vorkommen:** Gelbe Überzüge auf Zinkmineralen, wie Zinkblende. Wurde zu Ehren von Lord Greenock benannt.

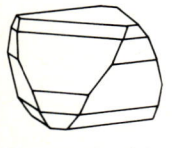

Zinnober: dicktafeliger Habitus

Zinnober HgS [4, 5]

Kristallsystem: Trigonal. **Habitus:** Rhomboedrische oder dicktafelige Kristalle. Manchmal kurze Prismen, auch nadelig. Bisweilen körnig, derb. **Zwillingsbildung:** Häufig mit der Basis als Zwillingsebene. **Spez. Gewicht:** 8,0–8,2. **Härte:** 2–2,5. **Spaltbarkeit:** Vollkommen nach dem Prisma. **Bruch:** Uneben. **Farbe und Transparenz:** Scharlachrot bis bräunlichrot. Durchsichtig bis durchscheinend, bisweilen nahezu opak. **Strich:** Zinnoberrot. Gepulverter Zinnober wurde als Farbe benützt. **Glanz:** Diamantglanz, wenn opak, nahezu metallisch. **Erkennungsmerkmale:** Rote Farbe und Strich, hohes spezifisches Gewicht, vollkommene Spaltbarkeit. **Zersetzung:** Wandelt sich bisweilen in Calomel, Quecksilberchlorid, um. **Vorkommen:** Zinnober ist das verbreitetste und auch wirtschaftlich wichtigste Quecksilbermineral. Es ist auf Sprüngen und Klüften in Sedimentgesteinen in der Nähe vulkanischer Aktivität anzutreffen und um heiße Quellen. Mit ihm zusammen kommen Pyrit, Antimonit und Realgar vor, als Gangart Chalzedon, Quarz, Kalzit und Baryt.

Millerit (Haarkies) NiS [2]

Kristallsystem: Trigonal. **Habitus** Kristalle meist haarförmig in radialstrahligen Aggregaten. **Spez. Gewicht:** 5,2–5,6. **Härte:** 3–3,5. **Spaltbarkeit:** Vollkommen nach dem Rhomboeder. **Bruch:** Uneben. **Farbe und Transparenz:** Messinggelb. Opak. **Strich:** Grünlich schwarz. **Glanz:** Metallisch. **Erkennungsmerkmale:** Farbe, haarförmige Kristalle, die einzeln elastisch sind. **Vorkommen:** Gewöhnlich als Büschel radialstrahliger Aggregate in Hohlräumen und als ein Umwandlungsprodukt anderer Nickelminerale. Kommt auch in feinen Rissen anderer Nickelminerale und in der Nähe mancher Vulkane als Sublimationsprodukt vor. Benannt nach W. H. Miller (1801–1880), einem britischen Mineralogen.

Realgar

Realgar (Rauschrot) AsS [6, 7]

Kristallsystem: Monoklin. **Habitus:** Kurzprismatische Kristalle, die in der Längsrichtung gestreift sind. Auch körnig, derb. **Spez. Gewicht:** 3,5. **Härte:** 1,5–2. **Spaltbarkeit:** Gut nach dem Pinakoid. **Bruch:** Muschelig. **Farbe und Transparenz:** Rot bis orangegelb. Durchsichtig bis durchscheinend. **Strich:** Orangerot. **Glanz:** Harzglanz. **Erkennungsmerkmale:** Farbe, niedrige Härte, Harzglanz, gemeinsames Vorkommen mit Auripigment. **Zersetzung:** Wird Realgar lange dem Licht ausgesetzt, so zerfällt er zu einem gelben Pulver. **Vorkommen:** Auf hydrothermalen Gängen, auch als vulkanisches Sublimat, in der Ablagerung heißer Quellen, in Kalken und Dolomiten.

Auripigment (Orpiment) As_2S_3 [5]

Kristallsystem: Monoklin. **Habitus:** Gewöhnlich blättrige, säulige Massen. Kleine Kristalle sind selten. **Spez. Gewicht:** 3,4–3,5. **Härte:** 1,5–2. **Spaltbarkeit:** Eine vollkommene Spaltrichtung. **Farbe und Transparenz:** Zitronengelb bis bräunlich- oder rötlichgelb. Durchsichtig bis durchscheinend. **Strich:** Blaßgelb. **Glanz:** Auf der Oberfläche von Spaltflächen Perlglanz, sonst Harzglanz. **Vorkommen:** Begleitet oft Realgar als tiefthermale Bildung in Gängen und im Absatz heißer Quellen.

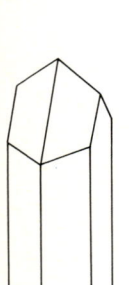

Antimonit

Antimonit (Antimonglanz, Stibnit) Sb_2S_3 [3, 4]

Kristallsystem: Rhombisch. **Habitus:** Prismatische Kristalle, die in ihrer Längsrichtung gestreift sind. Manchmal gebogene Kristalle. Nadelige Kristalle als büschelige, radialstrahlige Aggregate. Gelegentlich körnig, derb. **Spez. Gewicht:** 4,5–4,6. **Härte:** 2. **Spaltbarkeit:** In der Richtung parallel zur Längserstreckung der Kristalle vollkommen spaltbar. **Bruch:** Nahezu muschelig. **Farbe und Transparenz:** Bleigrau, bisweilen mit irisierenden Überzügen. Opak. **Strich:** Bleigrau. **Glanz:** Metallisch. **Erkennungsmerkmale:** Habitus, vollkommene Spaltbarkeit, niedrige Härte. Schmilzt schon in der Streichholzflamme. **Vorkommen:** Meist in quarzführenden hydrothermalen Gängen, als metasomatische Verdrängung in Kalken und als Ablagerung heißer Quellen. Oft in Paragenese mit Realgar, Auripigment, Bleiglanz, Pyrit und Zinnober.

Jamesonit $Pb_4FeSb_6S_{14}$ [1]

Kristallsystem: Monoklin. **Habitus:** Nadelige, auch faserige Kristalle, auch derb. **Spez. Gewicht:** 5,5–6,0. **Härte:** 2–3. **Spaltbarkeit:** Vollkommen nach der Basis. **Bruch:** Uneben bis muschelig. **Farbe und Transparenz:** Schmutzig bleigrau. Opak. **Strich:** Grauschwarz. **Glanz:** Metallisch. **Erkennungsmerkmale:** Vom Antimonit durch das Fehlen der Spaltbarkeit parallel zur Längserstreckung der Kristalle zu unterscheiden. **Vorkommen:** Auf hydrothermalen Gängen zusammen mit Bleiglanz, Pyrit, Antimonit und anderen Mineralen.

Wismutglanz (Bismuthinit) Bi_2S_3 [2]

Kristallsystem: Rhombisch. **Habitus:** Gewöhnlich massiv, strahlig. Selten nadelige Kristalle. **Spez. Gewicht:** 6,8. **Härte:** 2. **Spaltbarkeit:** Eine vollkommene Spaltrichtung. **Farbe und Transparenz:** Hellbleigrau. Opak. **Strich:** Hellbleigrau. **Glanz:** Metallisch. **Erkennungsmerkmale:** Ähnlich Antimonit, aber mit dem Messer zu zerschneiden und weniger biegsam. **Vorkommen:** Ziemlich selten. In Eruptivgesteinen tritt er vergesellschaftet mit Magnetit, Pyrit, Kupferkies, Zinkblende und Bleiglanz, sowie Zinn- und Wolframerzen auf.

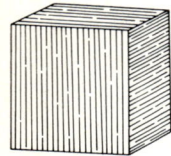

Pyrit: gestreifter Würfel

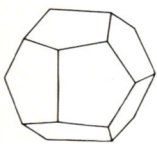

Pyrit: Pyritoeder

Pyrit: Zwillinge nach dem „Eisernen Kreuz"

Pyrit (Schwefelkies) FeS₂ [2, 3, 4, 5]

Kristallsystem: Kubisch. **Habitus:** Die Kristalle sind meistens Würfel, Pyritoeder und Oktaeder sowie Kombinationen dieser Formen. Die Würfel zeigen oft eine Streifung, die durch das wechselnde Wachstum von Würfel und Oktaeder bedingt ist und die auf angrenzenden Flächen aufeinander senkrecht steht. Auch derb, körnig, stalaktitisch, kugelig, radialstrahlig. **Zwillingsbildung:** Bisweilen durchdringen sich zwei Pyritoeder derart, daß sie die Form eines „Eisernen Kreuzes" zeigen. **Spez. Gewicht:** 4,9–5,2. **Härte:** 6–6,5. **Spaltbarkeit:** Undeutlich nach dem Würfel und nach dem Oktaeder. **Bruch:** Muschelig bis uneben. **Farbe und Transparenz:** Blaß messinggelb. Opak. **Strich:** Grünlich schwarz. **Glanz:** Metallisch. **Erkennungsmerkmale:** Farbe, Fehlen von Anlauffarben. Vom Kupferkies durch die hellere Farbe und die größere Härte zu unterscheiden. Vom Markasit ist der Pyrit, außer beim Vorliegen von Kristallen, schwer zu unterscheiden. Markasit ist aber heller in der Farbe und hat ein niedrigeres spezifisches Gewicht. **Zersetzung:** Pyrit oxidiert entweder zu Eisensulfat oder zum hydratisierten Oxid, dem Limonit. Pseudomorphosen von Limonit nach Pyrit sind nicht selten. **Vorkommen:** Pyrit ist sehr weit verbreitet und kann unter den verschiedensten Bildungsbedingungen entstehen. In Eruptivgesteinen tritt er als akzessorisches Mineral auf Segregaten auf. In Sedimentgesteinen, vor allem in schwarzen Schiefertonen, die unter stagnierenden, anaerobischen Bedingungen gebildet wurden, tritt er sowohl in Form von Kristallen als auch in Form von Knollen auf. In Metamorphiten, vor allem in Tonschiefern, bildet er häufig gut begrenzte würfelige Kristalle. Auf hydrothermalen Gängen ist er bei sulfidischen Erzen ein sehr verbreitetes Mineral, ebenso in Verdrängungslagerstätten und bei kontaktmetamorphen Bildungen. Häufig findet man auch Fossilien, die aus Pyrit bestehen. Der Name rührt vom griechischen Wort für Feuer her und weist darauf hin, daß beim heftigen Aneinanderschlagen von Pyrit Funken stieben.

Markasit FeS₂ [1]

Kristallsystem: Rhombisch. **Habitus:** Gewöhnlich tafelige Kristalle. Auch derb, stalaktitisch oder radialstrahlig. **Zwillingsbildung:** Häufig. Es entstehen speerförmige oder hahnenkammähnliche Formen. **Spez. Gewicht:** 4,8–4,9. **Härte:** 6–6,5. **Spaltbarkeit:** Schlecht, nach dem Prisma. **Bruch:** Uneben. **Farbe und Transparenz:** Blaß bronzegelb. Opak. **Strich:** Grauschwarz. **Glanz:** Metallisch. **Erkennungsmerkmale:** Sehr ähnlich dem Pyrit: Die Farbe ist jedoch blasser, das spezifische Gewicht niedriger und die speerartigen Formen sind typisch. **Zersetzung:** Ähnlich wie bei Pyrit tritt leicht eine Oxidation zu Eisensulfat oder Limonit ein. Auch Umwandlungen in Pyrit sind möglich. **Vorkommen:** Markasit wird bei tieferen Temperaturen, unter 450°C, in hydrothermalen Gängen gebildet, die Zink- und Bleierze enthalten. Häufig wird er in oberflächennahen Lagerstätten, meist in Sedimente wie Kalken, Kreiden und Tonen, als Einzelkristalle und in Form von Konkretionen gefunden. Auch Fossilien werden aus Markasit gebildet. Der Namen kommt aus dem arabischen Wort für Pyrit.

Markasit: speerförmige Zwillinge

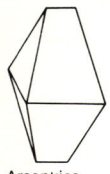

Arsenkies

Arsenkies (Arsenopyrit) FeAsS [1, 2]

Kristallsystem: Monoklin, pseudorhombisch. **Habitus:** Gewöhnlich prismatische Kristalle mit gestreiften Kristallflächen. Säulige Kristalle zeigen einen rhombischen Querschnitt. Auch körnige, säulige und derbe Massen. **Zwillingsbildung:** Verbreitet nach dem Prisma. **Spez. Gewicht:** 5,9–6,2. **Härte:** 5,5–6. **Spaltbarkeit:** Undeutlich nach dem Prisma. **Bruch:** Uneben. **Farbe und Transparenz:** Grau-silberweiß, oft mit bräunlichem Überzug. Opak. **Strich:** Schmutzig grauschwarz. **Glanz:** Metallisch. **Erkennungsmerkmale:** Silberweiße Farbe, Kristallform. **Vorkommen:** Arsenkies wird bei hohen bis mittleren Temperaturen abgeschieden und begleitet daher häufig Gold und Zinn-, Wolfram- und Silbererze; auch Zinkblende, Pyrit, Kupferkies, Bleiglanz und Quarz. Daneben kommt er auch noch in Gängen vor, verstreut in Kalken, Dolomiten, Gneisen und Pegmatiten.

Kobaltglanz (Cobaltin) CoAsS [3]

Kristallsystem: Kubisch. **Habitus:** Kristallisiert in Form von Würfeln, Pyritoedern oder Kombinationen dieser Formen. Auch körnig oder derb. **Spez. Gewicht:** 6,0–6,3. **Härte:** 5,5. **Spaltbarkeit:** Vollkommen nach dem Würfel. **Bruch:** Uneben. **Farbe und Transparenz:** Silberweiß bis grau mit rötlichem Schimmer. Opak. **Strich:** Grauschwarz. **Glanz:** Metallisch. **Erkennungsmerkmale:** Spaltbarkeit, silberweiße Farbe und geringere Härte sind die entscheidenden Unterschiede zum Pyrit. **Vorkommen:** Kobaltglanz kommt zusammen mit Skutterudit, Arsenopyrit und Nickelin auf hochhydrothermalen Lagerstätten vor. Ebenso verstreut als Körner in metasomatischen Kontaktlagerstätten.

Molybdänglanz (Molybdänit) MoS₂ [4, 5]

Kristallsystem: Hexagonal. **Habitus:** Tafelige, hexagonale Kristalle. Gewöhnlich blättrige oder schuppige Massen, auch körnig oder derb. **Spez. Gewicht:** 4,6–4,8. **Härte:** 1–1,5. **Spaltbarkeit:** Vollkommen nach der Basis. Die Spaltblättchen sind biegsam, aber nicht elastisch. **Farbe und Transparenz:** Blaß bläulichbleigrau. Opak. **Strich:** Grünlichgrau. Auf Papier bläulichgrau. **Glanz:** Metallisch. **Erkennungsmerkmale:** Ähnliche Härte wie Graphit, aber höheres spezifisches Gewicht. Der hellere, bläuliche Farbton ist ein guter Unterschied zum bleigrauen von Graphit. Fühlt sich fettig an. **Vorkommen:** Molybdänglanz tritt zwar sehr häufig auf, aber nie in größeren Mengen. Er ist ein akzessorisches Mineral von Graniten und der damit in Zusammenhang stehenden Pegmatite und Quarzgänge. Auch in kontaktmetamorphen Lagerstätten tritt er zusammen mit Granat, Pyroxenen, Scheelit, Pyrit und Turmalin auf und in Gängen mit Scheelit, Wolframit, Zinnstein und Fluorit. Molybdänglanz ist das wichtigste Molybdänerz und leitet seinen Namen aus dem Griechischen her, wo es „Blei" bedeutet. [4] Molybdänglanz mit Quarz.

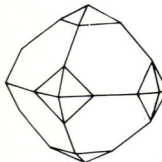

Skutterudit: oktaedrischer Habitus

Skutterudit- [3] Chloanthit- [5] (Speiskobalt- [4] Weißnickelkies)-Reihe CoAs$_3$-NiAs$_3$

Kristallsystem: Kubisch. **Habitus:** Meist massiv. Die seltenen Kristalle sind Würfel, Oktaeder oder Kombinationen dieser beiden Formen. Auch Pyritoeder kommen gelegentlich vor. **Spez. Gewicht:** 5,7–6,9. **Härte:** 5,5–6. **Spaltbarkeit:** Undeutlich nach Würfel und Oktaeder. **Bruch:** Uneben. **Farbe und Transparenz:** Zinnweiß, derbe Massen sind stahlgrau. Irisierende oder graue Überzüge. Opak. **Strich:** Grauschwarz. **Glanz:** Metallisch. **Erkennungsmerkmale:** Die verschiedenen Namen werden je nach Ni- bzw. Co-Gehalt benützt. Diese voneinander und von Arsenkies ohne chemische Tests zu unterscheiden, ist sehr schwierig. **Vorkommen:** In Gängen zusammen mit anderen Kobaltmineralen wie Kobaltglanz und anderen Nickelmineralen wie Rotnickelkies. Häufige Begleitminerale sind auch gediegenes Silber, Arsenkies und Kalzit. Bisweilen nennt man alle Minerale dieser Serie Skutterudit nach dem norwegischen Fundpunkt Skutterud.

Pyrargyrit (dunkles Rotgültigerz) Ag$_3$SbS$_3$ [1]

Kristallsystem: Trigonal. **Habitus:** Prismatische Kristalle, aber auch derbe Aggregate. **Zwillingsbildung:** Verbreitet. **Spez. Gewicht:** 5,8. **Härte:** 2,5. **Spaltbarkeit:** Deutlich nach dem Rhomboeder. **Bruch:** Uneben. **Farbe und Transparenz:** Schwarz, wenn opak, aber tiefrot bei durchfallendem Licht. Wird am Tageslicht dunkel. Durchscheinend bis nahezu opak, in dünnen Splittern durchsichtig. **Strich:** Purpurrot. **Glanz:** Diamantglanz. Wenn opak, dann nahezu metallisch. **Erkennungsmerkmale:** Tiefrote Farbe und Strich. Tiefer in der Farbe und weniger durchsichtig als Proustit. **Vorkommen:** Pyrargyrit und Proustit werden Rotgültigerze genannt. Typisch ist deren Vorkommen auf tiefthermalen, silberführenden Erzgängen zusammen mit gediegenem Silber, Argentit, Tetraedrit, Bleiglanz, Zinkblende und anderen Sulfiden. Der Name kommt aus dem Griechischen, wo die beiden Teile des Namens „Feuer" bzw. „Silber" bedeuten. Damit wird auf die Zusammensetzung und die Farbe angespielt.

Proustit (lichtes Rotgültigerz) Ag$_3$AsS$_3$ [2]

Kristallsystem: Trigonal. **Habitus:** Prismatische, rhomboedrische oder skalenoedrische Kristalle. Auch derbe Massen. **Zwillingsbildung:** Verbreitet. **Spez. Gewicht:** 5,6. **Härte:** 2–2,5. **Spaltbarkeit:** Deutlich nach dem Rhomboeder. **Bruch:** Uneben. **Farbe und Transparenz:** Scharlachfarben, dunkelt bei Tageslicht nach. Durchscheinend. **Strich:** Scharlach- bis zinnoberrot. **Glanz:** Diamantglanz. **Erkennungsmerkmale:** Farbe, zinnoberroter Strich. Heller in der Farbe als Pyrargyrit. **Vorkommen:** Proustit kommt zusammen mit Pyrargyrit auf silbererzführenden Gängen vor. Er ist seltener als Pyrargyrit und wie dieser ein Silbererz. Benannt ist er nach dem französischen Chemiker J. L. Proust, der 1755–1826 lebte.

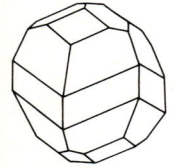

Proustit: Kombination von Prisma, Skalenoeder und zwei Rhomboedern

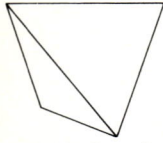

Tetraedrit: Tetraeder

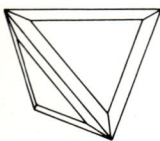

Tetraedrit: verzerrtes
Tetraeder

Fahlerz (Tetraedrit-Tennantit-Reihe) (Cu, Fe)$_{12}$ (Sb, As)$_4$ S$_{13}$ [1, 2]
Kristallsystem: Kubisch. **Habitus:** Kristalle gewöhnlich Tetraeder. Auch derbe, körnige Massen. **Zwillingsbildung:** Berührungs- oder Durchdringungszwillinge nach dem Tetraeder. **Spez. Gewicht:** 4,6–5,1. **Härte:** 3–4,5. **Spaltbarkeit:** Keine. **Bruch:** Nahezu muschelig bis uneben. **Farbe und Transparenz:** Schmutziggrau bis schwarz. Opak. **Strich:** Schmutziggrau oder braun bis schwarz. **Glanz:** Metallisch. **Erkennungsmerkmale:** Tetraedrische Formen, grauschwarze Farbe. Es gibt lückenlose Mischkristallbildung zwischen Tetraedrit [1] und Tennantit [2], wenn Arsen das Antimon ersetzt. Neben Cu und Fe können auch andere Elemente eintreten. **Zersetzung:** Als Oxidationsbildungen treten Minerale wie Malachit und Azurit auf. **Vorkommen:** Wird im allgemeinen auf hydrothermalen Lagerstätten zusammen mit Silber-, Kupfer-, Blei- und Zinkmineralen gefunden. Auch auf manchen kontaktmetamorphen Lagerstätten. Tennantit ist nicht so verbreitet wie Tetraedrit und kommt vorwiegend auf metasomatischen Lagerstätten in Kalken vor, während Tetraedrit eher auf Blei-Silber-Gängen gefunden wird.

Enargit Cu$_3$AsS$_4$ [3, 4]
Kristallsystem: Rhombisch. **Habitus:** Meist kleine, tafelige oder prismatische Kristalle. Oft derb, körnig, blättrig oder säulig. **Zwillingsbildung:** Bisweilen entstehen durch Zwillingsbildung von drei Individuen sternartige Formen. **Spez. Gewicht:** 4,4. **Härte:** 3. **Spaltbarkeit:** Vollkommen nach dem Prisma, deutlich nach dem Pinakoid. **Bruch:** Uneben. **Farbe und Transparenz:** Schmutziggrau bis schwarz. Opak. **Strich:** Schwarz. **Glanz:** Metallisch. **Erkennungsmerkmale:** Farbe, zwei Spaltrichtungen. Schmilzt schon in einer Streichholzflamme. **Vorkommen:** Nicht sehr verbreitet. Auf niederthermalen, oberflächennahen Lagerstätten zusammen mit Kupferglanz, Bornit, Covellin, Pyrit, Zinkblende, Tetraedrit, Baryt und Quarz.

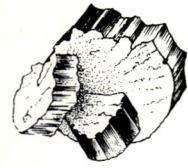

Bournonit: Hahnenkammzwillinge

Bournonit (Rädererz) PbCuSbS$_3$ [6]
Kristallsystem: Rhombisch. **Habitus:** Tafelige Kristalle, auch massive, körnige Aggregate. **Zwillingsbildung:** Sehr verbreitet. Wiederholte Zwillingsbildung führt dabei zu Formen, die an Zahnräder erinnern. **Spez. Gewicht:** 5,7–5,9. **Härte:** 2,5–3. **Spaltbarkeit:** Höchstens schlechte Spaltbarkeit: **Bruch:** Uneben. **Farbe und Transparenz:** Grau bis schwarz. Opak. **Strich:** Grau bis schwarz. **Glanz:** Metallisch. **Erkennungsmerkmale:** Aussehen der verzwillingten Kristalle und das hohe spezifische Gewicht. Schmilzt leicht. **Zersetzung:** Gelegentlich Umwandlungen zu Cerussit, Malachit oder Azurit. **Vorkommen:** Auf hydrothermalen Gängen zusammen mit Mineralen wie Bleiglanz, Kupferkies, Tetraedrit, Antimonit und Zinkblende. Wurde als Kupfer-, Blei- und Antimonerz abgebaut.

Boulangerit Pb$_5$Sb$_4$S$_{11}$ [5]
Kristallsystem: Rhombisch. **Habitus:** Die Kristalle sind meist längliche Prismen. Auch faserige oder federartige Massen. **Spez. Gewicht:** 5,7–6,3. **Härte:** 2,5–3. **Spaltbarkeit:** Eine gute Spaltrichtung. **Farbe und Transparenz:** Bleigrau, bisweilen mit gelblichen, durch Oxidation bedingten Flecken. Opak. **Strich:** Rotbraun. **Glanz:** Metallisch. **Erkennungsmerkmale:** Sieht dem Antimonit und Jamesonit sehr ähnlich und ist sehr schwer von diesen beiden zu unterscheiden. **Vorkommen:** Gewöhnlich zusammen mit Antimonit, Bleiglanz, Zinkblende und Pyrit auf hydrothermalen Gängen, die als Gangart Quarz, Dolomit oder Kalzit führen.

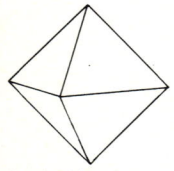

Cuprit: Oktaeder

Cuprit (Rotkupfererz) Cu_2O [1, 2]

Kristallsystem: Kubisch. **Habitus:** Kristalle meist Oktaeder, bisweilen auch Würfel oder Rhombendodekaeder oder Kombinationen dieser Formen. Auch nadelig, derb, körnig. **Spez. Gewicht:** 5,8–6,1. **Härte:** 3,5–4. **Spaltbarkeit:** Keine. **Bruch:** Uneben. **Farbe und Transparenz:** Rot, manchmal so intensiv, daß die Massen schwarz erscheinen. Nahezu durchscheinend, in dünnen Schichten nahezu durchsichtig. **Strich:** Bräunlichrot. **Glanz:** Diamantglanz oder nahezu metallisch. **Erkennungsmerkmale:** Cuprit ähnelt in seiner Farbe Hämatit und Zinnober, ist aber weicher als Hämatit und härter als Zinnober. Auch Farbe und Strich sind unterschiedlich. **Zersetzung:** Malachit-Pseudomorphosen nach Cuprit sind nicht selten. **Vorkommen:** Cuprit bildet sich im allgemeinen als sekundäres Mineral in der Oxidationszone von Kupferlagerstätten und ist gewöhnlich von Malachit, Azurit und Kupferglanz begleitet. Dünne, haarförmige Kristalle von Cuprit werden Chalcotrichit genannt. Es ist ein Kupfererz, und der Name wird vom Lateinischen „cuprum" hergeleitet, dem Namen für Kupfer.

Tungstit $WO_3 \cdot H_2O$ [5]

Kristallsystem: Rhombisch. **Habitus:** Pulverförmige oder erdige Beflüge. **Spaltbarkeit:** Vollkommen nach der Basis. **Farbe und Transparenz:** Gelb oder gelblichgrün. **Glanz:** Erdig. **Erkennungsmerkmale:** Gelbe Farbe und Vergesellschaftung mit anderen Wolframerzen. **Vorkommen:** Tungstit ist eine Sekundärbildung und wird nur zusammen mit Wolframit gefunden.

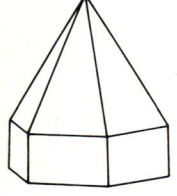

Zinkit

Zinkit (Rotzinkerz) ZnO [4, 3]

Kristallsystem: Hexagonal. **Habitus:** Kristalle sehr selten. Gewöhnlich derbe, blättrige oder körnige Massen. **Spez. Gewicht:** 5,4–5,7. **Härte:** 4–4,5. **Spaltbarkeit:** Deutlich nach dem Prisma; Teilbarkeit nach der Basis. **Bruch:** Nahezu muschelig. **Farbe und Transparenz:** Tiefrot bis orangegelb. Durchscheinend. **Strich:** Orangegelb. **Glanz:** Nahezu diamantartig. **Erkennungsmerkmale:** Rote Farbe, orangegelber Strich. Löslich in Salzsäure. **Vorkommen:** Zinkit ist ein seltenes Mineral. An den wenigen Fundpunkten, vor allem in Franklin, New Jersey, USA, kommt es zusammen mit Franklinit [3] und Willemit in kontaktmetamorphen Lagerstätten vor.

Franklinit (Zn, Mn) O · Fe_2O_3 [6, 3]

Kristallsystem: Kubisch. **Habitus:** Kristalle oktaedrisch, auch derbe, körnige Massen. **Spez. Gewicht:** 5,0–5,2. **Härte:** 5,5–6,5. **Spaltbarkeit:** Keine. Teilbarkeit nach dem Oktaeder. **Bruch:** Uneben. **Farbe und Transparenz:** Schwarz, opak. **Strich:** Rötlichbraun bis schmutzigbraun. **Glanz:** Metallisch. **Erkennungsmerkmale:** Franklinit ist ein Glied der Spinell-Gruppe und sieht Magnetit sehr ähnlich. Er ist jedoch nur schwach magnetisch und hat einen dunkelbraunen Strich. **Vorkommen:** Franklinit, Zinkit und Willemit kommen zusammen in der Zinklagerstätte von Franklin, New Jersey, USA, vor. Die Lagerstätte steht in Zusammenhang mit kristallinen Kalken und ist wahrscheinlich metasomatischer Entstehung. Sie wird auf Zink und Mangan abgebaut. Von diesem Fundpunkt stammt auch der Name.

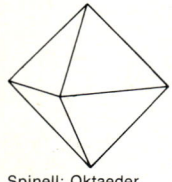

Spinell: Oktaeder

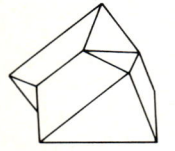

Spinell: Zwillinge nach
dem Oktaeder

Spinell $MgAl_2O_4$ ($MgO \cdot Al_2O_3$) [1, 2, 3, 4]

Kristallsystem: Kubisch. **Habitus:** Die Kristalle sind meist Oktaeder. Auch derbe Massen kommen vor. **Zwillingsbildung:** Häufig nach dem Oktaeder, die sogenannten „Spinellzwillinge". **Spez. Gewicht:** 3,5–4,1. **Härte:** 7,5–8. **Spaltbarkeit:** Keine. Teilbarkeit nach dem Oktaeder. **Bruch:** Muschelig. **Farbe und Transparenz:** Sehr variabel. Meist rot, aber auch blau, grün, braun, schwarz oder farblos. Durchscheinend bis opak. **Strich:** Weiß, aber auch grau oder braun. **Glanz:** Glasglanz. **Erkennungsmerkmale:** Oktaedrische Form, Zwillingsbildung, Härte. Der Name Spinell ist eigentlich der Name einer ganzen Serie. In dieser können, neben den in der Formel genannten Atomen, noch Eisen, Zink und Mangan in wechselnden Mengen eintreten, ebenso Chrom. Die variable chemische Zusammensetzung bedingt auch Unterschiede in der Farbe und anderen physikalischen Eigenschaften. **Vorkommen:** Spinell kommt als akzessorisches Mineral in Gesteinen wie Gabbros vor. Ebenso tritt er in kontaktmetamorph veränderten Gesteinen, wie unreinen Dolomiten und Kalken, zusammen mit Phlogopit, Graphit und Chondrodit auf. Auch in tonerdereichen Metamorphiten ist er zu finden. In Edelsteinqualität ist er auf alluvialen Lagerstätten von Burma, Ceylon (Ceylonit [4]) und Indien zu finden. Diese entstehen durch Verwitterung kontaktmetamorph veränderter Kalke. Seine Härte und seine Widerstandsfähigkeit gegen Verwitterung bedingt eine Anreicherung in Fluß- und Seesedimenten. Die Herkunft des Namens ist unbekannt.

Magnetit Fe_3O_4 ($FeO \cdot Fe_2O_3$) [5, 6]

Kristallsystem: Kubisch. **Habitus:** Die Kristalle sind meist Oktaeder, seltener Rhombendodekaeder. Auch derbe, körnige Massen kommen vor. **Zwillingsbildung:** Häufig nach dem Oktaeder. **Spez. Gewicht:** 5,2. **Härte:** 5,5–6,5. **Spaltbarkeit:** Keine, Teilbarkeit nach dem Oktaeder. **Bruch:** Nahezu muschelig bis uneben. **Farbe und Transparenz:** Schwarz. Opak. **Strich:** Schwarz. **Glanz:** Metallisch leuchtend bis nahezu metallisch mattglänzend. **Erkennungsmerkmale:** Farbe und Strich, stark magnetisch. **Vorkommen:** Magnetit kann sich unter den verschiedensten Bedingungen bilden und ist daher weit verbreitet. In Eruptiva ist er ein häufiger akzessorischer Bestandteil; durch sein hohes spezifisches Gewicht kommt es bisweilen zu Anreicherungen, die wirtschaftliche Bedeutung haben können. Auch bei der Kontaktmetamorphose hoher Temperaturen, ebenso wie bei der Regionalmetamorphose, tritt er auf. Auf Schmirgellagerstätten kommt er zusammen mit Korund vor. Wegen seiner stark ausgeprägten magnetischen Eigenschaften hat Magnetit schon frühzeitig das Interesse erweckt. Unverzwillingte Stücke, die Polarität zeigen, können als Kompaßnadeln verwendet werden. Er ist ein wichtiges Eisenerz. Über die Herkunft des Namens ist man geteilter Ansicht. Sehr wahrscheinlich stammt der Name von Magnesia, einer kleinasiatischen Stadt. Andere verweisen auf die Fabel vom Hirten Magnes. Als er den Berg Ida bestieg, blieben die Nägel seiner Schuhe sowie der Metallring seines Stabes auf dem Boden haften.

Chromit FeCr₂O₄ (FeO · Cr₂O₃) [5]

Kristallsystem: Kubisch. **Habitus:** Die seltenen Kristalle sind Oktaeder. Gewöhnlich derbe, körnige Massen. **Spez. Gewicht:** 4,1–5,1. **Härte:** 5,5. **Spaltbarkeit:** Keine. **Bruch:** Uneben. **Farbe und Transparenz:** Schwarz bis bräunlichschwarz. Opak. In dünnsten Splittern durchscheinend. **Strich:** Schmutzigbraun. **Glanz:** Metallisch bis nahezu metallisch. **Erkennungsmerkmale:** Der braune Strich und die nur schwachen magnetischen Eigenschaften unterscheiden ihn vom Magnetit. **Vorkommen:** Chromit ist akzessorischer Gemengteil basischer Eruptiva wie Peridotit und Serpentinit. Er kann in Schichten oder Linsen angereichert sein. Dann wird er abgebaut. Er ist das einzige Chromerz. Durch seine Resistenz gegen Verwitterung ist er in alluvialen Sanden und Kiesen angereichert. Er ist sehr feuerbeständig. Chromitziegel werden zur Auskleidung von Hochöfen verwendet. Die natürlich vorkommenden Chromite entsprechen nur sehr ungefähr der oben genannten chemischen Formel. So kann der Gehalt an Cr₂O₃ zwischen 18% bis 62% schwanken. Ist weniger Chromoxid enthalten, dann tritt an seine Stelle entweder dreiwertiges Eisen oder Aluminiumoxid. Solche Chromite sind dann ganz besonders als Rohstoffe für feuerfeste Produkte beliebt.

Das Aussehen der technisch verwendeten Chromit-Erze kann bisweilen sehr attraktiv sein. In einer grünen oder gelben, feinkörnigen Grundmasse von Olivin, der meist in Serpentin umgewandelt ist, sind die schwarzen Chromite in oft schönen Zeichnungen angeordnet: Tigererz oder Kokardenerz zeigen schon an, wie sie aussehen können. Für uns sind griechische, türkische, kubanische und russische Erze von besonderer Bedeutung.

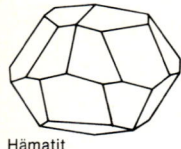

Hämatit

Hämatit (Eisenglanz, Roteisenstein) Fe₂O₃ [1, 2, 3, 4]

Kristallsystem: Trigonal. **Habitus:** Die Kristalle sind tafelig oder rhomboedrisch, manchmal mit gestreiften und gekrümmten Rhomboederflächen. Auch säulig, blättrig oder derb tritt er auf, in warzigen oder traubigen Aggregaten. **Zwillingsbildung:** Durchdringungszwillinge nach der Basis. **Spez. Gewicht:** 4,9–5,3. **Härte:** 5–6. **Spaltbarkeit:** Keine. **Bruch:** Uneben, spröde. **Farbe und Transparenz:** Stahlgrau bis schwarz, manchmal mit schillernden Anlauffarben. Dichte Varietäten reichen in ihrer Farbe von nahezu schwarz bis leuchtend rot. Opak. In dünnsten Splittern rot durchscheinend. **Strich:** Rot bis rötlichbraun. **Glanz:** Metallisch, manchmal stumpf. **Erkennungsmerkmale:** Roter Strich, Härte. **Vorkommen:** Hämatit ist weit verbreitet. Er ist das wichtigste Eisenerz. Als akzessorisches Mineral kommt er in Eruptivgesteinen und hydrothermalen Gängen vor. Sehr verbreitet ist er in Sedimenten, wo er auch primärer Entstehung sein kann. Er tritt dort in Form von Oolithen und als Zementationssubstanz auf. Als sekundäres Mineral wird er aus zirkulierenden eisenhaltigen Lösungen ausgefällt oder verdrängt andere Minerale. Die geschichteten Eisenformationen präkambrischen Alters haben in Nordamerika und anderen Ländern ungeheuere Mengen Hämatit geliefert. Er wird auch als Farbpigment und als Poliermittel verwendet. Der Name wird vom griechischen Wort für Blut abgeleitet und spielt auf die Farbe des gepulverten Minerals an. Hämatit ist ein schönes Beispiel für die sogenannte „Trachtbeeinflussung". Darunter wird verstanden, daß Kristalle je nach den Bildungsbedingungen sehr unterschiedlich aussehen können, sei es, daß unterschiedliche Flächen auftreten, sei es, daß diese unterschiedlich entwickelt sind. Beim Hämatit kann man vereinfachend sagen, daß die Kristalle um so dünntafeliger sind, je niedriger die Bildungstemperatur war.

Hämatit: warzenförmige Aggregate

Ilmenit

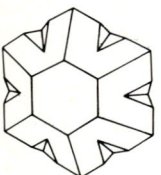

Chrysoberyll: ver-
zwillingter Kristall

Korund

Korund: Tonnenforn.

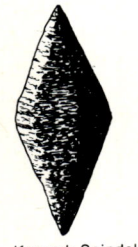

Korund: Spindel-
form

Ilmenit FeTiO₃ [10]

Kristallsystem: Trigonal. **Habitus:** Dicktafelige Kristalle. Oft derbe Massen. **Zwillingsbildung:** Verbreitet nach der Basis. **Spez. Gewicht:** 4,5–5,0. **Härte:** 5–6. **Spaltbarkeit:** Keine. Teilbarkeit nach der Basis. **Bruch:** Muschelig. **Farbe und Transparenz:** Schwarz. Opak. **Strich:** Schwarz bis bräunlichrot. **Glanz:** Metallisch bis nahezu metallisch. **Erkennungsmerkmale:** Vom Magnetit dadurch zu unterscheiden, daß Ilmenit nicht bis schwach magnetisch ist, vom Hämatit durch den Strich. **Vorkommen:** Ilmenit ist ein akzessorischer Gemengteil von Eruptiva wie Gabbro und Diorit. Gelegentlich kommt er in Gängen im Gneis zusammen mit Hämatit und Kupferkies vor. Es handelt sich dann meist um Pegmatite. Wegen seiner Resistenz reichert er sich in alluvialen Sanden zusammen mit Magnetit, Monazit und Rutil an.

Chrysoberyll BeAl₂O₄ [4, 7, 8]

Kristallsystem: Rhombisch. **Habitus:** Kristalle im allgemeinen tafelig. **Zwillingsbildung:** Häufig. Vielfache Zwillingsbildung führt zu pseudohexagonalen Kristallen. **Spez. Gewicht:** 3,5–3,8. **Härte:** 8,5. **Spaltbarkeit:** Schlecht nach dem Prisma. **Bruch:** Uneben bis muschelig. **Farbe und Transparenz:** Verschiedene Farbtöne von grün und gelb. Durchscheinend bis durchsichtig. Wenn er durchsichtig ist, wird er als Edelstein verwendet. Die Varietät Alexandrit ist bei Tageslicht smaragdgrün, bei elektrischem Licht aber rot. **Strich:** Weiß. **Glanz:** Glasglanz. **Erkennungsmerkmale:** Farbe und Härte. Die Kristalle sind tafelig im Gegensatz zu den prismatischen Kristallen von Beryll. Kann mit Olivin verwechselt werden. **Vorkommen:** Chrysoberyll kommt in Graniten, Pegmatiten und Glimmerschiefern vor. Nicht selten wird er in alluvialen Sanden und Kiesen gefunden. Der Name, der aus dem Griechischen stammt, weist auf seine goldgelbe Farbe hin.

Korund Al₂O₃ [1, 2, 3, 5, 6, 9]

Kristallsystem: Trigonal. **Habitus:** Gewöhnlich tonnenförmige oder spitz auslaufende, spindelförmige Kristalle. Auch flache, tafelförmige Formen. Schmirgel ist eine Mischung von schwarzem, derbem Korund mit Magnetit und Spinell. **Zwillingsbildung:** Oft vielfach verzwillingt, wodurch Streifen auf der Basis entstehen. **Spez. Gewicht:** 3,9–4,1. **Härte:** 9. **Spaltbarkeit:** Keine, aber Teilbarkeit nach der Basis. **Bruch:** Uneben bis muschelig. **Farbe und Transparenz:** Es gibt zwei Hauptvarietäten: eine blaue, Saphir, und eine rote, Rubin. Auch andere Farben, wie gelb, braun oder grün, kommen vor. Bisweilen sind die Kristalle verschieden gefärbt. Stern-Saphir [1] und Stern-Rubin opaleszieren und zeigen verschliffen, wenn man in die entsprechende Richtung schaut, einen sechsstrahligen Stern. Durchscheinend bis durchsichtig. **Strich:** Weiß. **Glanz:** Diamantglanz bis Glasglanz. **Erkennungsmerkmale:** Große Härte, spezifisches Gewicht, Kristallform. **Vorkommen:** Korund kommt in verschiedenen Nephelinsyeniten und deren Pegmatiten vor, ebenso in Metamorphiten wie Marmor, Gneis und Schiefer. Große Kristalle treten in manchen Pegmatiten auf, Schmirgellagerstätten in manchen regionalmetamorphen Gesteinen. Seine Härte und Widerstandsfähigkeit führen dazu, daß er in alluvialen Sanden und Kiesen angereichert wird. Rubin von Edelsteinqualität kommt in Burma und Ceylon vor, Saphir auch noch in Indien, Australien und anderswo. Korund, auch in Form von Schmirgel, wird als Schleifmittel benützt.

Pyrochlor-Mikrolith-Reihe (Ca, Na)$_2$ (Nb, Ta, Ti)$_2$ O$_6$ (O, OH,F) [1, 2, 3]

Kristallsystem: Kubisch. **Habitus:** Kristalle meist Oktaeder, auch kleine, unregelmäßige Körner. **Spez. Gewicht:** 4,2–6,4, steigt mit dem Tantalgehalt. **Härte:** 5–5,5. **Spaltbarkeit:** Deutlich nach dem Oktaeder. **Bruch:** Muschelig. **Farbe und Transparenz:** Pyrochlor ist braun bis schwarz, Mikrolith gelb bis braun, bisweilen rot. Durchscheinend bis opak. **Strich:** Hellbraun. **Glanz:** Glasglanz bis harzig glänzend, manchmal fettig. **Erkennungsmerkmale:** Kristallform. Pyrochlor [1, 2] heißt das niobreiche Endglied der Reihe, Mikrolith [3] das Tantal-Analogon. Anstelle von Kalzium und Natrium können andere Elemente, wie Uran, Thorium oder seltene Erden, in die Struktur eintreten. Manche Vorkommen sind daher radioaktiv. **Vorkommen:** Meist in Pegmatiten von Alkaligesteinen mit Zirkon und Apatit vergesellschaftet. Pyrochlor ist typisch für pipeähnliche Intrusionen von Gesteinen, die im wesentlichen aus Kalzium- und Magnesiumkarbonat bestehen, den Karbonatiten. Mikrolith kommt vor allem in Granitpegmatiten vor. Der Name Pyrochlor stammt aus dem Griechischen und spielt darauf an, daß das Mineral beim Erhitzen grün wird. Mikrolith wurde so genannt, weil die zuerst gefundenen Kristalle sehr klein waren.

Braunit 3Mn$_2$O$_3$ · MnSiO$_3$ [4]

Kristallsystem: Tetragonal. **Habitus:** Kristalle meist Pyramiden. Ebenfalls derb, körnig. Braunit weicht nur wenig von der kubischen Symmetrie ab. Daher ähneln die Kristalle sehr Oktaedern. **Spez. Gewicht:** 4,7–4,8. **Härte:** 6–6,5. **Spaltbarkeit:** Vollkommen nach der Pyramide. **Bruch:** Uneben. **Farbe und Transparenz:** Bräunlichschwarz bis stahlgrau. Opak. **Strich:** Bräunlichschwarz bis stahlgrau. **Glanz:** Nahezu metallisch. **Erkennungsmerkmale:** Farbe, Kristallform. Löst sich in Salzsäure, es hinterbleibt ein Rückstand von Kieselsäure. **Vorkommen:** Kommt zusammen mit anderen Manganmineralien auf hydrothermalen Gängen vor. Auch sekundäre Bildungen sind bekannt. Bildet sich bisweilen bei der Metamorphose manganhaltiger Sedimente. Bekannt ist er nach K. Braun von Gotha.

Psilomelan (Ba, H$_2$O)$_2$ Mn$_5$ O$_{10}$ [6]

Kristallsystem: Monoklin. **Habitus:** Derb, traubig, stalaktitisch. **Spez. Gewicht:** 3,3–4,7. **Härte:** 5–7. **Farbe und Transparenz:** Schwarz bis schmutziggrau. Opak. **Strich:** Bräunlichschwarz bis schwarz. **Glanz:** Nahezu metallisch. **Erkennungsmerkmale:** Hat von den Manganmineralien die größte Härte. Traubiger Habitus. **Vorkommen:** Psilomelan ist ein sekundäres Manganmineral, welches bei normalen Temperaturen zusammen mit Pyrolusit und Limonit ausgefällt wird und gemeinsam mit diesen in Sedimenten oder Quarzgängen vorkommt. Wichtiges Manganerz. Der Name kommt aus dem Griechischen, wo er „glatt" und „schwarz" bedeutet.

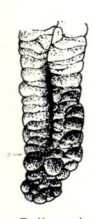

Psilomelan: traubig; stalaktitische Form

Wad (Manganoxide) [5]

Kristallsystem: Amorph. **Habitus:** Formlose, stalaktitische, nierige Massen, oft erdig. **Spez. Gewicht:** 2,8–4,4. **Härte:** Gewöhnlich weich. **Farbe und Transparenz:** Schmutzig schwarz bis schmutzig braun. **Strich:** Schwarz. **Glanz:** Erdig. **Erkennungsmerkmale:** Schwarze Farbe, oft unverfestigt, fühlt sich weich an und beschmutzt die Finger. **Vorkommen:** Wad ist kein definiertes Mineral, sondern ein Gemenge verschiedener Manganoxide und Hydroxide, die in der Oxidationszone von Manganlagerstätten vorkommen. Kommt in See- und Sumpflagerstätten vor sowie bei marinen Sedimenten, die aus seichtem Wasser abgelagert wurden.

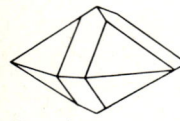

Zinnstein

Zinnstein (Cassiterit) SnO₂ [1, 2]

Kristallsystem: Tetragonal. **Habitus:** Kristalle pyramidal oder kurzprismatisch. Auch derb. Körnige, nierige Massen mit faseriger Struktur werden ,,Holz-Zinn'' genannt. **Zwillingsbildung:** Verbreitet. **Spez. Gewicht:** 6,8–7,1. **Härte:** 6–7. **Spaltbarkeit:** Unvollkommen nach dem Prisma. **Bruch:** Uneben. **Farbe und Transparenz:** Meist rötlichbraun bis nahezu schwarz. Bisweilen gelblich. **Strich:** Weiß oder grau. **Glanz:** Diamantglanz ins Metallische gehend. **Erkennungsmerkmale:** Hohes spezifisches Gewicht, Diamantglanz, heller Strich, Kristallform. **Vorkommen:** Zinnstein ist eines der wenigen Zinnminerale und das wichtigste Erz dieses Metalles. Typisch ist sein Vorkommen in hochhydrothermalen und pegmatitischen Bereichen innerhalb oder nahe von Graniten. Begleitminerale sind Wolframit, Arsenkies, Bismutit, Topas, Quarz, Turmalin und Glimmer. Gerundete Gerölle von Zinnstein sind das Seifenzinn alluvialer Lagerstätten.

Pyrolusit: dendritische Formen

Pyrolusit MnO₂ [3, 5]

Kristallsystem: Tetragonal. **Habitus:** Meist derb, oft nierenförmige oder dendritische Überzüge, die Pflanzen ähneln, besonders auf Klüften sedimentärer Gesteine. Auch divergentstrahlig oder säulenförmig. Sehr selten als Kristalle (Polianit). **Spez. Gewicht:** 4,5–7,9. **Härte:** 1–2 (derb), 6–6,5 (Kristalle). **Spaltbarkeit:** Vollkommen nach dem Prisma. **Bruch:** Uneben, splittrig. **Farbe und Transparenz:** Schwarz bis bläulich-stahlgrau. Opak. **Strich:** Schwarz. **Glanz:** Metallisch. **Erkennungsmerkmale:** Farbe; wenn derb, so sehr weich. **Vorkommen:** Pyrolusit ist ein verbreitetes Manganmineral und bildet sich unter oxidierenden Bedingungen. Oft sekundär in der Oxidationszone von Manganlagerstätten. In Sumpflagerstätten und in Absätzen flacher Meeresteile. Auch in Quarzgängen. Die Manganknollen der Meere sind meist vorwiegend Pyrolusit. Der Name ist aus dem Griechischen abgeleitet, wo er ,,Feuer'' und ,,Waschen'' bedeutet. Man verwendete Pyrolusit früher nämlich, um in Glasschmelzen die durch Eisenoxide bedingte Farbe zu beseitigen.

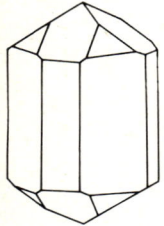

Rutil

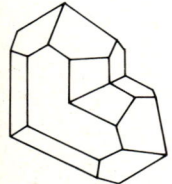

Rutil: knieförmige Zwillinge

Rutil TiO₂ [4, 6, 7]

Kristallsystem: Tetragonal. **Habitus:** Prismatische Kristalle von der Bipyramide begrenzt. Die Prismenflächen sind oft gestreift. Auch dicht. **Zwillingsbildung:** Häufig nach der Bipyramide. Es ergeben sich gewinkelte Zwillinge, knieförmig, oder, bei komplexer Zwillingsbildung aus sechs oder acht Einzelindividuen, zyklische Zwillinge. **Spez. Gewicht:** 4,2–4,4. **Härte:** 6–6,5. **Spaltbarkeit:** Deutlich nach dem Prisma. **Bruch:** Uneben. **Farbe und Transparenz:** Gewöhnlich rötlichbraun, auch gelblichrot oder schwarz. In dünnen Schichten durchsichtig, meist aber durchscheinend, bisweilen nahezu opak. **Strich:** Blaßbraun. **Glanz:** Diamantglanz, wenn dunkel gefärbt nahezu metallisch. **Erkennungsmerkmale:** Rote Farbe, Diamantglanz, Kristallform. **Vorkommen:** Rutil kommt als akzessorischer Gemengteil in manchen Eruptiva, Schiefern, Gneisen, metamorphen Kalken und Quarziten vor. Oft kommt er in feinen Nadeln in Quarz vor. Man nennt ihn Rutilquarz, bzw., wenn die Fasern sehr dünn sind, Venushaar. Rutil entsteht auch als sekundäres Mineral bei der Zersetzung titanhaltiger Minerale wie Titanit oder mancher Glimmer. Rutil wird auch in alluvialen Lagerstätten und Strandsanden angereichert.

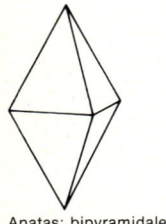

Anatas: bipyramidaler
Habitus

Anatas TiO₂ [1, 2]
Kristallsystem: Tetragonal. **Habitus:** Kristalle im allgemeinen bipyramidal, auch tafelig. **Spez. Gewicht:** 3,8–4,0. **Härte:** 5,5–6. **Spaltbarkeit:** Vollkommen nach der Basis und der Bipyramide. **Bruch:** Nahezu muschelig. **Farbe und Transparenz:** Variiert in Farbtönen von gelb und braun bis blau und schwarz. Durchscheinend bis nahezu opak. **Strich:** Weiß. **Glanz:** Diamantglanz, bei schwarzen und opaken Kristallen metallisch. **Vorkommen:** Anatas ist ein akzessorisches Mineral in Eruptiva und Metamorphiten, welches sich aus anderen Titanmineralen durch Umsetzung mit hydrothermalen Lösungen bildet. Kommt auch in Granitpegmatiten vor.

Brookit TiO₂ [3, 4]
Kristallsystem: Rhombisch. **Habitus:** Kristalle in ihrer Form variabel, aber oft tafelförmig oder plattig. **Spez. Gewicht:** 3,9–4,2. **Härte:** 5,5–6. **Spaltbarkeit:** Schlecht nach dem Prisma. **Bruch:** Nahezu muschelig bis uneben. **Farbe und Transparenz:** Rötlichbraun bis bräunlichschwarz. Durchscheinend. **Strich:** Weiß. **Glanz:** Metallisch bis Diamantglanz. **Vorkommen:** Akzessorisches Mineral in Eruptivgesteinen, Metamorphiten und hydrothermalen Gängen. Rutil, Anatas und Brookit sind polymorphe Modifikationen von TiO₂. Brookit ist nach H. J. Brooke (1771–1857), einem britischen Mineralogen, benannt.

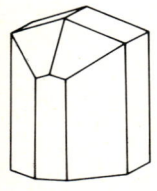

Niobit: Tantalit

Niobit-(Columbit-)Tantalit-Reihe (Fe, Mn) (Nb, Ta)₂ O₆ [5, 6]
Kristallsystem: Rhombisch. **Habitus:** Tafelige oder kurzprismatische Kristalle. **Zwillingsbildung:** Verbreitet. **Spez. Gewicht:** 5,0–8,0, steigt mit dem Tantalgehalt. **Härte:** 6–6,5. **Spaltbarkeit:** Nach dem Pinakoid. **Bruch:** Uneben. **Farbe und Transparenz:** Eisenschwarz bis braunschwarz. Nahezu durchscheinend bis opak. **Strich:** Dunkelrot bis schwarz. **Glanz:** Nahezu metallisch bis harzig. **Erkennungsmerkmale:** Hohes spezifisches Gewicht, schwarze Farbe, Kristallform. Wie in der Reihe Pyrochlor-Mikrolit gibt es hier eine stetige Substitution von Tantal und Niob. Überwiegt Niob, spricht man von Niobit, überwiegt Tantal, von Tantalit. **Vorkommen:** Meist in Granitpegmatiten zusammen mit Quarz, Feldspat, Turmalin, Beryll, Spodumen, Petalit, Zinnstein und Wolframit. Der Name Columbit ist von dem früheren Namen für Amerika, Columbia, abgeleitet. Dort wurde dieses Mineral zum ersten Male gefunden. Wichtiges Niob- und Tantalerz.

Uraninit (Pechblende) UO₂ [7, 8]
Kristallsystem: Kubisch. **Habitus:** Kristalle selten. Meist derbe, traubige Massen (Pechblende). **Spez. Gewicht:** 6,5–8,5 (derb), 8–10 (Kristalle). **Härte:** 5–6. **Bruch:** Muschelig bis uneben. **Farbe und Transparenz:** Bräunlichschwarz bis schwarz. Opak. **Strich:** Bräunlichschwarz oder grau. **Glanz:** Nahezu metallisch bis fettig oder pechähnlich. Matt. **Erkennungsmerkmale:** Hohes spezifisches Gewicht, charakteristischer fettiger oder pechartiger Glanz, Radioaktivität. Der Name Uraninit wird für die kristallisierten Varietäten, der Name Pechblende für die derben verwendet. **Vorkommen:** Uraninit kommt zusammen mit Monazit, Zirkon und Turmalin in Granit- und Syenitpegmatiten vor. Pechblende kommt allgemein in Form derber Krusten in hoch- oder mittelthermalen hydrothermalen Lagerstätten zusammen mit Zinnstein, Pyrit, Kupferkies, Arsenkies und Bleiglanz gefunden. Auch als dendritisches Mineral in alluvialen Sedimenten wird Pechblende gefunden. Sie ist ein wichtiges Uranerz. Aus ihr isolierte M. Curie Radium.

Brucit Mg (OH)$_2$ [5]

Kristallsystem: Trigonal. **Habitus:** Breittafelige Kristalle, auch faserige Massen (Nemalit) und dichte, blättrige Aggregate. **Spez. Gewicht:** 2,4. **Härte:** 2,5. **Spaltbarkeit:** Vollkommen nach der Basis. **Farbe und Transparenz:** Weiß mit Schattierungen nach blaßgrau, blau oder grün. Durchscheinend bis durchsichtig. **Strich:** Weiß. **Glanz:** Perlglanz parallel zur Spaltrichtung, sonst wachsglänzend bis glasglänzend. **Erkennungsmerkmale:** Spaltbarkeit, geringe Härte, blättriger Habitus. Von Talk durch die größere Härte zu unterscheiden, vom Gips durch die Ausbildung. Leichter löslich in Salzsäure als Gips. **Vorkommen:** Brucit kommt in metamorphen dolomitischen Kalken, in hydrothermalen Gängen zusammen mit Kalzit und Talk und in Serpentiniten vor. Mit dem Namen wurde A. Bruce (1777–1818), ein amerikanischer Mineraloge, geehrt.

Gibbsit (Hydrargillit) Al (OH)$_3$ [1, 2]

Kristallsystem: Monoklin. **Habitus:** Kristalle tafelig. Auch stalaktitische oder krustenartige Formen, radialstrahlige Aggregate oder blättrige bis erdige Massen. **Zwillingsbildung:** Verbreitet. **Spez. Gewicht:** 2,3–2,4. **Härte:** 2,5–3,5. **Spaltbarkeit:** Vollkommen nach der Basis. **Farbe und Transparenz:** Weiß oder nahezu weiß, bisweilen rosa oder rot. Durchscheinend bis durchsichtig. **Strich:** Weiß. **Glanz:** Perlglanz parallel zur Spaltbarkeit, auf den anderen Flächen Glasglanz. **Erkennungsmerkmale:** Beim Anhauchen deutlicher Geruch nach Ton. **Vorkommen:** Gibbsit tritt in bei niederen Temperaturen gebildeten hydrothermalen Gängen auf. Mit Boehmit und Diaspor zusammen bildet er den Bauxit. Er ist ein sekundäres Mineral, das bei der Zersetzung tonerdehaltiger Minerale entsteht.

Boehmit AlO (OH) [6]

Kristallsystem: Rhombisch. **Habitus:** Nur mikroskopische Kristalle. Vereinzelte Körner oder erbsenförmige Aggregate. **Spez. Gewicht:** 3,0–3,1. **Härte:** 3,5–4. **Spaltbarkeit:** Eine ausgezeichnete Spaltrichtung. **Farbe und Transparenz:** Weiß. **Vorkommen:** Boehmit ist zusammen mit Gibbsit, Diaspor und Kaolinit ein wichtiger Bestandteil des Bauxits. Wegen seiner geringen Kristallgröße kann er nicht mit unbewaffnetem Auge erkannt werden.

Diaspor AlO (OH) [3]

Kristallsystem: Rhombisch. **Habitus:** Plattige oder tafelige Kristalle. Auch derbe, blättrige, bisweilen stengelige Massen. **Spez. Gewicht:** 3,2–3,5. **Härte:** 6,5–7. **Spaltbarkeit:** Eine vollkommene Spaltrichtung. **Farbe und Transparenz:** Unterschiedlich, von farblos über weiß und grau nach braun oder rosa. Durchscheinend. **Glanz:** Auf der Spaltfläche Perlglanz, sonst Glasglanz. **Erkennungsmerkmale:** Spaltbarkeit, Härte, plattige Ausbildung. **Vorkommen:** Diaspor ist ein wesentlicher Bestandteil des Bauxits zusammen mit Boehmit und Gibbsit. Er kommt zusammen mit Korund auf Schmirgellagerstätten vor sowie in Chloritschiefer.

Lepidokrokit (Rubinglimmer) FeO (OH) [4]

Kristallsystem: Rhombisch. **Habitus:** Nadelig, faserig oder dichte Aggregate. **Spez. Gewicht:** 4,1. **Härte:** 5. **Spaltbarkeit:** Eine vollkommene Spaltrichtung. **Farbe:** Rot bis rötlichbraun. **Strich:** Orange. **Erkennungsmerkmale:** Farbe. **Vorkommen:** Lepidokrokit und Goethit sind so ähnlich in chemischer Zusammensetzung und Vorkommen, daß es schwierig ist, sie zu unterscheiden.

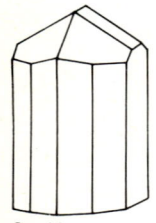

Goethit

Goethit (Nadeleisenerz) FeO (OH) [2, 3, 4]

Kristallsystem: Rhombisch. **Habitus:** Die seltenen Kristalle sind stengelig oder prismatisch. Gewöhnlich kommen dichte, warzenförmige, traubige oder stalaktitische Massen mit faseriger radialstrahliger Struktur vor. **Spez. Gewicht:** 3,3–4,3. **Härte:** 5–5,5. **Spaltbarkeit:** Eine vollkommene Spaltrichtung. **Bruch:** Uneben. **Farbe und Transparenz:** Gewöhnlich tiefdunkelbraun. Erdige Aggregate sind gelbbraun und werden Ocker genannt. Sie sind durchscheinend, in dünnen Splittern durchsichtig. **Strich:** Bräunlichgelb. **Glanz:** Diamantglanz bei Kristallen. Dichter Goethit zeigt oft Seidenglanz wegen seines Aufbaues aus Nadeln. Manchmal matt. **Erkennungsmerkmale:** Farbe, Strich. Spaltbarkeit, radiales Wachstum und andere Hinweise der Kristallinität unterscheiden Goethit von Limonit [1]. Dieser ist aber gewöhnlich sehr feinkörniger Goethit. **Vorkommen:** Goethit entsteht bei der Oxidation eisenhaltiger Minerale wie Pyrit und Magnetit. Früher nahm man an, daß er ein seltenes Mineral sei. Heute weiß man, daß er sehr verbreitet ist. Die meisten „Ocker" und Limonite bestehen überwiegend aus Goethit. Limonit hat einen gelbbraunen Strich und Glasglanz, wodurch man ihn, zusammen mit dem Fehlen einer Spaltbarkeit, von Goethit unterscheiden kann. Goethit kommt in der Oxidationszone von Gängen mit eisenhaltigen Mineralen, dem „Eisernen Hut", als Sekundärbildung vor. Er verdrängt andere Minerale, und Pseudomorphosen nach Pyrit sind weit verbreitet. Oolithische Eisenerze sedimentärer Entstehung sind die Minette-Erze Ostfrankreichs. Goethit wird aus Meereswasser und frischem Wasser in Lagunen oder Sümpfen ausgefällt und bildet so die Sumpfeisenerze, auch Raseneisenerze. Mit dem Namen wird J. W. von Goethe (1749–1832) geehrt, der ein großer Mineralsammler war.

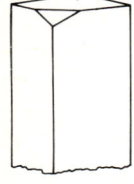

Manganit

Manganit MnO (OH) [5, 6]

Kristallsystem: Monoklin, pseudorhombisch. **Habitus:** Prismatische Kristalle, die oft gestreift und in Bündeln oder radialstrahligen Aggregaten angeordnet sind. **Zwillingsbildung:** Penetrationszwillinge nach dem Prisma. **Spez. Gewicht:** 4,2–4,4. **Härte:** 4. **Spaltbarkeit:** Nach dem Pinakoid vollkommen, nach dem Prisma etwas undeutlicher. **Bruch:** Uneben. **Farbe und Transparenz:** Dunkelstahlgrau bis schwarz. Opak. **Strich:** Rötlichbraun bis schwarz. **Glanz:** Nahezu metallisch. **Erkennungsmerkmale:** Farbe, prismatischer Habitus, brauner Strich. Löslich in konzentrierter Salzsäure. **Zersetzung:** Umwandlung zu Pyrolusit und anderen Manganoxiden. **Vorkommen:** Manganit kommt zusammen mit Pyrolusit, Baryt und Goethit in Lagerstätten vor, die durch Ausfällung unter oxidierenden Bedingungen entstanden sind. Auch in niederthermalen Gängen granitischer Gesteine tritt er auf. Manganit wurde als Manganerz abgebaut.

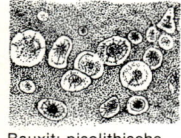

Bauxit: pisolithische Struktur

Bauxit

Habitus: Massiv, oolithisch, pisolithisch, erdig. Auch Konkretionen. **Farbe:** Ockergelb, braun, rot; auch grau. **Vorkommen:** Bauxit ist kein einzelnes Mineral, sondern eine Mischung verschiedener Minerale, vor allem von Diaspor, Gibbsit, Boehmit und Eisenoxiden (siehe die vorangegangenen Seiten). Er ist sekundärer Entstehung und wurde unter tropischen Bedingungen durch langzeitige Verwitterung und Auslaugung tonerdehaltiger Gesteine gebildet. Die Auslaugung durch tropische Regengüsse führt die Kieselsäure fort und läßt Aluminiumhydroxide zurück.

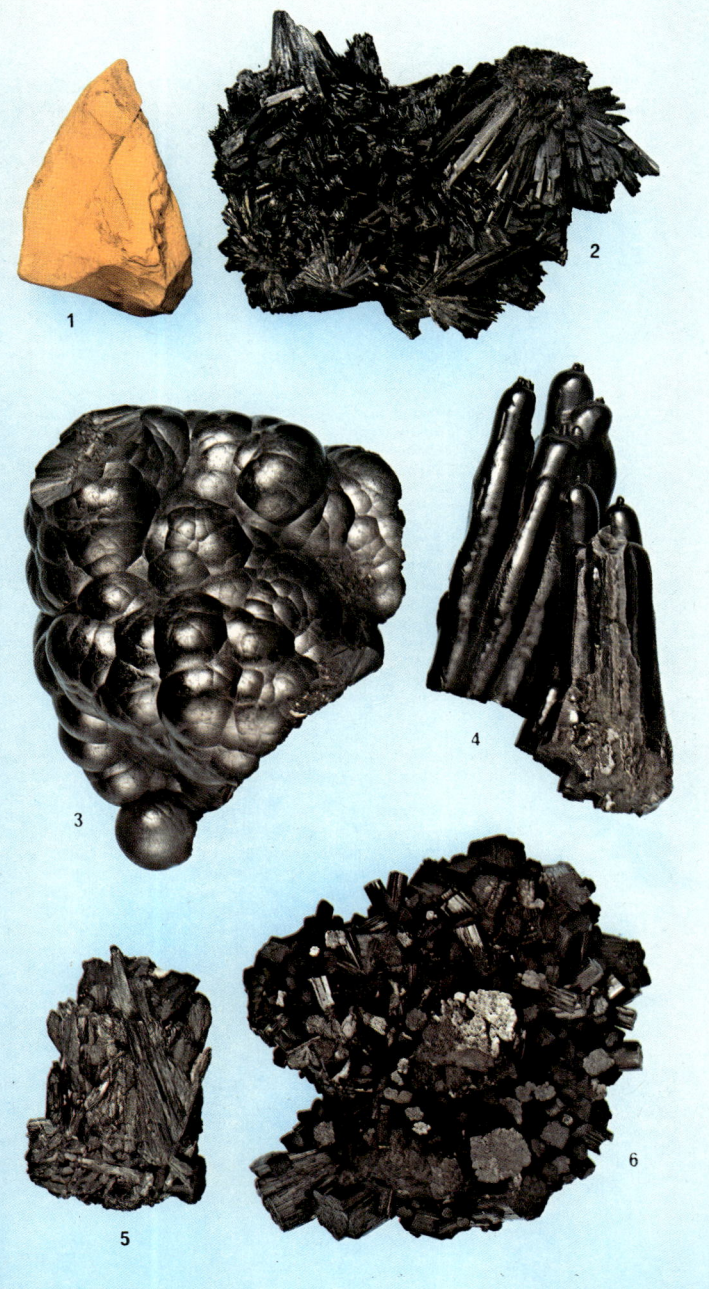

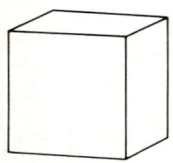

Steinsalz: Würfel

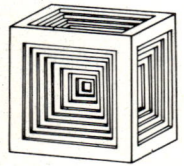

Steinsalz: „Trichter-Kristall"

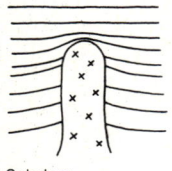

Salzdom

Steinsalz (Halit) NaCl [1, 2, 3]

Kristallsystem: Kubisch. **Habitus:** Gewöhnlich würfelige Kristalle, manchmal mit gekrümmten Kristallflächen. Auch massiv, körnig, kompakt (Steinsalz). **Spez. Gewicht:** 2,1–2,2. Wenn völlig rein: 2,16. **Härte:** 2,5. **Spaltbarkeit:** Vollkommen nach dem Würfel. **Bruch:** Muschelig. **Farbe und Transparenz:** Farblos, aber auch weiß in Tönen von gelb und rot, manchmal von blau. Durchsichtig bis durchscheinend. **Strich:** Weiß. **Glanz:** Glasglanz. **Erkennungsmerkmale:** Leicht in Wasser löslich, ausgezeichnete Spaltbarkeit, salziger Geschmack. Der Geschmack wird zur Erkennung von Mineralen selten verwendet. Hier aber ist er sehr wertvoll als Erkennungskriterium. **Vorkommen:** Steinsalz ist in Form lagiger Evaporite sehr verbreitet. Sie entstehen dann, wenn abgeschlossene salzhaltige Wässer verdampfen, beispielsweise in Playa-Seen. Das sind seichte, abgeschnürte Meeresteile. Lager von Steinsalz zusammen mit anderen wasserlöslichen Mineralen, wie Sylvin, Gips und Anhydrit, kommen in Sedimentationsbecken verschiedensten geologischen Alters vor. Sie entstanden durch Eindunsten abgeschnürter Meeresarme. Nicht selten dringen staukuppenähnliche Massen, Salzdome, aus den Salzschichten empor, intrudieren die überlagernden Gesteine und führen in den Decksedimenten zu Ausbeulungen. Diese können dann die Rolle einer Erdölfalle spielen.

Sylvin KCl [5]

Kristallsystem: Kubisch. **Habitus:** Kristalle meist Würfel, aber auch Kombinationen von Würfel und Oktaeder. Auch dichte, kompakte Massen. **Spez. Gewicht:** 2,0. **Härte:** 2. **Spaltbarkeit:** Vollkommen nach dem Würfel. **Bruch:** Uneben. **Farbe und Transparenz:** Farblos oder weiß, bisweilen auch Farbtöne von blau, gelb oder rot. Durchscheinend bis durchsichtig. **Strich:** Weiß. **Glanz:** Glasglanz. **Erkennungsmerkmale:** Sylvin sieht dem Steinsalz ähnlich und kommt auch mit diesem zusammen vor. Im Gegensatz zum Steinsalz hat Sylvin einen bitteren Geschmack. **Vorkommen:** Ähnlich Steinsalz kommt Sylvin in abgelagerten Evaporiten vor, ist dort aber, wegen seiner besseren Löslichkeit in Wasser, in geringeren Mengen zu finden.

Kryolith Na₃AlF₆ [4]

Kristallsystem: Monoklin. **Habitus:** Die seltenen Kristalle sehen pseudokubisch aus. Als Kombination von Prisma und Pinakoid ähneln sie Würfeln oder Oktaedern. Auch massiv, körnig. **Zwillingsbildung:** Häufig nach komplexen Gesetzen. **Spez. Gewicht:** 3,0. **Härte:** 2,5. **Spaltbarkeit:** Keine. Teilbarkeit nach der Basis und dem Prisma. **Bruch:** Uneben. **Farbe und Transparenz:** Farblos bis weiß, manchmal bräunlich bis rötlich. Durchscheinend bis durchsichtig. **Strich:** Weiß. **Glanz:** Glasglanz bis Fettglanz. **Erkennungsmerkmale:** Pseudokubische Spaltbarkeit, Fettglanz, schmilz beim Erhitzen. Kryolith hat mit etwa 1,34 einen sehr niedrigen Brechungsquotienten. Dadurch kann man ihn beim Einbetten in Wasser kaum sehen. **Vorkommen:** Kryolith ist ein seltenes Mineral, welches bei der Aluminiumelektrolyse als Flußmittel benützt wird. Der einzige wichtige Fundpunkt liegt auf Grönland. Dort kommt er in einem Granitpegmatit vor und wird von Siderit, Quarz, Bleiglanz, Zinkblende, Kupferkies, Fluorit, Zinnstein und einigen anderen Mineralen begleitet. Der Name wird aus dem Griechischen hergeleitet, wo das Wort „Eis-Stein" bedeutet und somit auf das eisähnliche Aussehen des Minerals hinweist.

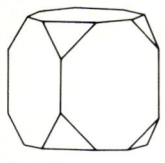

Kryolith

Carnallit KMgCl$_3$ · 6H$_2$O [1]
Kristallsystem: Rhombisch. **Habitus:** Die seltenen Kristalle sind pseudohexagonal. Meist massiv, körnig. **Spez. Gewicht:** 1,6. **Härte:** 1–2. **Spaltbarkeit:** Keine. **Bruch:** Muschelig. **Farbe und Transparenz:** Weiß, bisweilen rötlich oder gelblich. Durchscheinend bis durchsichtig. **Glanz:** Fettglanz. **Erkennungsmerkmale:** Keine Spaltbarkeit, muscheliger Bruch, hygroskopisch (absorbiert Feuchtigkeit und wird naß), bitterer Geschmack, schmilzt leicht beim Erhitzen. **Vorkommen:** Carnallit kommt auf Lagerstätten von Evaporiten zusammen mit Steinsalz und Sylvin vor. Da er hygroskopisch ist, sollte man ihn unter entsprechendem Verschluß aufbewahren. Er ist benannt nach R. von Carnall, einem deutschen Bergingenieur des neunzehnten Jahrhunderts.

Chlorargyrit (Hornsilber, Kerargyrit) AgCl [2]
Kristallsystem: Kubisch. **Habitus:** Die seltenen Kristalle sind Würfel. Meist dicht, an Wachs oder Horn erinnernd. **Zwillingsbildung:** Nach dem Oktaeder. **Spez. Gewicht:** 5,5–5,6. **Härte:** 1,5–2,5. **Spaltbarkeit:** Keine. **Bruch:** Nahezu muschelig. **Farbe und Transparenz:** In reinem Zustand farblos. Gewöhnlich perlgrau, wird bei Licht violettbraun. Durchscheinend. **Glanz:** Harzglanz bis Diamantglanz. **Erkennungsmerkmale:** Hornähnliches Aussehen, kann mit dem Messer geschnitten werden, schmilzt leicht beim Erhitzen, löslich in Ammoniak. **Vorkommen:** Kommt zusammen mit gediegenem Silber und Cerussit als sekundäres Mineral in der Oxidationszone von Silberlagerstätten vor.

Atakamit Cu$_2$Cl (OH)$_3$ [3, 4]
Kristallsystem: Rhombisch. **Habitus:** Dünne, prismatische, gestreifte Kristalle. Auch tafelig. Ebenso derb, nadelig, körnig. **Zwillingsbildung:** Komplex. **Spez. Gewicht:** 3,8. **Härte:** 3–3,5. **Spaltbarkeit:** Vollkommen nach dem Pinakoid. **Bruch:** Muschelig. **Farbe und Transparenz:** Hellgrün bis dunkelgrün. Durchscheinend bis durchsichtig. **Strich:** Apfelgrün. **Glanz:** Diamantglanz bis Glasglanz. **Erkennungsmerkmale:** Farbe. Vom Malachit dadurch zu unterscheiden, daß beim Lösen in Salzsäure keine Gasentwicklung stattfindet. **Vorkommen:** Atakamit ist immer sekundärer Entstehung und bildet sich in der Oxidationszone von Kupferlagerstätten. Kommt allgemein mit Cuprit und Malachit vor. Benannt nach der Atakama-Wüste in Chile.

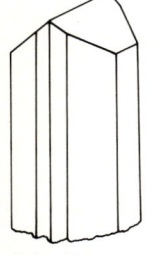

Atakamit

Diaboleit Pb$_2$CuCl$_2$ (OH)$_4$ [5]
Kristallsystem: Tetragonal. **Habitus:** Tafelige Kristalle. Auch derbe, körnige Massen. **Spez. Gewicht:** 5,5. **Härte:** 2,5. **Spaltbarkeit:** Nach der Basis. **Farbe und Transparenz:** Hellblau. Durchscheinend bis nahezu opak. **Erkennungsmerkmale:** Farbe. **Vorkommen:** Diaboleit ist ein seltenes, aber farbenprächtiges Mineral, das in der Oxidationszone von Blei-Kupfer-Lagerstätten vorkommt.

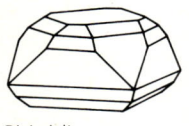

Diaboleit

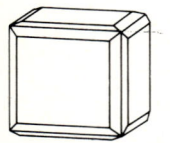

Fluorit: Kombination von Würfel mit Rhombendodekaeder

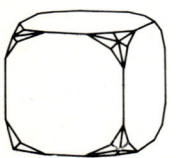

Fluorit: Kombination von Würfel mit Hexakisoktaeder

Fluorit: Durchdringungszwilling

Fluorit (Flußspat) CaF_2 [1, 2, 3, 4, 5, 6]

Kristallsystem: Kubisch. **Habitus:** Die Kristalle sind meist Würfel, seltener Oktaeder oder Rhombendodekaeder. Bei Kombinationen von Würfel mit Rhomboeder oder Oktaeder sind die Würfelflächen oft glatt, während die anderen trüb oder rauh sind, da sie aus Würfelflächen in dünner Aufeinanderfolge gebildet sind. **Zwillingsbildung:** Durchdringungszwillinge verbreitet. **Spez. Gewicht:** 3,2. **Härte:** 4. **Spaltbarkeit:** Vollkommen nach dem Oktaeder. **Bruch:** Nahezu muschelig. **Farbe und Transparenz:** Die Farbe variiert sehr. Oft gelb, grün, blau, purpur, seltener farblos, rosarot und schwarz. Durchsichtig bis durchscheinend. Auch innerhalb des gleichen Kristalls kann die Farbe variieren. Oft ist auch dabei, wie bei massivem Fluorit, farbige Bänderung vorhanden. **Strich:** Weiß. **Glanz:** Glasglanz. **Erkennungsmerkmale:** Kubische Kristallform, oktaedrische Spaltbarkeit, härter als Kalzit, mit Salzsäure keine Gasentwicklung. Löst sich in Schwefelsäure. Dabei entweicht Flußsäure, die Glas ätzt. Fluoreszenz. **Vorkommen:** Fluorit ist ein allgemein vorkommendes Mineral. Es findet sich in Mineralgängen entweder allein oder als Gangart metallischer Erze, in Gesellschaft von Quarz, Baryt, Kalzit, Cölestin, Dolomit, Bleiglanz, Zinnstein, Zinkblende, Topas und mancher anderer Minerale. Obzwar Fluorit zu weich ist und eine zu gute Spaltbarkeit hat, um als Edelstein verwendet zu werden, haben die häufigen Farbvariationen dazu geführt, daß er als Halbedelstein verwendet wurde, aus dem schon seit langer Zeit Vasen und Schmuck angefertigt werden. Die farbig gebänderte Varietät heißt im Englischen „Blue John", blauer Johann. Vom Fluorit stammt der Name für das Phänomen der Fluoreszenz. Fluorit selbst zeigt diesen Effekt nur schwach. Viele andere Minerale sind in dieser Hinsicht viel spektakulärer. Fluorit wird vor allem in der chemischen Industrie als Flußmittel benützt. Geringere Mengen werden als Schmucksteine verwendet oder zur Anfertigung spezieller optischer Geräte, vor allem achromatischer Linsen. Der Name kommt vom lateinischen Wort „fluere" und weist auf seinen Gebrauch als Flußmittel bei der Erschmelzung verschiedener Metalle hin.

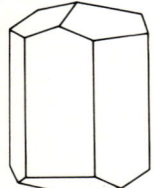

Kalzit: Kombination
Prisma mit flachem
Rhomboeder

Kalzit (Kalkspat) $CaCO_3$ [1, 2, 3, 4, 5, 6]

Kristallsystem: Trigonal. **Habitus:** Kalzit hat einen Formenreichtum wie kein anderes Mineral. Meist ist er tafelig, prismatisch, nadelig oder stumpfrhomboedrisch. Auch Skalenoeder kommen vor; Kalzit tritt auch in parallelen faserigen Aggregaten oder körnig sowie stalaktitisch auf. **Zwillingsbildung:** Häufig. Es gibt zwei Zwillingsgesetze. Im ersten ist die Basis die Zwillingsebene, im zweiten eine Rhomboederfläche. Durch Druck kann eine lamellare Druckzwillingsbildung auftreten. **Spez. Gewicht:** 2,7 (rein). **Härte:** 3. **Spaltbarkeit:** Vollkommen nach dem Rhomboeder. Unabhängig von seiner Kristallform treten als Spaltformen nur Rhomboeder auf. An diesen kann man sehr schön das Phänomen der Doppelbrechung sehen. Legt man ein solches, genügend dickes Spaltrhomboeder auf eine Schrift, so kann man sie doppelt sehen. Dreht man dann das Kalzitrhomboeder, so bleibt eine Schrift an der gleichen Stelle, während sich die andere in der Drehrichtung des Rhomboeders bewegt. **Bruch:** Muschelig, doch wegen der ausgezeichneten Spaltbarkeit selten zu sehen. **Farbe und Transparenz:** Gewöhnlich farblos (Isländer Doppelspat) oder weiß. Auch Farbtöne von grau, gelb, grün, rot, purpur, blau und sogar braun oder schwarz. Durchsichtig bis durchscheinend. Manche tief gefärbten Varietäten sind nahezu opak. **Strich:** Weiß. **Glanz:** Glasglanz, manchmal Perlglanz parallel zur Spaltfläche. **Erkennungsmerkmale:** Ausgezeichnete rhomboedrische Spaltbarkeit, Härte, löst sich leicht in kalter, verdünnter Salzsäure unter Gasentwicklung. **Vorkommen:** Kalzit ist ein häufiges und weit verbreitetes Mineral. Gesteinsbildend tritt er in den Kalken und deren metamorphen Analoga, den Marmoren auf. Er kann direkt aus dem Meerwasser ausgefällt werden, er bildet aber auch Schalen und Skelette mancher lebender Organismen, die nach dem Absterben des Tieres angesammelt werden und Kalke bilden. Metamorphe, reine Kalke sind die weißen, körnigen Marmore. Die Anwesenheit anderer Minerale ergibt einen gefärbten und ornamentierten Marmor. Auch als primäres Mineral tritt er in den Karbonatiten auf, Eruptivgesteinen von der chemischen Zusammensetzung eines Kalkes. Sie bilden Intrusionsstöcke. Auch auf hydrothermalen Gängen kommt er verbreitet vor, sei es als Hauptbestandteil, sei es als Gangart bei Erzen. Sekundärer Kalzit bildet sich manchmal aus Pyroxenen und Feldspäten in Eruptiva. In Gebieten mit heißen Quellen setzt er sich als Travertin oder Kalktuff ab. Stalaktiten und Stalagmiten kleiden manche Höhlen in Kalken aus. Kalzit wird in der Form von Kalk, auch Kalkstein genannt, in weitem Ausmaß abgebaut. Man benötigt ihn zur Zementherstellung, als Flußmittel beim Erschmelzen mancher Erze, als Dünger und als Baustein.

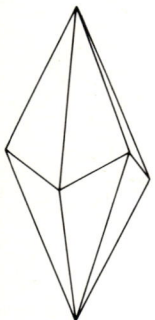

Kalzit: Skalenoeder

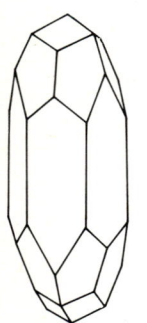

Kalzit: Kombination von
Prisma, Skalenoeder
und Rhomboeder

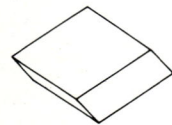

Kalzit: Rhomboeder

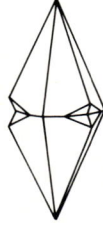

Kalzit: Skalenoeder,
nach der Basis verzwillingt

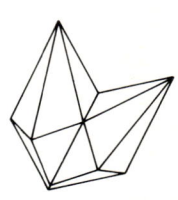

Kalzit: Skalenoeder,
nach dem Spaltrhomboeder verzwillingt

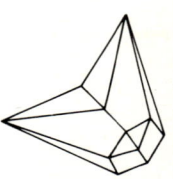

Kalzit: Skalenoeder,
nach einem anderen
Rhomboeder verzwillingt

Magnesit MgCO₃ [1]

Kristallsystem: Trigonal. **Habitus:** Die seltenen Kristalle sind Rhomboeder oder, seltener, Prismen. Meist in dichten, körnigen, spätigen oder faserigen Massen. **Spez. Gewicht:** 3,0–3,2, nimmt mit wachsendem Eisengehalt zu. **Härte:** 3,5–4,5. **Spaltbarkeit:** Vollkommen nach dem Rhomboeder. **Bruch:** Muschelig. **Farbe und Transparenz:** In reinem Zustand farblos oder weiß. Häufig graue, gelbe oder braune Farbtöne, wenn Eisen eingebaut ist. Durchsichtig bis durchscheinend. **Strich:** Weiß. **Glanz:** Glasglanz. **Erkennungsmerkmale:** Ähnlich Kalzit. Wird von kalter verdünnter Salzsäure schwer angegriffen, löst sich aber beim Erwärmen unter Gasentwicklung. **Vorkommen:** Magnesit ist nicht so verbreitet wie Kalzit. Er bildet auch kaum sedimentäre Gesteine. Er kommt in Verdrängungslagerstätten vor durch die Einwirkung karbonathaltiger Lösungen auf Gesteine mit Magnesiummineralen oder durch die Einwirkung magnesiumhaltiger Lösungen auf kalzitführende Gesteine. Magnesit kommt auch in Form von Gängen in metamorphen magnesiumreichen Gesteinen, wie Talkschiefern und Serpentiniten, vor. Große Lagerstätten metasomatischen Ursprungs werden abgebaut. Magnesit dient als Ausgangsstoff für feuerfeste Steine.

Siderit (Eisenspat) FeCO₃ [2, 3]

Kristallsystem: Trigonal. **Habitus:** Kristalle von rhomboedrischem Habitus mit gekrümmten Flächen sind gewöhnlich ein Aggregat kleiner Kristalle. Auch dicht, spätig, körnig, faserig, traubig oder erdig. **Zwillingsbildung:** Nach dem Rhomboeder. Oft zahlreiche Zwillingslamellen. **Spez. Gewicht:** 3,8–4,0, nimmt mit steigendem Magnesiumgehalt ab. **Härte:** 3,5–4,5. **Spaltbarkeit:** Vollkommen nach dem Rhomboeder. **Bruch:** Uneben. **Farbe und Transparenz:** Grau, graubraun, gelblichbraun. Durchsichtig bis durchscheinend. **Strich:** Weiß. **Glanz:** Glasartig. **Erkennungsmerkmale:** Rhomboedrische Form und Spaltbarkeit. Durch die braune Farbe und das höhere spezifische Gewicht unterscheidet er sich von Kalzit und Dolomit. Löst sich schwer in kalter, verdünnter Salzsäure, aber gut, unter Gasentwicklung, beim Erwärmen. **Vorkommen:** Dichter Siderit ist in Sedimenten, vor allem in Tonen und Schiefertonen, sehr verbreitet. Er bildet dort Toneisensteine, die meist konkretionären Ursprungs sind (siehe Seite 204). In hydrothermalen Gängen begleitet er als Gangart Erze wie Pyrit, Kupferkies und Bleiglanz. Er entsteht auch dort, wo Kalke durch die Einwirkung eisenhaltiger Lösungen verändert werden.

Rhodochrosit (Manganspat) MnCO₃ [4, 5]

Kristallsystem: Trigonal. **Habitus:** Die seltenen Kristalle sind Rhomboeder mit gekrümmten Kristallflächen. Meist dicht, derb, spätig oder körnig. **Spez. Gewicht:** 3,4–3,7. **Härte:** 3,5–4,5. **Spaltbarkeit:** Vollkommen nach dem Rhomboeder. **Bruch:** Uneben. **Farbe und Transparenz:** Rosenrot, manchmal hellgrau bis braun. Durchscheinend. **Strich:** Weiß. **Glanz:** Glasartig. **Erkennungsmerkmale:** Farbe, Spaltbarkeit nach dem Rhomboeder. Löst sich unter Gasentwicklung in heißer verdünnter Salzsäure. Vom Rhodonit durch die geringere Härte zu unterscheiden. An der Luft bildet sich oft eine braune oder schwarze Schicht. **Vorkommen:** Rhodochrosit kommt auf hydrothermalen Gängen vor, die Erze von Silber, Blei und Kupfer führen. Er wurde auch in metamorphen und metasomatischen Gesteinen sedimentärer Herkunft beobachtet, ebenso in sedimentären Lagerstätten oxidischer Manganerze. Er ist dann immer sekundären Ursprungs.

Smithsonit (Zinkspat) ZnCO₃ [1, 2]
Kristallsystem: Trigonal. **Habitus:** Die seltenen Kristalle sind rhomboedrisch und haben rauhe, gekrümmte Kristallflächen. Normalerweise findet man nierige, traubige, stalaktitische oder krustenförmige Massen. Auch derbe Aggregate. **Spez. Gewicht:** 4,3–4,5. **Härte:** 4–4,5. **Spaltbarkeit:** Vollkommen nach dem Rhomboeder. **Bruch:** Uneben. **Farbe und Transparenz:** Grautöne, braun oder grauweiß. Aber auch grüne, braune und gelbe Varietäten kommen vor. Durchscheinend. **Strich:** Weiß. **Glanz:** Glasglanz. **Erkennungsmerkmale:** Rhomboedrische Spaltbarkeit, für ein Karbonat hohe Dichte, in verdünnter Salzsäure unter Gasentwicklung löslich. **Vorkommen:** Das wichtigste Vorkommen von Zinkspat ist das in der Oxidationszone von Zinklagerstätten. Gewöhnlich tritt er mit Zinkblende, Hemimorphit, Bleiglanz und Kalzit zusammen auf. Er wird auch in hydrothermalen Gängen gefunden, wo er Zinkblende begleitet, sowie in Verdrängungslagerstätten in Kalken. Die grün durchscheinende Varietät von Zinkspat wird als Schmuckstein verwendet. Der Name Smithsonit wurde ihm zu Ehren des britischen Mineralogen J. M. L. Smithson (1754–1829) gegeben. Dieser war der Gründer der ,,Smithsonian Institution" in Washington.

Dolomit: gekrümmte Flächen mit Stufen

Dolomit CaMg (CO₃)₂ [3, 4]
Kristallsystem: Trigonal. **Habitus:** Die Kristalle sind gewöhnlich Rhomboeder mit gekrümmten Kristallflächen. Er kommt auch in dichten, körnigen Aggregaten und gesteinsbildend in dolomitischen Kalken, auch einfach Dolomite genannt, vor. **Zwillingsbildung:** Verbreitet. **Spez. Gewicht:** 2,8–2,9. **Härte:** 3,5–4. **Spaltbarkeit:** Vollkommen nach dem Rhomboeder. **Bruch:** Nahezu muschelig. **Farbe und Transparenz:** Gewöhnlich weiß, bisweilen farblos. Auch gelbe bis braune, gelegentlich rosa Farbtöne kommen vor. Durchsichtig bis durchscheinend. **Strich:** Weiß. **Glanz:** Glasglanz bis Perlglanz. **Erkennungsmerkmale:** Dolomit ähnelt sehr dem Kalzit, löst sich aber nur langsam in kalter, verdünnter Salzsäure. Beim Erwärmen löst er sich leicht unter Aufbrausen. **Vorkommen:** Als gesteinsbildendes Mineral ist Dolomit weit verbreitet. Meist ist er sekundärer Entstehung. Er bildet sich durch Reaktion magnesiumhaltiger Lösungen mit Kalken. Auch als Gangart in hydrothermalen Gängen kommt er vor, besonders in solchen, die Bleiglanz und Zinkblende führen. Dolomite werden als Bausteine verwendet und zur Herstellung feuerfester Ziegel, mit welchen man Öfen ausmauert. Er ist zu Ehren von D. Dolomieu (1750–1801), einem französischen Mineralogen, benannt.

Ankerit Ca (Mg, Fe) (CO₃)₂ [5]
Kristallsystem: Trigonal. **Habitus:** Die Kristalle sind Rhomboeder. Kommt auch gern in körnigen Massen vor. **Spez. Gewicht:** 2,9–3,2. **Härte:** 3,5–4. **Spaltbarkeit:** Nach dem Rhomboeder. **Farbe und Transparenz:** Weiß, gelb, gelblichbraun, bisweilen grau. Wird durch Verwitterung dunkelbraun. Durchscheinend. **Strich:** Weiß. **Glanz:** Glasglanz. **Erkennungsmerkmale:** Braune Farbe. Das Magnesium im Dolomit wird durch Eisen ersetzt, so daß eine vollständige Reihe vom Dolomit zum Ankerit führt. Die Braunfärbung wird um so stärker, je mehr Eisen eingebaut ist. **Vorkommen:** Ankerit kommt ähnlich wie Dolomit vor. Als Gangmineral, welches Eisenerze begleitet, ist er nicht selten. Häufig füllt er Klüfte in Kohlenflözen aus. Den Namen bekam er nach dem österreichischen Mineralogen M. J. Anker (1772–1843).

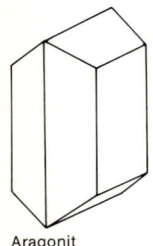

Aragonit

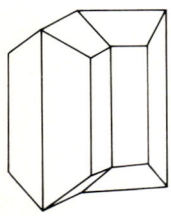

Aragonit: Zwilling

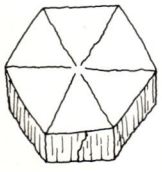

Aragonit: Mehrfach-Zwilling

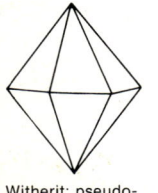

Witherit: pseudo-hexagonaler Zwilling

Aragonit CaCO₃ [1, 2]
Kristallsystem: Rhombisch. **Habitus:** Die seltenen unverzwillingten Kristalle sind meist stengelig, bisweilen auch tafelig. Zwillinge sind gedrungen, prismatisch und zeigen deutlich pseudohexagonale Symmetrie. Auch faserige, stalaktitische und krustenförmige Massen. **Zwillingsbildung:** Sehr häufig. Mehrfache Zwillingsbildung ergibt pseudohexagonale Formen. **Spez. Gewicht:** 2,9. **Härte:** 3,5–4. **Spaltbarkeit:** Unvollkommen nach dem Pinakoid. **Bruch:** Nahezu muschelig. **Farbe und Transparenz:** Farblos, grau, weiß. Auch gelblich. Durchsichtig bis durchscheinend. **Strich:** Weiß. **Glanz:** Glasglanz. **Erkennungsmerkmale:** Unter Aufbrausen in kalter verdünnter Salzsäure löslich. Aragonit ist eine polymorphe Modifikation von CaCO₃ und von diesem durch seine Kristallform, das Fehlen nach dem Rhomboeder und das höhere spezifische Gewicht unterschieden. **Vorkommen:** Aragonit ist nicht so weit verbreitet wie Kalzit. Er kommt als Ablagerung heißer Quellen und zusammen mit Gipslagern vor. Er wurde in Gängen und Hohlräumen mit Kalzit und Dolomit und in der Oxidationszone von Erzlagerstätten zusammen mit sekundär gebildeten Mineralen, wie Malachit und Zinkspat, gefunden. Die Schalen mancher Weichtiere sind aus Aragonit aufgebaut, und viele Fossilien, die ursprünglich aus Aragonit bestanden, liegen nun in kalzitischer Erhaltung vor. Er kommt auch zusammen mit Jadeit und Glaukophan in manchem Glaukophanschiefer vor. Sein Name kommt von der Provinz Aragon in Spanien, von wo er zum ersten Male beschrieben wurde.

Witherit BaCO₃ [3, 4]
Kristallsystem: Rhombisch. **Habitus:** Die immer verzwillingten Kristalle zeigen pseudohexagonale Formen. Auch derb, körnig, säulig, traubenförmig. **Zwillingsbildung:** Allgemein. **Spez. Gewicht:** 4,3. **Härte:** 3–3,5. **Spaltbarkeit:** Deutlich nach dem Pinakoid. **Bruch:** Uneben. **Farbe und Transparenz:** Weiß, manchmal grau oder blaßgelb bis braun. Durchsichtig bis durchscheinend. **Strich:** Weiß. **Glanz:** Glasglanz. **Erkennungsmerkmale:** Hohes spezifisches Gewicht, in verdünnter Salzsäure unter Aufbrausen löslich. Vom Strontianit durch die Flammenfärbung zu unterscheiden: Witherit färbt die Flamme grün. **Vorkommen:** Witherit ist nicht sehr verbreitet. Manchmal begleitet er, zusammen mit Anglesit und Baryt, Bleiglanz auf hydrothermalen Lagerstätten. Er wurde benannt nach W. Withering (1743–1799), einem britischen Mineralogen, der ihn als erster erkannt und analysiert hat.

Strontianit SrCO₃ [5, 6]
Kristallsystem: Rhombisch. **Habitus:** Die Kristalle sind prismatisch oder stengelig. Auch dichte, faserige, säulige, körnige Massen. **Zwillingsbildung:** Verbreitet. **Spez. Gewicht:** 3,7. **Härte:** 3,5–4. **Spaltbarkeit:** Gut nach dem Prisma. **Bruch:** Uneben. **Farbe und Transparenz:** Weiß, blaßgrün, grau, blaßgelb. Durchsichtig bis durchscheinend. **Strich:** Weiß. **Glanz:** Glasglanz. **Erkennungsmerkmale:** Hohes spezifisches Gewicht, unter Aufbrausen in verdünnter Salzsäure löslich, färbt die Flamme karmesinrot. **Vorkommen:** Strontianit kommt in hydrothermalen Lagerstätten von niedriger Bildungstemperatur vor, auch in Kalken zusammen mit Coelestin, Baryt und Kalzit. Aus ihm werden Strontiumverbindungen hergestellt, die zur Färbung der Flammen bei Feuerwerken dienen. Er ist nach dem Fundpunkt Strontian in Argyllshire, Schottland, benannt, wo er zum ersten Male gefunden wurde.

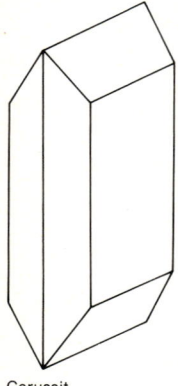

Cerussit

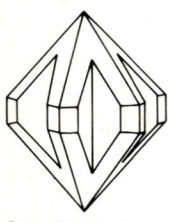

Cerussit: sternförmiger Zwilling

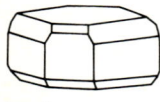

Azurit

Cerussit PbCO₃ [1, 2]

Kristallsystem: Rhombisch. **Habitus:** Die Kristalle sind oft prismatisch oder tafelig parallel zum Seitenpinakoid. Bisweilen findet man bipyramidale oder pseudohexagonale, sternähnliche Zwillinge. Auch stengelig oder körnig, derb, dicht. **Zwillingsbildung:** Sehr verbreitet. Es gibt Berührungs- und Durchdringungszwillinge, die oft eine pfeilspitzenförmige Umgrenzung zeigen. **Spez. Gewicht:** 6,4–6,6. **Härte:** 3–3,5. **Spaltbarkeit:** Deutlich nach zwei Prismenflächen. **Bruch:** Muschelig. **Farbe und Transparenz:** Meist weiß oder grau, bisweilen ziemlich dunkel. Durchsichtig bis durchscheinend. **Strich:** Weiß. **Glanz:** Diamantglanz. **Erkennungsmerkmale:** Hohes spezifisches Gewicht, Diamantglanz, löst sich unter Gasentwicklung in warmer, verdünnter Salpetersäure; das unterscheidet ihn vom Anglesit. **Vorkommen:** Cerussit ist gewöhnlich sekundärer Entstehung und kommt in der Oxidationszone von Bleilagerstätten vor. Häufig wird er zusammen mit Anglesit, Bleiglanz, Smithsonit, Pyromorphit und Zinkblende gefunden. Er ist ein wichtiges Bleierz. Sein Name kommt aus dem Lateinischen, wo er „weißes Blei" heißt. Wird gelegentlich auch Weißbleierz genannt.

Malachit Cu₂CO₃ (OH)₂ [3, 4]

Kristallsystem: Monoklin. **Habitus.** Kristalle sehr selten. Gewöhnlich nierige, traubige, krustenförmige Massen, die oft in Bändern verschiedener Farbe angeordnet und radialstrahlig ausgebildet sind. Auch körnig und erdig. **Zwillingsbildung:** Verbreitet. **Spez. Gewicht:** 3,9–4,0 (dichte Varietäten nur bis 3,5). **Härte:** 3,5–4. **Spaltbarkeit:** Vollkommen nach dem Pinakoid. **Bruch:** Nahezu muschelig, uneben. **Farbe und Transparenz:** Hellgrün. Durchscheinend. **Strich:** Blaßgrün. **Glanz:** Faserige Varietäten haben Seidenglanz, dichte Massen zeigen einen stumpfen, Kristalle einen Diamantglanz. **Erkennungsmerkmale:** Farbe, traubige Formen, unter Gasentwicklung in verdünner Salzsäure löslich. **Vorkommen:** Malachit ist ein verbreitetes sekundäres Kupfermineral, welches in der Oxidationszone von Kupferlagerstätten vorkommt. Häufig ist er mit Azurit [4], gediegenem Kupfer und Cuprit vergesellschaftet, den er bisweilen verdrängt. Andere Begleitminerale sind Kalzit, Chrysokoll und Limonit.

Azurit (Kupferlasur) (Cu₃)₂ (OH)₂ [4, 5, 6]

Kristallsystem: Monoklin. **Habitus:** Oft Kristalle, die tafelig oder kurzprismatisch sind. Radialstrahlige Aggregate. Auch dicht oder erdig. **Spez. Gewicht:** 3,8–3,9. **Härte:** 3,5–4. **Spaltbarkeit:** Vollkommen nach dem Prisma, weniger vollkommen nach dem Pinakoid. **Bruch:** Muschelig. **Farbe und Transparenz:** Verschiedene Farbtöne von azurblau. Durchscheinend bis durchsichtig. **Strich:** Hellblau. **Glanz:** Glasglanz. **Erkennungsmerkmale:** Farbe, unter Aufbrausen in Salpetersäure oder Salzsäure löslich. **Vorkommen:** Azurit ist wie Malachit ein sekundäres Kupfermineral und kommt mit ihm zusammen in der Oxidationszone von Kupferlagerstätten vor. Er ist nicht so weit verbreitet wie Malachit. Bisweilen finden sich abwechselnde Lagen dieser beiden Minerale. Pseudomorphosen von Malachit nach Azurit sind verbreitet [4]. Im Gegensatz zu Malachit gibt es hier manchmal gute, scharf begrenzte Kristalle.

Nitronatrit (Natronsalpeter) NaNO₃ [4]

Kristallsystem: Trigonal. **Habitus:** Die seltenen Kristalle sind Rhomboeder. Gewöhnlich dichte Massen. **Zwillingsbildung:** Verbreitet. **Spez. Gewicht:** 2,2–2,3. **Härte:** 1–2. **Spaltbarkeit:** Vollkommen nach dem Rhomboeder. **Bruch:** Muschelig. Wegen der ausgezeichneten Spaltbarkeit selten zu sehen. **Farbe und Transparenz:** Farblos oder weiß, bisweilen durch Verunreinigungen dunkler. Durchscheinend. **Strich:** Weiß. **Glanz:** Glasglanz. **Erkennungsmerkmale:** Niedriges spezifisches Gewicht und niedrige Härte, schmilzt leicht, ist in Wasser löslich, zerfließlich. Ähnelt Kalzit, ist aber leichter und weniger hart. **Vorkommen:** Wegen der leichten Löslichkeit kommt Nitronatrit nur in ariden Gebieten als Oberflächenbildung zusammen mit Gips, Steinsalz und anderen löslichen Nitraten und Sulfaten vor. Salpeter, KNO₃, kommt zusammen mit Nitronatrit unter ähnlichen Bedingungen vor, ist aber seltener. Wird als wichtige Quelle für Nitrat abgebaut.

Borax (Tinkal) Na₂B₄O₇ · 10H₂O [2]

Kristallsystem: Monoklin. **Habitus:** Prismatische Kristalle. Auch dichte Massen. **Spez. Gewicht:** 1,7. **Härte:** 2–2,5. **Spaltbarkeit:** Vollkommen nach dem Pinakoid **Bruch:** Muschelig. **Farbe und Transparenz:** Farblos oder weiß, manchmal mit grauen oder blauen Farbtönen. Durchscheinend. **Strich:** Weiß. **Glanz:** Glasglanz bis Harzglanz, bisweilen matt. **Erkennungsmerkmale:** Kristallform, niedriges spezifisches Gewicht, löslich in Wasser, schmilzt leicht. **Vorkommen:** Borax ist ein Mineral der Evaporite, das sich beim Eindunsten von Wasser von Salzseen bildet. Es kommt gerne in Gesellschaft von anderen Evaporit-Mineralen vor wie Steinsalz, Sulfate, Karbonate und andere Borate, die sich beim Eintrocknen von Seen in ariden Gebieten absetzen.

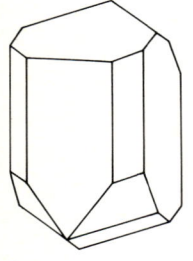

Borax

Colemanit Ca₂B₆O₁₁ · 5H₂O [3]

Kristallsystem: Monoklin. **Habitus:** Kristalle in ihrem Aussehen sehr variabel, aber meist kurzprismatisch. Auch dichte, körnige Massen. **Spez. Gewicht:** 2,4. **Härte:** 4–4,5. **Spaltbarkeit:** Eine vollkommene Spaltrichtung. **Bruch:** Uneben. **Farbe und Transparenz:** Farblos oder weiß, auch gelblich oder grau. Durchsichtig bis durchscheinend. **Glanz:** Glasglanz. **Erkennungsmerkmale:** Kristallform, vollkommene Spaltbarkeit, schmilzt leicht, für ein Borat relativ hart. **Vorkommen:** Colemanit kommt auch zusammen mit Borax vor, aber vor allem als Auskleidung von Hohlräumen in Sedimenten, wo er wahrscheinlich abgelagert wurde, als Lösungen primäre Borate durchsetzten. Er ist nach W. T. Coleman, einem amerikanischen Industriellen, benannt.

Ulexit NaCaB₅O₉ · 8H₂O [1]

Kristallsystem: Triklin. **Habitus:** Gewöhnlich gerundete Massen faseriger Kristalle und parallelfaseriger Aggregate. **Spez. Gewicht:** 1,9–2,0. **Härte:** 2,5 (Aggregate haben eine scheinbare Härte von 1). **Farbe und Transparenz:** Weiß. Durchsichtig. **Glanz:** Seidenglanz. **Erkennungsmerkmale:** Hat das Aussehen weicher ,,Baumwollbällchen", niedriges spezifisches Gewicht, unlöslich in kaltem, etwas löslich in heißem Wasser. Schmilzt leicht. **Vorkommen:** Ulexit ist ein Evaporit-Mineral, das bisweilen Colemanit begleitet. Es tritt in Geoden von Sedimenten auf, die in Gebieten mit Boraxlagerstätten vorkommen. Wie Borax tritt er auch in Oberflächenlagerstätten arider Gebiete auf. Er ist nach G. L. Ulex benannt, einem deutschen Chemiker des neunzehnten Jahrhunderts, der dieses Mineral entdeckte.

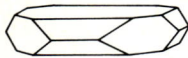

Baryt: tafeliger Habitus

Baryt: „Hahnenkamm"

Baryt: „Wüstenrose"

Baryt BaSO₄ [1, 2, 3]

Kristallsystem: Rhombisch. **Habitus:** Die Kristalle sind meist tafelig. Bisweilen sind sie prismatisch. Dann haben sie einen diamantähnlichen Umriß. Auch faserig, blättrig, in hahnenkammartigen Aggregaten, körnig und auch stalagmitisch. **Spez. Gewicht:** 4,3–4,6. **Härte:** 2,5–3,5. **Spaltbarkeit:** Vollkommen nach der Basis, sehr gut nach dem Prisma. **Bruch:** Uneben. **Farbe und Transparenz:** Farblos bis weiß, oft Farbtöne von gelb, braun, blau, grün oder rot. Durchsichtig bis durchscheinend. **Strich:** Weiß. **Glanz:** Glasglanz. **Erkennungsmerkmale:** Hohes spezifisches Gewicht, Spaltbarkeit, Kristallform, unlöslich in Säuren, färbt die Flamme grün. **Vorkommen:** Baryt ist das wichtigste Bariummineral. Es kommt als Füllung von Gängen und als Gangart bei Erzen von Blei, Kupfer, Zink, Silber, Eisen und Nickel zusammen mit Kalzit, Quarz, Fluorit, Dolomit und Siderit vor. Baryt kommt auch in manchen Verdrängungslagerstätten innerhalb von Kalken und als Zement mancher Sandsteine vor. Barytkonkretionen in manchen Sandsteinen haben eine charakteristische Form, rosettenartig, und werden „Wüstenrosen" genannt. Der Name Baryt kommt aus dem Griechischen und bedeutet „schwer". Die Verwendung von Bariumverbindungen ist eine recht vielfältige. Sehr interessant ist die als Röntgenkontrastmittel – wegen der extrem geringen Löslichkeit von Baryt ist das an sich giftige Barium so völlig unbedenklich – sowie als Schutzmittel gegen Strahlen aller Art. In Papier wird Baryt als Füllmittel verwendet.

Auch in Deutschland fällt es nicht schwer, Baryt zu finden. Es seien hier nur die noch in Betrieb befindlichen Gruben des Schwarzwaldes sowie die von Meggen in Westfalen erwähnt.

Ein gutes Erkennungsmerkmal ist noch seine Löslichkeit in heißer, konzentrierter Schwefelsäure, aus welcher es beim Verdünnen ausfällt.

Coelestin SrSO₄ [4, 5]

Kristallsystem: Rhombisch. **Habitus:** Tafelige oder prismatische Kristalle ähnlich Baryt. Auch nadelig oder körnig. **Spez. Gewicht:** 3,9–4,0. **Härte:** 3–3,5. **Spaltbarkeit:** Vollkommen nach der Basis, gut nach dem Prisma. **Bruch:** Uneben. **Farbe und Transparenz:** Farblos bis schwach bläulich, bisweilen rötlich. Durchscheinend bis durchsichtig. **Strich:** Weiß. **Glanz:** Glasglanz. **Erkennungsmerkmale:** Hohes spezifisches Gewicht, Spaltbarkeit. Vom Baryt, wenn auch schwierig, durch das niedrigere spezifische Gewicht zu unterscheiden. Barium kann in der Struktur das Strontium ersetzen. Zwischenglieder sind aber selten. Färbt die Flamme karminrot. **Vorkommen:** Coelestin kommt in Sedimentgesteinen, vor allem Dolomiten, zusammen mit Baryt, Gips, Steinsalz, Anhydrit, Kalzit, Dolomit und Fluorit als Hohlraumauskleidung vor. Zusammen mit Anhydrit tritt er auch in Evaporit-Lagerstätten auf. Oft tritt er, sowohl in sedimentärem als auch im vulkanischen Bereich zusammen mit Schwefel auf. Auch als Gangmineral in hydrothermalen Erzgängen von Bleiglanz und Zinkblende kommt er vor und bildet Konkretionen in Tonen und Mergel. Der Name kommt aus dem Lateinischen, wo er „himmlisch" bedeutet, womit auf die blaue Farbe mancher Kristalle angespielt wird.

In der Industrie finden Strontium-Verbindungen beim Ausfällen des Zuckers aus der Melasse Verwendung sowie bei der Herstellung irisierender Gläser. Sehr interessant ist der Einbau von Strontium in die Schalen mancher Meeresorganismen. Lange Zeit nahm man an, daß dieser dafür verantwortlich zu machen sei, daß die betreffende Schale noch als Aragonit vorliegt. In manchen Mergeln, so im Waldeckischen, kommt er in Form faseriger Schichten vor.

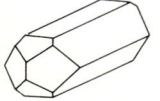

Coelestin: prismatischer Habitus

Anglesit PbSO$_4$ [1]

Kristallsystem: Rhombisch. **Habitus:** Kristalle bisweilen tafelig, oft prismatisch oder pyramidal. Auch dichte, derbe, körnige Massen kommen vor. **Spez. Gewicht:** 6,2–6,4. **Härte:** 2,5–3. **Spaltbarkeit:** Gut nach der Basis, deutlich nach dem Prisma. **Bruch:** Muschelig. **Farbe und Transparenz:** Farblos bis weiß, manchmal mit einem gelblichen, grauen oder bläulichen Schimmer. Durchsichtig bis durchscheinend. **Strich:** Weiß. **Glanz:** Diamantglanz. **Erkennungsmerkmale:** Hohes spezifisches Gewicht (höher als Baryt), Glanz, Paragenese mit Bleiglanz. Im Gegensatz zu Cerussit keine Reaktion mit warmer verdünnter Salpetersäure. **Vorkommen:** Anglesit ist ein sekundäres Bleimineral und kommt vor allem in der Oxidationszone von Bleilagerstätten vor. Häufig umgeben Massen von Anglesit einen Kern von Bleiglanz.

Anhydrit CaSO$_4$ [2]

Kristallsystem: Rhombisch. **Habitus:** Kristalle selten. Meist derbe, körnige, faserige, spätige Massen. **Spez. Gewicht:** 2,9–3,0. **Härte:** 3–3,5. **Spaltbarkeit:** Drei aufeinander senkrecht stehende gute Spaltrichtungen. **Bruch:** Uneben. **Farbe und Transparenz:** Farblos bis weiß, häufig mit bläulichem, bisweilen mit grauem oder rötlichem Farbton. Durchsichtig bis durchscheinend. **Strich:** Weiß. **Glanz:** Glasglanz bis Perlglanz. **Erkennungsmerkmale:** Drei aufeinander senkrecht stehende Spaltrichtungen, härter als Gips, höheres spezifisches Gewicht als Kalzit. **Vorkommen:** Anhydrit ist ein Mineral der Evaporite, welches mit Gips und Steinsalz zusammen vorkommt. Bei Temperaturen über 42°C wird er direkt aus Meerwasser abgeschieden, kann sich aber auch aus Gips bilden. Er kommt auch in den untersten und obersten Partien von Salz-Domen vor sowie untergeordnet als Gangart mancher hydrothermaler Erzgänge.

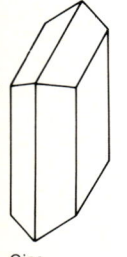

Gips

Gips CaSO$_4$ · 2H$_2$O [3, 4, 5, 6]

Kristallsystem: Monoklin. **Habitus:** Tafelige Kristalle mit oft gekrümmten Kristallflächen. Die durchsichtige, farblose Varietät wird Selenit genannt. Auch nadelig, faserig (Seidenspat [3]), dicht, körnig. Die feinkörnige Varietät heißt Alabaster. **Zwillingsbildung:** Sehr häufig. Beispielsweise die Schwalbenschwanzzwillinge. **Spez. Gewicht:** 2,3. **Härte:** 2. **Spaltbarkeit:** Eine vollkommene Spaltbarkeit, zwei andere Richtungen mit guter Spaltbarkeit. **Farbe und Transparenz:** Farblos bis weiß, manchmal mit Schattierungen von gelb, grau, rot oder braun. Durchsichtig bis durchscheinend. **Strich:** Weiß. **Glanz:** Glasglanz, parallel zur Spaltbarkeit Perlglanz. **Erkennungsmerkmale:** Niedrige Härte, kann mit dem Fingernagel geritzt werden, Spaltbarkeit. **Vorkommen:** Gips ist ein Mineral der Evaporite und kommt in geschichteten Lagerstätten zusammen mit Steinsalz und Anhydrit vor. Da er nur schlecht löslich ist, ist er das erste Mineral, welches aus einer eindunstenden Lösung ausfällt. Gefolgt wird er von Anhydrit und dann Steinsalz. In sehr geringen Mengen kommt er in Gebieten vulkanischer Aktivität vor, wenn Schwefelsäuredämpfe mit Kalken reagieren. Auch in hydrothermalen Erzgängen können durch die Oxidation von Sulfiden Schwefelsäurelösungen entstehen, die dann Gips mit dem kalkigen Nebengestein ergeben. Viel Gips entsteht durch sekundäre Wasseraufnahme von Anhydrit. [4] Wüstenrose.

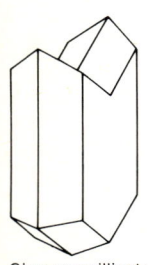

Gips: verzwillingter Kristall

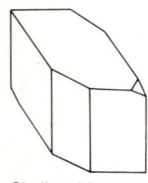

Chalkanthit

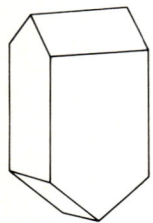

Epsomit

Chalkanthit (Kupfervitriol) $CuSO_4 \cdot 5H_2O$ [1, 2]

Kristallsystem: Triklin. **Habitus:** Meist gedrungene, prismatische Kristalle. Auch massiv, stalaktitisch oder faserig. **Spez. Gewicht:** 2,1–2,3. **Härte:** 2,5. **Spaltbarkeit:** Unvollkommen nach dem Pinakoid. **Bruch:** Muschelig. **Farbe und Transparenz:** Tief himmelblau. Durchsichtig bis durchscheinend. **Strich:** Weiß. **Glanz:** Glasglanz. **Erkennungsmerkmale:** Farbe, löslich in Wasser. **Vorkommen:** Chalkanthit ist selten und ein sekundäres Kupfermineral, das vorwiegend in der Oxidationszone sulfidischer Kupfererze auftritt. Wegen seiner Löslichkeit bleibt es nur in ariden Klimazonen erhalten. Es wird auch aus Grubenwässern in verlassenen Abbaustrecken ausgeschieden.

Epsomit (Bittersalz) $MgSO_4 \cdot 7H_2O$ [4]

Kristallsystem: Rhombisch. **Habitus:** Natürliche Kristalle sind selten, dann nadelig. Gewöhnlich sind es traubige, krustenförmige Massen mit faseriger Struktur. **Spez. Gewicht:** 1,7. **Härte:** 2–2,5. **Spaltbarkeit:** Eine vollkommene Spaltrichtung. **Bruch:** Muschelig. **Farbe und Transparenz:** Farblos bis weiß. Durchsichtig bis durchscheinend. **Strich:** Weiß. **Glanz:** Glasglanz. Die faserigen Varietäten zeigen Seidenglanz bis erdiges Aussehen. **Erkennungsmerkmale:** Faseriger Habitus, leicht löslich in Wasser; bitterer Geschmack. **Vorkommen:** Gewöhnlich kommt Epsomit in krustenförmigen Aggregaten im Nebengestein aktiver Bergwerke vor, wenn dieses Nebengestein reich an Magnesium ist. In ariden Gebieten findet man ihn in der Oxidationszone von Pyritlagerstätten.

Alunit (Alaunstein) $KAl_3 (SO_4)_2 (OH)_6$ [5, 6]

Kristallsystem: Trigonal. **Habitus:** Die seltenen Kristalle sind rhomboeder- oder würfelähnlich. Gewöhnlich dicht. **Spez. Gewicht:** 2,6–2,8. **Härte:** 3,5–4. **Spaltbarkeit:** Deutlich nach der Basis. **Bruch:** Uneben, muschelig. **Farbe und Transparenz:** Weiß, bisweilen grau oder rötlich. Durchsichtig bis durchscheinend. **Strich:** Weiß. **Glanz:** Glasglanz, parallel zur Spaltrichtung Seidenglanz. **Erkennungsmerkmale:** Schwer von dichtem Dolomit, Anhydrit und Magnesit zu unterscheiden, wenn man nicht chemische Tests heranzieht. Etwas adstringierender Geschmack. **Vorkommen:** Alunit wird als sekundäres Mineral in Gegenden gefunden, in welchen vulkanische Gesteine, die Feldspäte führen, durch Schwefelsäurelösungen zersetzt wurden.

Jarosit $KFe_3 (SO_4)_2 (OH)_6$ [3]

Kristallsystem: Trigonal. **Habitus:** Die sehr kleinen Kristalle sind würfelähnliche Rhomboeder. Auch faserig, dicht, körnig, krustenförmig, knollenförmig. Oft erdig. **Spez. Gewicht:** 3,2. **Härte:** 2,5–3,5. **Spaltbarkeit:** Deutlich nach der Basis. **Bruch:** Uneben. **Farbe und Transparenz:** Ockergelb bis dunkelbraun. Durchscheinend. **Strich:** Gelb. **Glanz:** Glasglanz. **Erkennungsmerkmale:** Farbe. **Vorkommen:** Jarosit bildet sich unter ähnlichen Bedingungen wie Alunit, besonders wenn die Gesteine Eisen enthalten. Oft im Zusammenhang mit der Zersetzung von Pyrit. Häufiger aber ist er in Vulkangebieten zu finden, in der Nähe von Vulkanschloten. Der Name kommt von Jaroso, einem Fundpunkt in Spanien.

Thenardit Na₂SO₄ [1]

Kristallsystem: Rhombisch. **Habitus:** Prismatische, tafelige oder pyramidale Kristalle. **Spez. Gewicht:** 2,7. **Härte:** 2–3. **Spaltbarkeit:** Eine vollkommene Spaltrichtung. **Farbe und Transparenz:** Weiß bis bräunlichweiß. Durchscheinend. **Strich:** Weiß. **Vorkommen:** Thenardit ist ein seltenes Mineral der Evaporite. Er wird zusammen mit Boraten im Rückstand ausgetrockneter Seen gefunden. Seinen Namen hat er zu Ehren des französischen Chemikers L. J. Thénard (1777–1857).

Glauberit Na₂SO₄ · CaSO₄ [3]

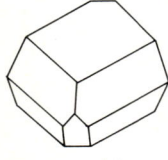

Kristallsystem: Monoklin. **Habitus:** Kristalle prismatisch oder tafelig. **Spez. Gewicht:** 2,7–2,8. **Härte:** 2,5–3. **Spaltbarkeit:** Vollkommen nach der Basis. **Bruch:** Muschelig. **Farbe und Transparenz:** Blaßgelb bis grau. Durchscheinend bis durchsichtig. **Strich:** Weiß. **Glanz:** Glasglanz. **Erkennungsmerkmale:** Dünne tafelige Kristalle, löslich in Salzsäure, teilweise löslich in Wasser. Es bildet sich dabei ein Niederschlag von Kalziumsulfat. **Vorkommen:** Glauberit ist ein Mineral der Evaporite, welches in geschichteten Salzlagerstätten, zusammen mit Steinsalz, Thenardit und Polyhalit, vorkommt.

Glauberit: tafeliger Habitus

Polyhalit K₂Ca₂Mg (SO₄)₄ · 2H₂O [2]

Kristallsystem: Triklin. **Habitus:** Kristalle selten. Meist faserige oder blättrige Massen. **Zwillingsbildung:** Verbreitet. **Spez. Gewicht:** 2,8. **Härte:** 2,5–3. **Spaltbarkeit:** Deutlich nach dem Pinakoid. **Farbe und Transparenz:** Fleischrosa bis ziegelrot. Durchscheinend. **Glanz:** Seidenglanz bei faserigen Massen, sonst Harzglanz. **Erkennungsmerkmale:** Rosa Farbe, bitterer Geschmack. **Vorkommen:** Polyhalit kommt zusammen mit Glauberit auf lagigen Evaporit-Lagerstätten vor. Wegen seiner hohen Löslichkeit ist er eines der letzten Minerale, welches sich aus einer eindunstenden Lösung abscheidet.

Krokoit PbCrO₄ [4, 6]

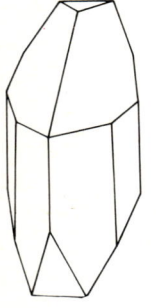

Kristallsystem: Monoklin. **Habitus:** Gewöhnlich prismatische oder stengelige Kristalle, bisweilen kurzprismatisch. Auch derb, körnig. **Spez. Gewicht:** 5,9–6,1. **Härte:** 2,5–3. **Spaltbarkeit:** Deutlich nach dem Prisma. **Bruch:** Uneben. **Farbe und Transparenz:** Orangerot mit verschiedenen Brauntönen. Durchscheinend. **Strich:** Orangegelb. **Glanz:** Diamantglanz bis Glasglanz. **Erkennungsmerkmale:** Orangerote Farbe, Glanz, hohes spezifisches Gewicht, schmilzt leicht. **Vorkommen:** Krokoit ist ein seltenes sekundäres Mineral, das zusammen mit anderen Mineralen, wie Cerussit und Pyromorphit, in der Oxidationszone von Bleilagerstätten vorkommt. Das Element Chrom wurde zum erstenmal im Krokoit entdeckt. Der Namen kommt aus dem Griechischen, wo er „Safran" bedeutet.

Krokoit

Linarit (Pb, Cu)₂ SO₄ (OH)₂ [5]

Kristallsystem: Monoklin. **Habitus:** Prismatische Kristalle. **Spez. Gewicht:** 5,3–5,4. **Härte:** 2,5–3. **Spaltbarkeit:** Vollkommen nach dem Pinakoid, deutlich nach der Basis. **Farbe und Transparenz:** Tiefblau. Durchscheinend. **Glanz:** Glasglanz. **Erkennungsmerkmale:** Farbe, Spaltbarkeit. Von Azurit dadurch zu unterscheiden, daß er in verdünnter Salzsäure nicht aufbraust. Es entwickelt sich aber eine weiße Kruste. **Vorkommen:** Linarit ist ein seltenes, aber farbenprächtiges Mineral, welches immer zusammen mit manchen Blei- und Kupfererzen vorkommt. Den Namen hat es von Linares, einem Fundpunkt in Spanien.

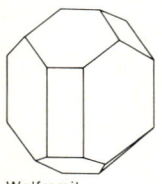

Wolframit

Scheelit

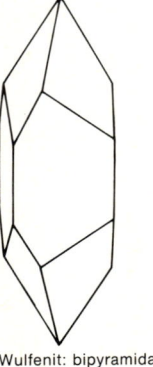

Wulfenit: tafeliger Kristall

Wulfenit: bipyramidaler Habitus

Wolframit (Fe, Mn) WO$_4$ [1, 2]

Kristallsystem: Monoklin. **Habitus:** Tafelige oder prismatische Kristalle. Oft plattstengelige, subparallele Gruppen. Auch dichte, körnige Massen. **Zwillingsbildung:** Kontaktzwillinge kommen vor. **Spez. Gewicht:** 7,0–7,5. **Härte:** 5–5,5. **Spaltbarkeit:** Eine vollkommene Spaltrichtung. **Bruch:** Uneben. **Farbe und Transparenz:** Grauschwarz bis bräunlichschwarz. Opak. **Strich:** Bräunlichschwarz. **Glanz:** Nahezu metallisch. **Erkennungsmerkmale:** Farbe, eine gute Spaltrichtung, hohes spezifisches Gewicht. Es ist hier eine vollständige Mischkristallreihe von Ferberit (FeWO$_4$) nach Hübnerit (MnWO$_4$) möglich. **Zersetzung:** Bisweilen Umsetzung in Scheelit. **Vorkommen:** Wolframit kommt in Quarzgängen und Pegmatiten von Graniten vor. Meist ist er von Mineralen wie Zinnstein, Arsenkies, Turmalin, Scheelit, Bleiglanz, Zinkblende und Quarz begleitet. Mit diesen Mineralen zusammen kommt er auch auf hochhydrothermalen Gängen vor. Da er ein hohes spezifisches Gewicht hat, findet er sich auch auf alluvialen Lagerstätten (Seifen).

Scheelit CaWO$_4$ [3]

Kristallsystem: Tetragonal. **Habitus:** Gewöhnlich bipyramidale Kristalle. Auch derb, körnig. **Zwillingsbildung:** Häufig Penetrationszwillinge. **Spez. Gewicht:** 5,9–6,1. **Härte:** 4,5–5. **Spaltbarkeit:** Deutlich nach dem Prisma. **Farbe und Transparenz:** Weiß, bisweilen auch Farbtöne von gelb, grün, braun oder rot. Durchsichtig bis durchscheinend. **Strich:** Weiß. **Glanz:** Glasglanz. **Erkennungsmerkmale:** Pyramidaler Habitus, weiße Farbe, zusammen mit dem hohen spezifischen Gewicht. Scheelit zeigt gewöhnlich Fluoreszenz. **Vorkommen:** Scheelit begleitet oft Wolframit in Pegmatiten und hochhydrothermalen Gängen. Die Begleitminerale sind dabei Zinnstein, Molybdänglanz, Fluorit und Topas. Auch auf kontaktmetamorphen Lagerstätten kommt er zusammen mit Vesuvian, Axinit, Granat und Wollastonit vor. Scheelit und Wolframit sind wichtige Wolframerze. Benannt ist Scheelit nach dem schwedischen Chemiker K. W. Scheele, der im neunzehnten Jahrhundert das Element Wolfram entdeckte.

Wulfenit PbMoO$_4$ [4, 5]

Kristallsystem: Tetragonal. **Habitus:** Die Kristalle sind gewöhnlich quadratische Platten oder Tafeln, bisweilen kurzprismatische oder in allen Richtungen gleichlange Formen. Selten bipyramidal. Auch derb, körnig. **Spez. Gewicht:** 6,5–7,0. **Härte:** 3. **Spaltbarkeit:** Deutlich nach der Pyramide. **Bruch:** Nahezu muschelig. **Farbe und Transparenz:** Orangegelb, olivgrün oder braun, manchmal grau. Durchscheinend bis nahezu durchsichtig. **Strich:** Weiß. **Glanz:** Harzglanz bis Diamantglanz. **Erkennungsmerkmale:** Gewöhnlich orangegelbe Farbe, Glanz, quadratischer, tafeliger Habitus. **Vorkommen:** Wulfenit ist ein sekundäres Mineral, das sich in der Oxidationszone von Lagerstätten bildet, die sowohl Minerale von Blei als auch solche von Molybdän führen. Gewöhnlich ist er mit Anglesit, Cerussit, Vanadinit und Pyromorphit vergesellschaftet. Benannt ist er nach dem österreichischen Mineralogen F. X. Wulfen (1728–1805).

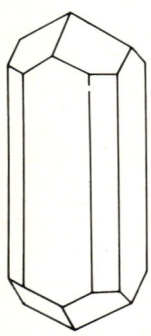

Xenotim: prismatischer Habitus

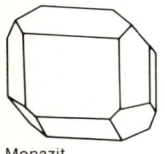

Monazit

Xenotim YPO₄ [1]

Kristallsystem: Tetragonal. **Habitus:** Prismatische Kristalle ähnlich denjenigen von Zirkon, mit dem er manchmal in Parallelverwachsung zusammen auftritt. **Spez. Gewicht:** 4,4–5,1. **Härte:** 4–5. **Spaltbarkeit:** Vollkommen nach dem Prisma. **Bruch:** Uneben. **Farbe und Transparenz:** Gelbbraun, auch grauweiß, blaßgelb. Durchscheinend bis opak. **Strich:** Blaßbraun. **Glanz:** Harzglanz bis Glasglanz. **Erkennungsmerkmale:** Sehr ähnlich dem Zirkon, aber weniger hart und mit guter Spaltbarkeit nach dem Prisma. **Vorkommen:** Xenotim ist ein akzessorischer Bestandteil granitischer und alkalireicher Eruptivgesteine. Kommt auch in manchen Pegmatiten und Gneisen vor.

Monazit (Ce, La, Th) PO₄ [2]

Kristallsystem: Monoklin. **Habitus:** Die kleinen Kristalle sind kurzprismatisch oder tafelig. Große Kristalle zeigen meist gestreifte Flächen. **Zwillingsbildung:** Verbreitet. **Spez. Gewicht:** 4,9–5,4. **Härte:** 5–5,5. **Spaltbarkeit:** Deutlich nach dem Pinakoid. **Bruch:** Uneben. **Farbe und Transparenz:** Nelkenbraun bis rötlichbraun, bisweilen grün. Durchscheinend. **Strich:** Schmutzigweiß. **Glanz:** Harzglanz bis Wachsglanz. **Erkennungsmerkmale:** Ähnelt dem Zirkon, ist aber weicher. **Vorkommen:** Monazit ist ein akzessorisches Mineral von Graniten und den darin vorkommenden Pegmatiten. Auch in Gneisen und Karbonatiten kommt er vor. In dendritischen Sanden ist er bisweilen so angereichert, daß er als Rohstoff für Cer und Thorium dient.

Vivianit Fe₂ (PO₄)₂ · 8H₂O [3, 4]

Kristallsystem: Monoklin. **Habitus:** Prismatische Kristalle. Auch nierenförmige, krustenförmige Aggregate, die häufig eine faserige Struktur zeigen. Bisweilen erdig, blau. **Spez. Gewicht:** 2,6–2,7. **Härte:** 1,5–2. **Spaltbarkeit:** Eine vollkommene Spaltrichtung. **Farbe und Transparenz:** Frisch und unzersetzt farblos, oxidiert zunehmend grün oder blau. Durchsichtig bis durchscheinend. Wenn lange der Luft ausgesetzt, dann opak. **Glanz:** Glasglanz, Perlglanz parallel zu der Spaltrichtung. **Erkennungsmerkmale:** Blaue Farbe. **Vorkommen:** Vivianit ist ein sekundäres Phosphat, das in der Oxidationszone von Lagerstätten vorkommt, die Magnetkies und Pyrit führen. Auch in der Verwitterungszone phosphatführender Pegmatite sowie in Sedimenten, die organische Reste enthalten.

Amblygonit (Li, Na) Al (PO₄) (F, OH) [5]

Kristallsystem: Triklin. **Habitus:** Die Kristalle zeigen meist eine rauhe Oberfläche und sind nicht gut ausgebildet, bisweilen aber groß. Auch derb, massiv oder in spätigen Massen. **Zwillingsbildung:** Lamellar aufgebaute Zwillinge verbreitet. **Spez. Gewicht:** 3,0–3,1. **Härte:** 5,5–6. **Spaltbarkeit:** Gut in zwei Spaltrichtungen. **Bruch:** Uneben. **Farbe und Transparenz:** Weiß bis blaßgrün oder bläulichweiß. Bisweilen rötlich oder gelblich. Nahezu durchsichtig bis durchscheinend. **Strich:** Weiß. **Glanz:** Glasglanz bis Fettglanz. Perlglanz parallel zur besten Spaltbarkeit. **Erkennungsmerkmale:** Zwei Spaltrichtungen, spezifisches Gewicht. Der Name Amblygonit wird für das fluorreiche Endglied der Mischkristallreihe, der Name Montebrasit für das häufigere hydroxylreiche Endglied benützt. **Vorkommen:** Amblygonit ist ein seltenes Mineral, welches in Granitpegmatiten zusammen mit anderen Lithiummineralen, wie Spodumen, Turmalin und Lepidolith, vorkommt. Daneben tritt auch noch Albit auf, mit dem er verwechselt werden kann.

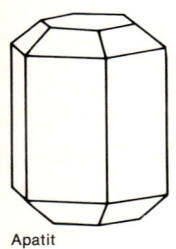

Apatit

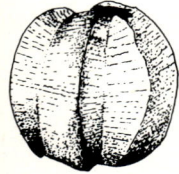

Pyromorphit: Mimetesit, Varietät Kampylit mit tonnenförmigen Kristallen

Apatit Ca$_5$ (PO$_4$)$_3$ (F, Cl, OH) [2]

Kristallsystem: Hexagonal. **Habitus:** Kristalle häufig, gewöhnlich prismatisch oder tafelig. Auch in derben, körnigen Massen. **Spez. Gewicht:** 3,1–3,3. **Härte:** 5. **Spaltbarkeit:** Unvollständig nach der Basis. **Bruch:** Muschelig, uneben. **Farbe und Transparenz:** Gewöhnlich in Farbtönen von grün bis graugrün, aber auch weiß, braun, gelb, bläulich oder rötlich. Durchsichtig bis durchscheinend. **Strich:** Weiß. **Glanz:** Glasglanz bis nahezu Harzglanz. **Erkennungsmerkmale:** Hexagonale Kristallform, Härte. Vom Beryll, mit welchem er leicht verwechselt werden kann, ist er durch die geringere Härte unterscheidbar. Kann mit einem Messer geritzt werden. **Vorkommen:** Apatit ist ein weitverbreitetes Phosphat. In Form kleiner Kristalle ist er ein häufiges akzessorisches Mineral verschiedener Eruptivgesteine. Große Kristalle kommen in Pegmatiten vor und in manchen hochhydrothermalen Gängen. Auch in regionalmetamorphen und kontaktmetamorphen Gesteinen, besonders in Marmoren und Skarnen, kommt er vor. In Sedimenten ist Apatit der Hauptbestandteil fossiler Knochen und anderer organischer Reste. Für ein solches Material wird bisweilen der Name Collophan gebraucht. Der Name kommt vom griechischen Wort für „täuschen", weil Apatit, besonders in Edelsteinqualität, leicht mit anderen Mineralen verwechselt werden kann.

Pyromorphit (Grünbleierz, Braunbleierz) Pb$_5$ (PO$_4$)$_3$ Cl [1, 3, 4]

Kristallsystem: Hexagonal. **Habitus:** Die Kristalle sind meist von einfacher prismatischer Form, oft tonnenförmig (Kampylit), auch als prismatische Hohlformen. Auch faserig, körnig, kugelig. **Spez. Gewicht:** 6,5–7,1. **Härte:** 3,5–4. **Bruch:** Nahezu muschelig. **Farbe und Transparenz:** Farbtöne von grün, gelb und braun. Nahezu durchsichtig bis durchscheinend. **Strich:** Weiß. **Glanz:** Harzglanz. **Erkennungsmerkmale:** Farbe, hexagonale Formen, hohes spezifisches Gewicht, Harzglanz. **Vorkommen:** Pyromorphit ist ein sekundäres Bleiphosphat, welches in der Oxidationszone von Lagerstätten, die Bleiminerale wie Bleiglanz und Anglesit führen, häufig zusammen mit Mimetesit vorkommt.

Mimetesit Pb$_5$ (AsO$_4$)$_3$ Cl [5, 6]

Kristallsystem: Hexagonal. **Habitus:** Die Kristalle sind ähnlich denen von Pyromorphit und gewöhnlich einfache hexagonale Formen von prismatischem Habitus. Auch gerundete, kugelige Formen kommen vor (Kampylit). **Spez. Gewicht:** 7,0–7,2. **Härte:** 3,5–4. **Bruch:** Nahezu muschelig. **Farbe und Transparenz:** Blaßgelb bis gelbbraun. Nahezu durchsichtig bis durchscheinend. **Strich:** Weiß. **Glanz:** Harzglanz. **Erkennungsmerkmale:** Farbe, hexagonale Form, hohes spezifisches Gewicht, Harzglanz. Mimetesit und Pyromorphit sind ohne chemische Tests schwer zu unterscheiden. **Vorkommen:** Wie Pyromorphit ist Mimetesit ein sekundäres Mineral und kommt in der Oxidationszone von Bleilagerstätten vor, die auch Arsen führen. Wie der häufigere Pyromorphit kommt er zusammen mit Bleiglanz, Anglesit und Hemimorphit vor. Der Name kommt von dem griechischen Wort für „Nachahmer", weil er dem Pyromorphit so ähnlich sieht.

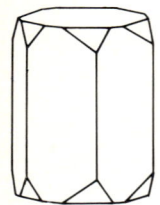

Vanadinit

Vanadinit: hohlpris-
matischer Kristall

Vanadinit Pb₅ (VO₄)₃ Cl [1, 2]
Kristallsystem: Hexagonal. **Habitus** Kristalle häufig spitzpris-
matisch. Manchmal hohle Prismen. Auch gerundete Formen,
ähnlich wie beim Pyromorphit. **Spez. Gewicht:** 6,7–7,1. **Härte:**
3. **Bruch:** Nahezu muschelig. **Farbe und Transparenz:** Orangerot, bräunlichrot bis gelblich. Durchscheinend bis nahezu
durchsichtig. **Strich:** Weiß bis gelblich. **Glanz:** Harzglanz.
Erkennungsmerkmale: Ähnlich Pyromorphit und Mimetesit hat
er hexagonale Formen, Harzglanz und ein hohes spezifisches
Gewicht. Der Unterschied ist die orangerote Farbe. **Vorkommen:** Selten. Wie Pyromorphit, in der Oxidationszone von Sul-
fidlagerstätten, die Bleiglanz und andere Bleierze führen.

**Erythrin (Kobaltblüte) Co₃ (AsO₄)₂ · 8H₂O [4] Annabergit (Nik-
kelblüte) Ni₃ (AsO₄)₂ · 8H₂O [3]**
Kristallsystem: Monoklin. **Habitus:** Kristalle gewöhnlich prismatisch, bisweilen spitzstengelig. Auch radialstrahlige Grup-
pen, nierenförmige Massen mit säuliger Struktur kommen vor.
Pulverige Überzüge. **Spez. Gewicht:** 3,0–3,1. **Härte:** 1,5–2,5.
Spaltbarkeit: Eine Richtung mit vollkommener Spaltbarkeit.
Farbe und Transparenz: Erythrin, karminrot bis rosa, wird mit
steigendem Nickelgehalt blasser. Annabergit ist apfelgrün.
Durchsichtig bis nahezu durchscheinend. **Strich:** Erythrin: rot,
doch blasser als die Farbe. **Glanz:** Diamantglanz bis Glasglanz.
Perlglanz parallel zur Spaltrichtung. **Erkennungsmerkmale:**
Rosa Farbe beim Erythrin, grüne beim Annabergit. Assoziation
mit Kobalt- bzw. Nickelmineralen. **Vorkommen:** Beide Minerale
sind Bildungen der Oxidationszone von Nickel- bzw. Kobalt-
erzen. Rosa oder grüne Beflüge führten zu den Namen „Kobaltblüte" bzw. „Nickelblüte".

Türkis CuAl₆ (PO₄)₄ (OH)₈ · 5H₂O [5]
Kristallsystem: Triklin. **Habitus:** Die seltenen Kristalle sind sehr
klein. Gewöhnlich derbe, körnige bis kryptokristalline Massen,
die nierenförmig sind oder als Krusten auftreten, aber auch
Gänge bilden können. **Spez. Gewicht:** 2,6–2,8. **Härte:** 5–6.
Bruch: Muschelig. **Farbe und Transparenz:** Himmelblau, blaugrün bis grünlichgrau. Nahezu opak. **Strich:** Weiß oder grünlich.
Glanz: Massive Stufen haben Wachsglanz, Kristalle Glasglanz.
Erkennungsmerkmale: Blaue Farbe, vom Chrysokoll durch
dessen größere Härte zu unterscheiden. **Vorkommen:** Türkis ist
ein sekundäres Mineral, welches in Adern tonerdereicher Erup-
tiva oder Sedimente vorkommt, wenn sie sehr stark zersetzt
sind. Vorwiegend in ariden Gebieten. Türkis ist ein geschätzter
Halbedelstein. Der Name erinnert daran, daß der Türkis aus dem
Iran über die Türkei nach Europa kam.

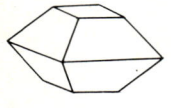

Skorodit

Skorodit FeAsO₄ · 2H₂O [6]
Kristallsystem: Rhombisch. **Habitus:** Pyramidale, pseudookta-
edrische Kristalle, auch prismatisch, Knollen, erdig. **Spez.
Gewicht:** 3,1–3,3. **Härte:** 3,5–4. **Spaltbarkeit:** Unvollkommen
nach dem Prisma. **Bruch:** Uneben. **Farbe und Transparenz:**
Blaßgrün, blaugrün bis blau, braun. Nahezu durchsichtig bis
durchscheinend. **Strich:** Weiß. **Glanz:** Glasglanz bis Diamantglanz. **Erkennungsmerkmale:** Kristallhabitus und Zusammenvorkommen mit Arsenmineralen. **Vorkommen:** Skorodit ist ein
Zersetzungsprodukt von Arsenmineralen, vor allem von Arsenkies. Auch aus dem Wasser heißer Quellen wird er abgeschieden. Der Name kommt aus dem Griechischen, wo er Knoblauch
bedeutet. Damit wird auf den Geruch hingewiesen, der sich
beim Erhitzen des Minerals entwickelt.

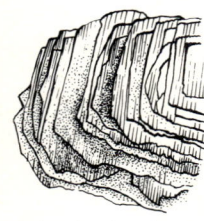

Torbernit: schuppige
Aggregate

Torbernit (und Metatorbernit) Cu (UO$_2$)$_2$ (PO$_4$)$_2$ · 8–12H$_2$O [1, 2]
Kristallsystem: Tetragonal. **Habitus:** Tafelige Kristalle oft mit
quadratischem Umriß. Auch als blättrige oder schuppige
Aggregate. **Spez. Gewicht:** 3,2 (steigt bis 3,7 bei der Umwandlung zu Metatorbernit). **Härte:** 2–2,5. **Spaltbarkeit:** Vollkommen
nach der Basis. **Farbe und Transparenz:** Hell-smaragdgrün,
manchmal dunkelgrün. Durchsichtig bis durchscheinend.
Strich: Blaßgrün. **Glanz:** Glasglanz, parallel zur Spaltrichtung
Perlglanz. **Erkennungsmerkmale:** Farbe, Spaltbarkeit. **Vorkommen:** Torbernit und Autunit sind sekundäre Minerale, die in
der Oxidationszone von Lagerstätten mit Uran- und Kupfermineralen vorkommen. Bei Raumtemperatur verliert Torbernit
Wasser und bildet Metatorbernit, Cu(UO$_2$)$_2$(PO$_4$)$_2$ · 8H$_2$O. Torbernit ist nach Torbern Olof Bergman, einem Chemiker des
neunzehnten Jahrhunderts, benannt.

Autunit (und Meta-Autunit) Ca(UO$_2$)$_2$ (PO$_4$)$_2$ · 10–12H$_2$O [3, 4]
Kristallsystem: Tetragonal. **Habitus:** Tafelige, in ihrem Umriß
quadratische Kristalle, die denen von Torbernit sehr ähneln.
Auch blättrige und schuppige Massen. **Spez. Gewicht:** 3,0–3,2.
Härte: 2–2,5. **Spaltbarkeit:** Vollkommen nach der Basis. **Farbe
und Transparenz:** Zitronengelb bis grünlichgelb. Durchscheinend. **Strich:** Gelb. **Glanz:** Glasglanz. Parallel zu der Spaltrichtung Perlglanz. **Erkennungsmerkmale:** Gelbgrüne Farbe,
Spaltbarkeit, Kristallform. Von Torbernit leicht zu unterscheiden. Von anderen sekundären Uranmineralen kann Autunit aber
nur röntgenographisch unterschieden werden. Fluoreszenz.
Vorkommen: Autunit ist ein sekundäres Mineral, welches ähnlich Torbernit in den Oxidationszonen von Gängen und Pegmatiten, die Uranminerale führen, vorkommt. Durch Wasserverlust
geht er in Meta-Autunit über.

Carnotit K$_2$ (UO$_2$)$_2$ (VO$_4$)$_2$ · 3H$_2$O [5]
Kristallsystem: Monoklin. **Habitus:** Gewöhnlich pulverige
Überzüge. Sehr selten als kleine, dünntafelige Kristalle. **Spez.
Gewicht:** 4–5. **Härte:** Etwa 2. **Spaltbarkeit:** Vollkommen nach
der Basis. **Farbe und Transparenz:** Hellgelb bis grünlichgelb.
Durchscheinend bis undurchsichtig. **Glanz:** Matt, erdig. **Erkennungsmerkmale:** Gelbe Farbe, aber von Tyuyamunit ist er,
außer röntgenographisch, schwer zu unterscheiden. Durch seinen erdigen Habitus und das Fehlen von Fluoreszenz gut von
Autunit zu unterscheiden. **Vorkommen:** Carnotit und Tyuyamunit sind sekundäre Minerale, die aus Wässern abgelagert werden, die mit primären Uran- und Vanadinmineralen in Kontakt
standen. Sie kommen daher meist in Sedimenten vor. Er ist ein
Uranerz, das zu Ehren von M. A. Carnot (1839–1920), einem
französischen Chemiker und Bergingenieur, benannt wurde.

Tyuyamunit (und Meta-Tyuyamunit) Ca (UO$_2$)$_2$ (VO$_4$)$_2$ · 5–10H$_2$O
[6]
Kristallsystem: Rhombisch. **Habitus:** Stengel, Schuppen oder
radialstrahlige Aggregate. Auch dicht, pulverig. **Spez. Gewicht:**
3,6–4,4, beim Übergang in Meta-Tyuyamunit steigt die Dichte.
Härte: 2–2,5. **Spaltbarkeit:** Vollkommen nach der Basis. **Farbe:**
Grünlichgelb. **Glanz:** Erdig, massive Massen wachsartig.
Erkennungsmerkmale: Ähnelt sehr dem Carnotit, ist aber mehr
grün und zeigt Fluoreszenz. **Vorkommen:** Tyuyamunit ist, ähnlich Carnotit, ein sekundäres Mineral und kommt mit ihm zusammen vor allem in Sandsteinen vor. Er ist dann ein wichtiges
Uranerz. Der fremdklingende Name ist von seinem ersten Fundpunkt Tyuya Muyun, einem Ort in Turkestan, Sowjetunion, hergeleitet.

Descloizit Pb (Zn,Cu) VO₄ (OH) [1, 2]
Kristallsystem: Rhombisch. **Habitus:** Plattige, prismatische oder keilförmige Kristalle. Auch warzenförmig mit radialfaseriger Struktur. **Spez. Gewicht:** 5,9–6,2. **Härte:** 3,5. **Farbe und Transparenz:** Gewöhnlich nelkenbraun, variiert aber von kirschrot bis schwarz. Durchscheinend. **Strich:** Orange bis bräunlichrot. **Erkennungsmerkmale:** Farbe, oranger Strich, Kristallform. **Vorkommen:** Descloizit ist ein sekundäres Mineral welches gelegentlich in Blei-Zinklagerstätten gefunden wird.

Olivenit Cu₂AsO₄ (OH) [3]
Kristallsystem: Rhombisch. **Habitus:** Prismatische oder nadelige Kristalle. Auch nierenförmig, faserig, radialstrahlig oder körnig. **Spez. Gewicht:** 4,1–4,4. **Härte:** 3. **Spaltbarkeit:** Schlecht. **Bruch:** Muschelig bis uneben. **Farbe und Transparenz:** Olivgrün in verschiedenen Tönungen (daher der Name), kann aber zwischen weiß und schwarz variieren. Nahezu durchsichtig bis opak. **Strich:** Olivgrün bis braun. **Glanz:** Glasglanz. Manche faserigen Varietäten zeigen Perlglanz. **Erkennungsmerkmale:** Olivgrüne Farbe. **Vorkommen:** Olivenit ist ein seltenes sekundäres Mineral, welches in der Oxidationszone von Kupfersulfidlagerstätten, bisweilen zusammen mit Adamin, vorkommt.

Adamin Zn₂AsO₄ (OH) [4]
Kristallsystem: Rhombisch. **Habitus:** Kristalle meist klein. Häufiger in Form radialstrahliger Aggregate und Krusten. **Spez. Gewicht:** 4,3–4,4. **Härte:** 3,5. **Farbe und Transparenz:** Gelblichgrün bis grün, bisweilen rötlichbraun. Durchscheinend. **Erkennungsmerkmale:** Gelblichgrüne Farbe. **Vorkommen:** Adamin ist ein seltenes sekundäres Mineral und kommt als Verwitterungsprodukt in der Oxidationszone von Zinklagerstätten vor.

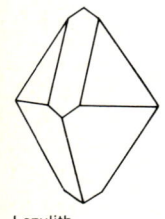
Lazulith

Lazulith (Blauspat) (Mg,Fe,Al)₂ (PO₄)₂ (OH)₂ [5]
Kristallsystem: Monoklin. **Habitus:** Bipyramidale Kristalle. Auch derb, körnig, dicht. **Spez. Gewicht:** 3,0–3,1. **Härte:** 5–6. **Spaltbarkeit:** Undeutlich nach dem Prisma. **Bruch:** Uneben. **Farbe und Transparenz:** Tiefazurblau. Durchscheinend bis Weiß. **Glanz:** Glasglanz. **Erkennungsmerkmale:** Farbe, bipyramidale Kristallformen. Derb ist Lazulith schwer von andern tiefblauen Mineralen zu unterscheiden. **Vorkommen:** Lazulith ist ein seltenes Mineral der Pegmatite, Quarzgänge und Quarzite. Begleitminerale sind Kyanit, Korund, Rutil und Sillimanit. Er wird als Halbedelstein verwendet. Sein Name bedeutet im Arabischen „Himmel", in Anspielung auf seine blaue Farbe.

Wawellit Al₃ (PO₄)₂ (OH)₃ · 5H₂O [6]
Kristallsystem: Rhombisch. **Habitus:** Kristalle sind selten. Charakteristisch sind halbkugelige oder kugelige radialstrahlige Aggregate. **Spez. Gewicht:** 2,3–2,4. **Härte:** 3,5–4. **Spaltbarkeit:** Gut nach dem Prisma. **Bruch:** Uneben. **Farbe und Transparenz:** Weiß, oft grünlich, gelb, grau, braun. Durchscheinend. **Strich:** Weiß. **Glanz:** Glasglanz. **Erkennungsmerkmale:** Die radialstrahligen Aggregate sind besonders typisch. **Vorkommen:** Wawellit ist ein sekundäres Mineral, welches man vorwiegend auf Kluftflächen und in Hohlräumen von Gesteinen, besonders von Tonschiefern, finden kann. Auch in Eisenerzlagerstätten und zusammen mit Phosphoritlagerstätten kommt er vor. Wawellit hat seinen Namen von W. Wawell, der als erster dieses Mineral fand.

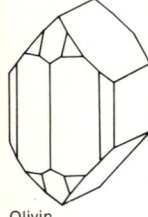

Olivin

Olivin (Mg, Fe)$_2$ SiO$_4$ [1, 2]
Kristallsystem: Rhombisch. **Habitus:** Gut ausgebildete Kristalle sind selten. Gewöhnlich Körner in Eruptivgesteinen, auch als körnige Aggregate. **Spez. Gewicht:** 3,2–4,4 (steigt mit dem Eisengehalt). Der übliche Olivin hat etwa 3,3–3,4. **Härte:** 6,5–7. **Spaltbarkeit:** Undeutlich nach dem Pinakoid. **Bruch:** Muschelig. **Farbe und Transparenz:** Rein olivgrün (daher der Name). Bisweilen gelblich oder bräunlich bis schwarz. Ist er oxidiert, treten rote Farben auf. Durchsichtig bis durchscheinend. **Glanz:** Glasglanz. **Erkennungsmerkmale:** Farbe, muscheliger Bruch, Vergesellschaftung. Die Zusammensetzung des Olivins reicht von Mg$_2$SiO$_4$, dem Forsterit, bis zu Fe$_2$SiO$_4$, dem Fayalit. Die meisten Eigenschaften ändern sich mit steigendem Eisengehalt. **Zersetzung:** Olivin wird leicht bei der Verwitterung und durch hydrothermale Vorgänge zersetzt. Gewöhnlich entsteht dabei Serpentin, Iddingsit oder Bowlingit. Die beiden letzten sind Gemenge mehrerer Minerale. Auch Montmorillonit kommt als Zersetzungsprodukt vor. **Vorkommen:** Olivin ist ein gesteinsbildendes Mineral, welches in kieselsäurearmen Eruptivgesteinen, wie Basalt, Gabbro, Troktolith und Peridotit vorkommt. Dunit ist ein Gestein, welches fast ausschließlich aus Olivin zusammengesetzt ist. Olivinknollen, aus Olivin und etwas Pyroxen, kommen als Einschlüsse in manchen Basalten vor. Er entsteht auch bei der Metamorphose magnesiumhaltiger Sedimente, besonders von unreinen Dolomiten. Dann liegt seine Zusammensetzung nahe bei der des Forsterits. Fayalit kommt in manchen schnell abgekühlten Effusiva (vulkanische Gesteine) wie Pechstein vor. Olivin ist auch eine wichtige Komponente mancher Stein- und Stein-Eisen-Meteorite. In den Mondbasalten kommt er auch häufig vor.

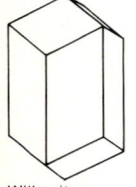

Willemit

Willemit Zn$_2$SiO$_4$ [3, 4]
Kristallsystem: Trigonal. **Habitus:** Prismatische Kristalle, gewöhnlich dicht, körnig. **Spez. Gewicht:** 3,9–4,2. **Härte:** 5,5. **Spaltbarkeit:** Gut nach der Basis. **Bruch:** Uneben. **Farbe und Transparenz:** Typisch grünlichgelb. Es kommen aber auch Farben von weiß bis braun vor. Durchsichtig bis nahezu opak. **Glanz:** Glasglanz bis Harzglanz. **Erkennungsmerkmale:** Grünliche Farbe, Paragenese. Willemit zeigt gewöhnlich eine starke Fluoreszenz. **Vorkommen:** Kommt in der Oxidationszone von Zinklagerstätten vor, aber nie in größeren Mengen. Zu Ehren des dänischen Königs Wilhelm I. Friedrich benannt.

Monticellit CaMgSiO$_4$ [5]
Kristallsystem: Rhombisch. **Habitus:** Kristalle klein, prismatisch. Auch körnig. **Spez. Gewicht:** 3,1–3,3. **Härte:** 5,5. **Farbe:** Farblos bis grau. **Vorkommen:** Monticellit kommt bei der Metamorphose unreiner Dolomite vor. Benannt ist er nach dem italienischen Mineralogen T. Monticelli (1759–1846).

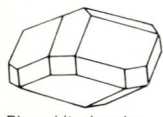

Phenakit: rhombo-
edrischer Habitus

Phenakit Be₂SiO₄ [1]
Kristallsystem: Trigonal. **Habitus:** Rhomboedrische, aber auch prismatische Kristalle. **Spez. Gewicht:** 3,0. **Härte:** 7,5–8. **Spaltbarkeit:** Schlecht nach dem Prisma. **Bruch:** Muschelig. **Farbe und Transparenz:** Farblos, weiß, gelblich, rötlich, braun. Durchscheinend bis durchsichtig. **Glanz:** Glasglanz. **Erkennungsmerkmale:** Kristallform, Härte. **Vorkommen:** Phenakit ist ein seltenes Berylliummineral, welches in Drusen im Granit und Granitpegmatiten zusammen mit Beryll, Topas und Apatit vorkommt. Auch in beryllführenden Metamorphiten und auf hydrothermalen Gängen kommt er vor. Wird manchmal als Schmuckstein verwendet. Der Name bedeutet im Griechischen „Täuscher", weil er mit Quarz zu verwechseln ist.

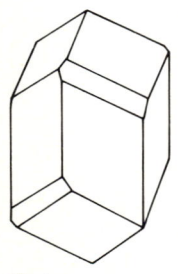

Dioptas

Dioptas CuSiO₂ (OH)₂ [2, 3]
Kristallsystem: Trigonal. **Habitus:** Kristalle meist kurzprismatisch, häufig vom Rhomboeder begrenzt. Auch derb. **Spez. Gewicht:** 3,3. **Härte:** 5. **Spaltbarkeit:** Vollkommen nach dem Rhomboeder. **Bruch:** Muschelig bis uneben. **Farbe und Transparenz:** Smaragdgrün. Durchsichtig bis durchscheinend. **Glanz:** Glasglanz. **Erkennungsmerkmale:** Farbe, Kristallform. Paragenese mit Kupfermineralen. **Vorkommen:** Dioptas ist nicht sehr häufig. Er wird in der Oxidationszone von Kupfersulfidlagerstätten gefunden.

Humit-Reihe Mg (OH,F)₂ · 1–4Mg₂SiO₄ [4, 5]
Kristallsystem: Rhombisch oder monoklin. **Habitus:** Stumpfprismatische Kristalle von verschiedenem Habitus. Auch derb. **Zwillingsbildung:** Verbreitet. **Spez. Gewicht:** 3,1–3,3. **Härte:** 6–6,5. **Spaltbarkeit:** Eine mäßige Spaltrichtung. **Bruch:** Uneben. **Farbe und Transparenz:** Weiß, blaßgelb, braun. Durchscheinend. **Glanz:** Glasglanz bis Harzglanz. **Erkennungsmerkmale:** Hellgelbe oder bräunliche Farbe, Paragenese mit metamorphen Kalken. Farblose Varietäten sind schwierig von Olivin zu unterscheiden. Die Humit-Gruppe umfaßt vier Minerale: Humit [5], Norbergit, Chondrodit [4] und Clinohumit. Sie unterscheiden sich durch die Menge Kieselsäure und Magnesiumoxid, die sie enthalten. Humit und Norbergit sind rhombisch, Chondrodit und Clinohumit monoklin. Die monoklinen Minerale weichen aber nur sehr gering von der rhombischen Symmetrie ab. Die einzelnen Glieder dieser Reihe sind im Handstück schwer voneinander zu unterscheiden. **Vorkommen:** Glieder der Humit-Gruppe sind typisch für metamorphe dolomitische Kalke. Neben ihnen kommen meist Spinell, Phlogopit, Granat, Vesuvian, Diopsid, Graphit und Kalzit vor. Der Name Chondrodit kommt aus dem Griechischen, wo er „Korn" bedeutet. Humit ist nach Sir Abraham Hume (1748–1838) benannt, und Norbergit schließlich hat seinen Namen von Norberg, einem Fundpunkt in Schweden.

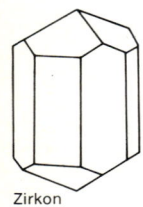

Zirkon

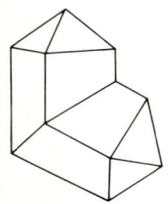

Zirkon: knieförmiger
Zwilling

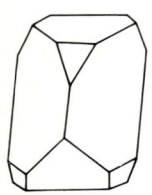

Titanit

Zirkon ZrSiO₄ [1, 2]

Kristallsystem: Tetragonal. **Habitus:** Kristalle meist prismatisch mit bipyramidalen Endflächen. **Zwillingsbildung:** Verbreitet; es resultieren knieförmige Zwillinge. **Spez. Gewicht:** 4,6–4,7. **Härte:** 7,5. **Spaltbarkeit:** Undeutlich nach dem Prisma. **Bruch:** Muschelig, sehr spröde. **Farbe und Transparenz:** Variabel, aber meist hellbraun bis rötlichbraun; auch farblos, grau, gelb, grün. Durchsichtig bis durchscheinend; gelegentlich nahezu opak. **Glanz:** Glasglanz bis Diamantglanz. **Erkennungsmerkmale:** Quadratischer, prismatischer Habitus, bräunliche Farben, Härte, hohes spezifisches Gewicht. **Vorkommen:** Zirkon ist eines der verbreitetsten akzessorischen Minerale von Eruptivgesteinen wie Granit, Syenit und Nephelinsyenit. In Pegmatiten erreichen die Kristalle manchmal eine beachtliche Größe. Er kommt auch in Metamorphiten wie Schiefern und Gneisen vor. Wegen seines spezifischen Gewichts und seiner Widerstandsfähigkeit wird er in Strand- und Flußsanden angereichert. Durchsichtiger Zirkon ist als Edelstein geschätzt. Die braune Varietät wird Hyazinth genannt. Aus ihm wird das Metall Zirkon gewonnen, das ihm auch den Namen gab. Der Name Zirkon ist sehr alt und dürfte aus dem Persischen kommen, wo er „goldfarben" bedeutet.

Titanit (Sphen) CaTiSiO₅ [3, 4]

Kristallsystem: Monoklin. **Habitus:** Kristalle im allgemeinen plattstengelig und meißelförmig. Bisweilen massiv. **Zwillingsbildung:** Verbreitet. **Härte:** 5–5,5. **Spaltbarkeit:** Deutlich nach dem Prisma. **Bruch:** Muschelig. **Farbe und Transparenz:** Braun und grünlichgelb sind die häufigsten Farben; bisweilen auch grau oder nahezu schwarz. Durchsichtig bis durchscheinend, gelegentlich nahezu opak. **Glanz:** Harzglanz bis Diamantglanz. **Erkennungsmerkmale:** Deutlich meißelförmiger Habitus, Diamantglanz, grünlichgelbe Farbe. **Vorkommen:** Titanit ist ein weit verbreitetes akzessorisches Mineral vor allem von grobkörnigen Eruptivgesteinen, wie Syenit, Nephelinsyenit, Diorit und Granodiorit. Auch in Schiefern und Gneisen sowie manchen metamorphen Kalken kommt er vor. Der Name „Sphen" kommt aus dem Griechischen und bezieht sich auf die meißelähnliche Form.

Dumortierit (Al, Fe)₇ BSi₃O₁₈ [5, 6]

Kristallsystem: Rhombisch. **Habitus:** Kristalle selten. Meist faserige, radialstrahlige Aggregate. **Spez. Gewicht:** 3,3–3,4. **Härte:** 7. **Spaltbarkeit:** Eine schlechte Spaltrichtung. **Farbe und Transparenz:** Hellgrünlichblau, violett, rosa. Durchsichtig bis durchscheinend. **Glanz:** Glasglanz. **Erkennungsmerkmale:** Farbe, faseriger Habitus. **Vorkommen:** Dumortierit ist ein seltenes Mineral, welches in manchen Schiefern, Gneisen und Pegmatiten vorkommt. Er wurde zu Ehren des französischen Paläontologen E. Dumortier benannt.

Eudialyt Na₄ (Ca,Fe)₂ ZrSi₆O₁₇ (OH,Cl)₂ [7]

Kristallsystem: Trigonal. **Habitus:** Kristalle rhomboedrisch oder tafelig. Auch derb, körnig. **Spez. Gewicht:** 2,8–3,0. **Härte:** 5–5,5. **Spaltbarkeit:** Undeutlich nach der Basis. **Farbe und Transparenz:** Rot bis braun. Durchsichtig bis durchscheinend. **Erkennungsmerkmale:** Farbe, Assoziation und Nephelinsyenit. **Vorkommen:** Eudialyt kommt nur in Nephelinsyeniten und deren Pegmatiten vor.

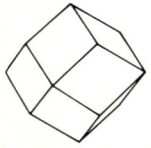

Granat: Rhombendo-
dekaeder

Granat-Gruppe

Die allgemeine Formel dieser Gruppe ist $X_3Y_2Si_3O_{12}$. Dabei steht für X im allgemeinen Ca,Mn,Mg oder Fe^{2+}, und für Y meist Al,Cr oder Fe^{3+}. Spezifische Namen werden dem Granat einer einfachen chemischen Zusammensetzung gegeben, obzwar die natürlich vorkommenden Granate nur selten so reine Endglieder darstellen, sondern immer Mischkristalle sind, wo ein Atom das andere innerhalb der Gruppe mehr oder weniger weit vertritt. Die folgenden Namen sind gebräuchlich:

Pyrop [6]	$Mg_3Al_2Si_3O_{12}$
Almandin [3, 4]	$Fe_3Al_2Si_3O_{12}$
Spessartin [3]	$Mn_3Al_2Si_3O_{12}$
Grossular [2]	$Ca_3Al_2Si_3O_{12}$
Uvarovit [7]	$Ca_3Cr_2Si_3O_{12}$
Andradit	$Ca_3Fe_2Si_3O_{12}$

Zu nennen sind außerdem Hessonit [1], eine Abart des Grossular, und Melanit [5], eine Abart von Andradit. Im wesentlichen gibt es zwei Hauptgruppen Granat: Die Pyrop-Almandin-Spessartin-Gruppe und die Grossular-Uvarovit-Andradit-Gruppe. Innerhalb dieser Gruppen findet man lückenlose Mischkristallbildung, zwischen diesen beiden Gruppen ist nur eine beschränkte Mischkristallbildung üblich. **Kristallsystem:** Kubisch. **Habitus:** Kristalle häufig, meist Rhombendodekaeder, Ikositetraeder oder Kombination von beiden. Auch andere Formen kommen vor, aber wesentlich seltener. Bisweilen derb, körnig. **Spez. Gewicht:** 3,6–4,3. Ändert sich mit der Zusammensetzung. **Härte:** 6–7,5. **Spaltbarkeit:** Keine. **Bruch:** Nahezu muschelig. **Farbe und Transparenz:** Die Farbe hängt von der chemischen Zusammensetzung ab. Durchsichtig bis durchscheinend. Pyrop, Almandin und Spessartin zeigen gewöhnlich Farbtöne von tiefrot bis braun, manchmal

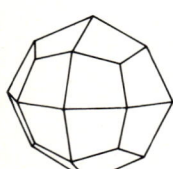

Granat: Ikositetraeder

nahezu schwarz. Uvarovit ist hellgrün. Grossular ist braun, blaßgrün oder weiß. Andradit schließlich ist gelb, braun oder schwarz. **Glanz:** Glasglanz bis Harzglanz. **Erkennungsmerkmale:** Härte, rhombendodekaedrische oder ikositetraedrische Kristallform. Die einzelnen Glieder der Mischkristallreihe können durch Farbe und spezifisches Gewicht unterschieden werden. Zu einer genaueren Bestimmung ist aber eine chemische Analyse erforderlich. **Vorkommen:** Granate sind in Metamorphiten und manchen Eruptivgesteinen weit verbreitet. Es gibt einen Zusammenhang zwischen dem Vorkommen der Granate und ihrer chemischen Zusammensetzung. Pyrop kommt in Eruptivgesteinen wie Peridotiten und Serpentiniten sowie im Kimberlit vor. Almandin ist der gewöhnliche Granat der Schiefer und Gneise. Spessartin kommt in niedrig metamorphen Gesteinen vor, besonders wenn sie Mangan enthalten. Auch in Graniten und Pegmatiten ist er zu finden. Uvarovit ist der seltenste der hier angeführten Granate; er kommt in chromführenden Serpentiniten vor. Grossular ist typisch für metamorphe unreine Kalke. Andradit kommt in metamorphen Kalken und analogen metasomatisch veränderten Gesteinen vor. Seine schwarze Varietät schließlich, der Melanit, kommt in manchen Gesteinen vor, die Feldspatvertreter führen, wie im Phonolith und Leuzitophyr. Granat ist oft in Strand- oder Flußsanden zu finden. Manche Varietäten werden als Edelsteine benützt. Hessonit (Kaneelstein) ist gelb bis braunrot und eine Varietät von Grossular. Demantoid ist ein grüner Andradit und der beste Edelsteingranat. Rhodolit schließlich ist ein rosenrotfarbiger oder purpurgefärbter Granat der Reihe Pyrop-Almandin.

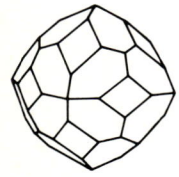

Granat: Kombination von Ikositetraeder und Rhombendodekaeder

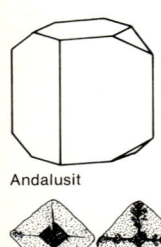

Andalusit

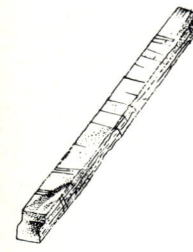

Andalusit: Varietät
Chiastolith

Andalusit Al₂SiO₅ [1]

Kristallsystem: Rhombisch. **Habitus:** Prismatische, pseudotetragonale Kristalle mit quadratischem Querschnitt. Auch derb. Manche Kristalle haben kohlige Einschlüsse so angeordnet, daß man im Querschnitt die Form eines dunklen Kreuzes erkennen kann. Diese Varietät wird Chiastolith [2] genannt. **Spez. Gewicht:** 3,1–3,2. **Härte:** 6,5–7,5. **Spaltbarkeit:** Deutlich nach dem Prisma. **Bruch:** Uneben. **Farbe und Transparenz:** Gewöhnlich rosa oder rot; auch braungrau, braun und grün. Durchsichtig bis nahezu opak. **Glanz:** Glasglanz. **Erkennungsmerkmale:** Quadratische prismatische Form, Härte, Vorkommen in Metamorphiten. **Zersetzung:** Andalusit verwittert zu einem Aggregat weißer Glimmerblättchen, die häufig die Kristalle überziehen. **Vorkommen:** Andalusit kommt in thermisch metamorphosierten pelitischen Gesteinen und in regionalmetamorph veränderten Peliten bei niedrigen Drücken vor. Auch in manchen Pegmatiten ist er zusammen mit Korund, Topas und anderen Mineralen zu finden. Durchsichtiger, grüner Andalusit wird als Schmuckstein geschätzt. Der Name wird von demjenigen der spanischen Provinz Andalusien abgeleitet.

Sillimanit (Fibrolith) Al₂SiO₅ [4]

Kristallsystem: Rhombisch. **Habitus:** Meist längliche, prismatische Kristalle, oft faserig als gefaltete Massen. **Spez. Gewicht:** 3,2–3,3. **Härte:** 6,5–7,5. **Spaltbarkeit:** Gut nach dem Pinakoid. **Bruch:** Uneben. **Farbe und Transparenz:** Farblos, weiß, gelblich oder bräunlich. Durchsichtig bis durchscheinend. **Glanz:** Glasglanz. **Erkennungsmerkmale:** Faseriger Habitus. Darin ähnelt er aber anderen faserig ausgebildeten Silikaten, von welchen er nur unter dem Mikroskop oder auf Grund seiner Paragenese unterschieden werden kann. **Vorkommen:** Sillimanit ist ein typisches Mineral von Schiefern und Gneisen, die einer starken Metamorphose unterworfen waren. Der Name ist ihm nach dem amerikanischen Chemiker B. Silliman gegeben.

Kyanit (Disthen) Al₂SiO₅ [3, 5]

Kristallsystem: Triklin. **Habitus:** Kristalle meist plattstengelig, flach. Auch blättrige radialstrahlige Aggregate. **Spez. Gewicht:** 3,5–3,7. **Härte:** 5,5–7. (Die Härte ist variabel: In Längsrichtung der Kristalle ist sie 5,5, senkrecht dazu 6–7.) **Spaltbarkeit:** Zwei gute Spaltrichtungen. **Farbe und Transparenz:** Blau bis weiß, bisweilen auch grau oder grün. Die Kristalle sind oft unregelmäßig gefärbt: Die tiefsten Farbtöne sind im Kristallzentrum, als Flecken oder Striche. Durchsichtig bis durchscheinend. **Glanz:** Glasglanz. Manchmal Perlglanz auf einer Spaltfläche. **Erkennungsmerkmale:** Blaue Farbe, plattstengeliger Habitus, gute Spaltbarkeit, unterschiedliche Härte. **Vorkommen:** Kyanit ist zusammen mit Granat, Staurolith, Glimmer und Quarz für regionalmetamorphe Schiefer und Gneise typisch. Auch in Quarzgängen und Pegmatiten, die in solchen Gesteinen vorkommen, tritt er auf. Der Name kommt aus dem Griechischen, wo er „blau" bedeutet.

Kyanit: plattstengeliger Kristall

Andalusit, Sillimanit und Kyanit sind ein schönes Beispiel für Polymorphie. Es besteht eine Beziehung zwischen ihrer Struktur und damit ihrer Dichte und ihrem Vorkommen. Das Mineral mit der geringsten Dichte, Andalusit, bildet sich bei der Metamorphose unter niedrigem Druck, Kyanit, der dichteste der drei mit einer dicht gepackten Struktur, bildet sich unter hohen Drücken.

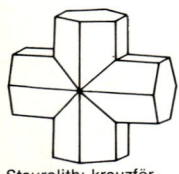

Staurolith: kreuzför-
miger Zwilling

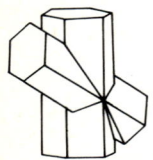

Staurolith: kreuz-
förmiger Zwilling

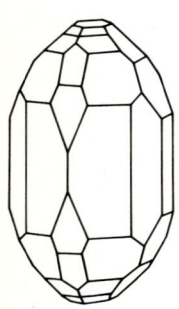

Topas

Staurolith (Fe,Mg)$_2$ (Al,Fe)$_9$ Si$_4$O$_2$ (O,OH)$_2$ [1]
Kristallsystem: Monoklin, pseudorhombisch. **Habitus:** Kristalle meist prismatisch. Selten derbe Massen. **Zwillingsbildung:** Verbreitet. Häufig Durchkreuzungszwillinge, die dann Kreuzformen ergeben, wenn sich beide Individuen senkrecht schneiden. Auch schräge Durchkreuzungszwillinge. **Spez. Gewicht:** 3,7–3,8. **Härte:** 7–7,5. **Spaltbarkeit:** Eine deutliche Spaltrichtung. **Bruch:** Nahezu muschelig. **Farbe und Transparenz:** Rötlichbraun bis braunschwarz. Durchscheinend bis nahezu opak. **Glanz:** Glasglanz bis Harzglanz. **Erkennungsmerkmale:** Braune Farbe; Kristallform, besonders dann, wenn verzwillingt. **Vorkommen:** Staurolith bildet Porphyroblasten in Schiefern und Gneisen, die einer mittleren Metamorphose unterworfen waren. Er ist oft mit Granat, Kyanit und Glimmer vergesellschaftet. Der Name kommt aus dem Griechischen und bedeutet „Kreuz", in Anspielung auf die Zwillingsbildung.

Topas Al$_2$SiO$_4$ (OH,F)$_2$ [2, 3, 4]
Kristallsystem: Rhombisch. **Habitus:** Kristalle meist prismatisch, oft mit zwei oder mehreren vertikalen Prismen oder mit gestreiften Prismenflächen. Auch massiv, körnig. **Spez. Gewicht:** 3,5–3,6. **Härte:** 8. **Spaltbarkeit:** Vollkommen nach der Basis. **Bruch:** Nahezu muschelig bis uneben. **Farbe und Transparenz:** Farblos; auch blaßgelb, blaßblau, grünlich und, sehr selten, rosa. Durchsichtig bis durchscheinend. **Glanz:** Glasglanz. **Erkennungsmerkmale:** Kristallform, Härte, ausgezeichnete Spaltbarkeit nach der Basis, hohes spezifisches Gewicht. **Vorkommen:** Topas ist typisch für Granitpegmatite, Rhyolithe und Quarzgänge. Er kommt auch körnig in Graniten vor, die durch fluorwasserstoffhaltige Lösungen zersetzt wurden. Dann ist er von Fluorit, Turmalin, Apatit, Beryll und Zinnstein begleitet. Auch auf alluvialer Lagerstätte kommt er in Form abgerollter Gerölle und Sandkörner vor. Er wird als Edelstein benützt. Der Rauchtopas des Edelsteinhandels ist aber gewöhnlich gebrannter Amethyst.

Euklas BeAlSiO$_4$ (OH) [5]
Kristallsystem: Monoklin. **Habitus:** Prismatische Kristalle. **Spez. Gewicht:** 3,0–3,1. **Härte:** 7,5. **Spaltbarkeit:** Eine vollkommene Spaltbarkeit, worauf auch der Name hinweist. **Farbe und Transparenz:** Farblos bis blaßblaugrün. Durchsichtig bis durchscheinend. **Glanz:** Glasglanz. **Vorkommen:** Euklas ist ein seltenes Mineral, welches in Pegmatiten zusammen mit anderen Berylliummineralen, vor allem Beryll, gefunden wird. Bisweilen wird er als Schmuckstein benützt.

Epidot-Gruppe

Epidot hat allgemein die Formel $X_2Y_3Si_3O_{12}$ (OH). Dabei ist X im allgemeinen Ca und Y ist gewöhnlich Al und Fe^{3+}. Ersatz durch Mg, Mn und Fe^{2+} tritt bisweilen auf.

Zoisit $Ca_2Al_3Si_3O_{12}$ (OH) [1, 2]

Kristallsystem: Rhombisch. **Habitus:** Prismatische Kristalle. Auch derb. **Spez. Gewicht:** 3,2–3,4 (nimmt mit steigendem Eisengehalt zu). **Härte:** 6. **Spaltbarkeit:** Eine vollkommene Spaltrichtung. **Bruch:** Uneben. **Farbe und Transparenz:** Grau, bisweilen blaßgrün oder braun. Eine rosa Varietät, die Mangan enthält, heißt Thulit [2]. Durchsichtig bis durchscheinend. **Glanz:** Glasglanz, auf Spaltflächen Perlglanz. **Erkennungsmerkmale:** Farbe, eine vollkommene Spaltrichtung. **Vorkommen:** Zoisit kommt in Schiefern, Gneisen und metasomatisch veränderten Gesteinen zusammen mit Granat, Vesuvian und Aktinolith vor. Gelegentlich tritt er auch auf hydrothermalen Gängen auf. Die unlängst entdeckte blaue Varietät Tansanit ist ein wertvoller Edelstein. Zoisit ist zu Ehren des österreichischen Barons von Zois benannt.

Clinozoisit $Ca_2Al_3Si_3O_{12}$ (OH) – Epidot (Pistazit) Ca_2 (Al, Fe)$_3$ Si_3O_{12} (OH) [3, 4]

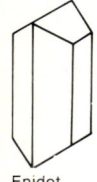

Epidot

Kristallsystem: Monoklin. **Habitus:** Kristalle prismatisch, oft in der Längsrichtung gestreift. Auch derb, faserig oder körnig. **Zwillingsbildung:** Selten. **Spez. Gewicht:** 3,2–3,5 (nimmt mit steigendem Eisengehalt zu). **Härte:** 6–7. **Spaltbarkeit:** Eine vollkommene Spaltbarkeit parallel zur Längserstreckung der Kristalle. **Bruch:** Uneben. **Farbe und Transparenz:** Clinozoisit ist meist grünlichgrau; Epidot ist gelblichgrün bis schwarz. Durchsichtig bis nahezu opak. **Glanz:** Glasglanz. **Erkennungsmerkmale:** Deutlich gelbgrüne Farbe, prismatischer Habitus. Epidot kann mit Turmalin verwechselt werden, der aber keine Spaltbarkeit zeigt und einen trigonalen oder hexagonalen Querschnitt hat. **Vorkommen:** Clinozoisit und Epidot sind weitverbreitet in Gesteinen, die eine niedere oder mittlere Metamorphose mitgemacht haben und vor allem von Eruptivgesteinen, wie Basalt und Diabas, sich ableiten. Auch in metamorphen kalkigen Sedimenten treten sie auf und ebenso in kontaktmetamorph veränderten Kalken und auf Gängen in Eruptivgesteinen.

Allanit (Orthit) $(Ca,Ce,Y,La,Th)_2$ $(Al,Fe)_3$ Si_3O_{12} (OH) [5]

Kristallsystem: Monoklin. **Habitus:** Prismatische, bisweilen tafelige Kristalle. Auch derb. **Spez. Gewicht:** 3,4–4,2. **Härte:** 5–6,5. **Spaltbarkeit:** Zwei mäßige Spaltrichtungen. **Bruch:** Muschelig bis uneben. **Farbe und Transparenz:** Hellbraun bis schwarz. Nahezu durchscheinend bis opak. **Glanz:** Glasglanz oder Pechglanz bis nahezu metallisch. **Erkennungsmerkmale:** Dunkle Farbe, Pechglanz, schwache Radioaktivität. **Vorkommen:** Allanit kommt als akzessorisches Mineral in manchen Graniten, Syeniten, Pegmatiten, Gneisen und Skarnen vor. Er ist nach T. Allan (1777–1833), einem britischen Mineralogen, benannt.

Piemontit: Ca_2 $(Al,Fe,Mn)_3$ Si_3O_{12} (OH) [6]

Kristallsystem: Monoklin. **Habitus:** Wie bei Epidot. **Spez. Gewicht:** 3,4–3,5. **Härte:** 6. **Spaltbarkeit:** Eine vollkommene Spaltrichtung. **Bruch:** Uneben. **Farbe und Transparenz:** Rötlich oder purpurbraun bis schwarz. Durchscheinend bis undurchsichtig. **Glanz:** Glasglanz. **Erkennungsmerkmale:** Rötlichbraune Farbe. **Vorkommen:** Piemontit ist ein seltenes Mineral, welches in manchen niedermetamorphen Schiefern und in Manganlagerstätten vorkommt.

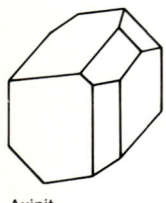

Axinit

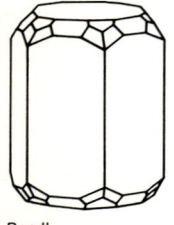

Beryll

Axinit Ca_2 (Fe,Mn) $Al_2BSi_4O_{15}$ (OH) [1]
Kristallsystem: Triklin. **Habitus:** Breite, scharfkantige Kristalle. Auch dicht, spätig oder körnig. **Spez. Gewicht:** 3,3–3,4. **Härte:** 6,5–7. **Spaltbarkeit:** Eine gute Spaltrichtung. **Bruch:** Muschelig. **Farbe und Transparenz:** Die meisten Kristalle haben deutlich nelkenbraune Farbe. Auch gelblich oder grau. Durchsichtig bis durchscheinend. **Glanz:** Glasglanz. **Erkennungsmerkmale:** Farbe, scharfkantige Kristallform. Der Name ist aus dem griechischen Wort für „Beil, Hacke" abgeleitet und beschreibt die Kristallform. **Vorkommen:** Axinit kommt in kontaktmetamorphen Kalken vor, ebenso in metasomatisch veränderten Karbonatgesteinen. Auch in Hohlräumen und Klüften von Graniten, besonders nahe deren Kontakt, tritt er auf.

Beryll $Be_3Al_2Si_6O_{18}$ [6]
Kristallsystem: Hexagonal. **Habitus:** Meist prismatische Kristalle mit Streifung parallel der Längserstreckung. Auch derb. **Spez. Gewicht:** 2,6–2,8. **Härte:** 7,5–8. **Spaltbarkeit:** Schlecht nach der Basis. **Bruch:** Muschelig bis uneben. **Farbe und Transparenz:** Grün, blau, gelb, rosa, sehr variabel. Durchsichtig bis durchscheinend. Durchsichtige Edelsteinqualität heißt tiefgrün Smaragd [5, 7], bläulichgrün Aquamarin [3, 4], gelb Heliodor [2] und rosa Morganit. **Glanz:** Glasglanz. **Erkennungsmerkmale:** Hexagonale Kristallform, gewöhnlich grüne Farbe. Er ähnelt Apatit, hat jedoch eine höhere Härte. Derber Beryll kann mit Quarz verwechselt werden. **Vorkommen:** Beryll kommt gewöhnlich als akzessorisches Mineral in Graniten vor und wird oft in Hohlräumen von Granitpegmatiten gefunden. In manchen Pegmatiten kann er erhebliche Größen erreichen (mehrere Meter!). Kommt auch in Glimmerschiefern und Gneisen zusammen mit Phenakit, Rutil und Chrysoberyll vor. Beryll ist ein Rohstoff zur Gewinnung von Beryllium. Manche Varietäten sind als Edelsteine sehr geschätzt.

Cordierit (Mg, Fe)$_2$ $Al_4Si_5O_{18}$ [8]
Kristallsystem: Rhombisch. **Habitus:** Die ziemlich seltenen Kristalle sind prismatisch mit pseudohexagonalem Querschnitt; meist körnig oder derb. **Zwillingsbildung:** Allgemein; führt zu pseudohexagonalen Formen. **Spez. Gewicht:** 2,5–2,8 (steigt mit dem Eisengehalt). **Härte:** 7. **Spaltbarkeit:** Eine schlechte Spaltrichtung. Teilbarkeit nach der Basis. **Bruch:** Nahezu muschelig bis uneben. **Farbe und Transparenz:** Dunkelblau, graublau. Durchsichtig bis durchscheinend. **Glanz:** Glasglanz. **Erkennungsmerkmale:** Dunkelblaue Farbe. Körniger Cordierit ähnelt dem Quarz. Die Edelsteinvarietät, genannt Iolith oder Dichroit, ist tiefblau oder aber gelb, je nach der Richtung, in welcher man sie betrachtet. **Zersetzung:** Zersetzt sich leicht zu einem Aggregat von Chlorit und Muskowit, das Pinit genannt wird. **Vorkommen:** Cordierit kommt in tonerdereichen Gesteinen vor, die eine mittlere oder starke Kontaktmetamorphose oder Regionalmetamorphose erlitten haben. Auch in Hornfelsen, Schiefern und Gneisen tritt er zusammen mit Andalusit, Spinell, Quarz und Biotit auf. Schließlich findet man ihn in Eruptivgesteinen, die tonerdereiche Sedimente assimiliert haben. Benannt ist er nach P. L. A. Cordier, einem französischen Geologen.

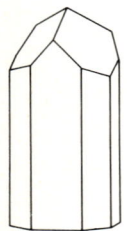

Turmalin

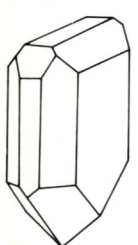

Hemimorphit

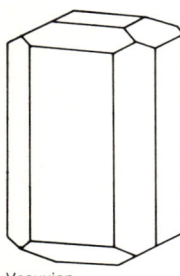

Vesuvian

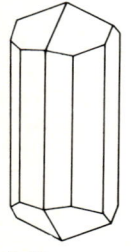

Ilvait

Turmalin Na (Mg, Fe, Li, Al, Mn)$_3$ Al$_6$ (BO$_3$)$_3$ Si$_6$O$_{18}$ (OH,F)$_4$ [1, 2, 3]
Kristallsystem: Trigonal. **Habitus:** Die Kristalle sind gewöhnlich prismatisch und zeigen oft einen dreieckigen Querschnitt, der von gekrümmten Flächen begrenzt ist. Die Prismenfläche ist oft parallel ihrer Längsrichtung deutlich gestreift. Die beiden Kristallenden sehen immer unterschiedlich aus. Parallelstrahlige oder radialstrahlige Kristallgruppen sind häufig. Auch derb.
Spez. Gewicht: 3,0–3,2 (steigt mit dem Eisengehalt). **Härte:** 7.
Spaltbarkeit: Sehr schlecht. **Bruch:** Muschelig bis uneben.
Farbe und Transparenz: Meist schwarz oder bläulichschwarz. Auch farblos, blau, rosa und grün. Manche Kristalle sind an dem einen Ende rosa, an dem anderen grün. Rosa Varietäten werden bisweilen Rubellit [2] genannt, Schörl [3] ist schwarz, der Dravit braun und der Achroit farblos. Durchsichtig bis nahezu opak.
Glanz: Glasglanz. **Erkennungsmerkmale:** Prismatischer Habitus, Streifung, Farbe, dreieckiger Querschnitt. Bei der Unterscheidung von Epidot muß man vorsichtig sein. **Vorkommen:** Turmalin kommt gewöhnlich in Granitpegmatiten vor und in Graniten, die einer Metasomatose von borhaltigen Lösungen unterworfen waren. Auch im Nebengestein der Granite kommt er vor und als akzessorischer Gemengteil in Schiefern und Gneisen.

Hemimorphit (Kieselzinkerz) Zn$_4$Si$_2$O$_7$ (OH)$_2$ · H$_2$O [4, 5]
Kristallsystem: Rhombisch. **Habitus:** Tafelige Kristalle. Auch derbe, faserige, warzenförmige Aggregate. **Spez. Gewicht:** 3,4–3,5. **Härte:** 4,5–5. **Spaltbarkeit:** Vollkommen nach dem Prisma. **Bruch:** Muschelig bis uneben. **Farbe und Transparenz:** Weiß, bisweilen bläulich, grünlich oder bräunlich. Durchscheinend bis durchsichtig. **Glanz:** Glasglanz. **Erkennungsmerkmale:** Kristallform. **Vorkommen:** Hemimorphit ist ein sekundäres Mineral in der Oxidationszone von Zinklagerstätten und im Nebengestein dieser Lagerstätten. Er kommt dort zusammen mit Zinkblende, Smithsonit, Cerussit und Anglesit vor. Der veraltete Name Galmei wird auch für Smithsonit verwendet.

Vesuvian (Idokras) Ca$_{10}$ (Mg,Fe)$_2$ Al$_4$Si$_9$O$_{34}$ (OH,F)$_4$ [6]
Kristallsystem: Tetragonal. **Habitus:** Prismatische Kristalle, häufig mit Streifung in der Längsrichtung. Auch derb, körnig, säulig. **Spez. Gewicht:** 3,3–3,4. **Härte:** 6–7. **Spaltbarkeit:** Schlecht. **Bruch:** Nahezu muschelig bis uneben. **Farbe und Transparenz:** Gewöhnlich dunkelgrün oder braun, auch gelb. Blaue Varietäten werden Cyprin genannt. Nahezu durchscheinend bis durchsichtig. **Glanz:** Glasglanz bis Harzglanz. **Erkennungsmerkmale:** Prismatische, gestreifte Kristalle. Derbe Massen können mit Granat, Epidot oder Diopsid verwechselt werden. **Vorkommen:** Vesuvian entsteht in unreinen Kalken bei der Kontaktmetamorphose. Er kommt in Auswürflingen dolomitischer Kalke am Vesuv vor, von wo er den Namen Idokras hat (Sta Idocrasia) und den Namen Vesuvian. Häufig wird er von Grossular, Wollastonit, Diopsid und Kalzit begleitet.

Ilvait CaFe$_2^{2+}$Fe^{3+}Si$_2$O$_8$ (OH) [7]
Kristallsystem: Rhombisch. **Habitus:** Prismatische Kristalle. Auch säulige oder derbe Massen. **Spez. Gewicht:** 4,1. **Härte:** 5,5–6. **Spaltbarkeit:** Eine gute Spaltrichtung. **Bruch:** Uneben. **Farbe und Transparenz:** Schwarz. Opak. **Strich:** Schwarz. **Glanz:** Nahezu metallisch. **Vorkommen:** Ilvait kommt zusammen mit Magnetit in magmatischen Erzkörpern vor sowie auf kontaktmetasomatischen Lagerstätten. Seinen Namen hat er von seinem Vorkommen auf Elba.

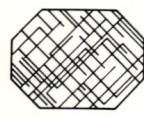

Charakteristische
Spaltbarkeit der
Pyroxene

Pyroxen-Gruppe

Die Pyroxene sind eine wichtige und weit verbreitete Gruppe der gesteinsbildenden Silikate. Ihre allgemeine Formel lautet $X_2Si_2O_6$, wobei X im allgemeinen Mg,Fe,Mn,Ti,Al oder Ca,Na,Li sind. Die verbreitetsten Pyroxene sind Ca,Mg,Fe-Silikate. Pyroxene sind charakterisiert durch zwei Spaltrichtungen, die aufeinander nahezu senkrecht stehen. Es gibt zwei Hauptgruppen: Die Orthopyroxene, die rhombisch sind und neben Eisen und Magnesium nur sehr wenig Kalzium enthalten. Die monoklinen Clinopyroxene sind verbreiteter und enthalten immer noch Ca, Na, Al, Fe^{3+} oder Lithium.

Orthopyroxene: Enstatit, $MgSiO_3$ – Hypersthen (Mg, Fe) SiO_3 [1, 2]

Kristallsystem: Rhombisch. **Habitus:** Prismatische Kristalle. Meist körnig oder derb. **Spez. Gewicht:** 3,2–4,0 (steigt mit dem Eisengehalt). **Härte:** 5–6. **Spaltbarkeit:** Gut nach dem Prisma. **Bruch:** Uneben. **Farbe und Transparenz:** Blaßgrün bis dunkel braungrün. Mit steigendem Eisengehalt wird der Farbton tiefer. Bronzit [2] liegt in seiner Zusammensetzung zwischen Enstatit und Hypersthen; wie der Name bereits andeutet, hat er einen Bronzeschimmer. Durchsichtig bis opak. **Glanz:** Glasglanz. **Erkennungsmerkmale:** Zwei Spaltbarkeiten kreuzen sich unter nahezu rechtem Winkel. Eine blaßgrüne Farbe ist für Enstatit, Bronzeglanz für Bronzit charakteristisch. Besonders Hypersthen kann Clinopyroxenen sehr ähnlich sehen. **Vorkommen:** Orthopyroxene sind die Hauptbestandteile von Eruptivgesteinen wie Gabbro und Pyroxenit. Orthopyroxene kommen auch in einigen Andesiten sowie in Steinmeteoriten vor.

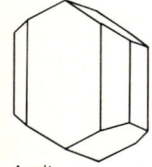

Augit

Augit: Zwilling

Clinopyroxene: Diopsid-Hedenbergit-Reihe Ca (Mg, Fe) Si_2O_6 [3, 4] – Augit (Ca, Mg, Fe, Ti, Al) (Al,Si)$_2$ O_6 [5, 6]

Kristallsystem: Monoklin. **Habitus:** Kristalle meist gedrungene Prismen mit quadratischem oder achtseitigem Querschnitt. Auch derb, körnig. **Zwillingsbildung:** Verbreitet. **Spez. Gewicht:** 3,2–3,6, steigt mit dem Eisengehalt. **Härte:** 5,5–6,5. **Spaltbarkeit:** Nach dem Prisma, gut. Bisweilen Teilbarkeit nach der Basis. **Bruch:** Uneben. **Farbe und Transparenz:** Meist schmutziggrün bis schwarz (Augit); Diopsid ist grauweiß bis hellgrün. Durchsichtig bis opak. **Glanz:** Glasglanz. **Erkennungsmerkmale:** Zwei aufeinander senkrecht stehende Spaltrichtungen, Kristallform. Diopsid ist gewöhnlich heller grün als Augit. **Vorkommen:** Augit ist ein weitverbreitetes Mineral vor allem in Gesteinen wie Basalt, Gabbro und Pyroxenit. Diopsid und Hedenbergit sind typisch für metamorphe Gesteine: Diopsid kommt in metamorphen unreinen Kalken, in Skarnen und seltener in basaltischen Eruptivgesteinen vor. Hedenbergit kommt zusammen mit Ilvait und Magnetit in Skarnen vor sowie in eisenreichen Sedimenten, die eine Kontaktmetamorphose mitgemacht haben.

Clinopyroxene: Ägirin $NaFeSi_2O_6$ [1, 2]
Kristallsystem: Monoklin. **Habitus:** Die schlankprismatischen Kristalle sind bisweilen von steil geneigten Flächen begrenzt und haben so spitznadeligen Habitus. Auch körnig oder radialstrahlige Aggregate. **Zwillingsbildung:** Verbreitet. **Spez. Gewicht:** 3,5–3,6. **Härte:** 6. **Spaltbarkeit:** Gut nach dem Prisma. **Bruch:** Uneben. **Farbe und Transparenz:** Dunkelgrün oder braun, manchmal nahezu schwarz. Nahezu durchsichtig bis opak. **Glanz:** Glasglanz. **Erkennungsmerkmale:** Paragenese. **Vorkommen:** Ägirin kommt nur in natriumreichen Eruptivgesteinen vor, wie Syenit, Nephelinsyenit und zugehörigen Pegmatiten. Der Name kommt von Ägir, dem Namen des skandinavischen Meeresgottes, weil das Mineral zuerst aus Norwegen beschrieben wurde.

Clinopyroxene: Jadeit $NaAlSi_2O_6$ [3, 4, 5]
Kristallsystem: Monoklin. **Habitus:** Kristalle selten, meist derb, körnig, dicht oder säulig. **Spez. Gewicht:** 3,2–3,4. **Härte:** 6. **Spaltbarkeit:** Gut nach dem Prisma. **Bruch:** Splittrig. **Farbe und Transparenz:** Gewöhnlich verschiedene Farbtöne von hell- oder dunkelgrün; bisweilen weiß. Durchscheinend. **Glanz:** Glasglanz. Geht auf den Spaltflächen in Perlglanz über. **Erkennungsmerkmale:** Grüne Farbe, massiver Habitus. Das natürlich vorkommende Material ist sehr zäh. Der Name ,,Jade" wird für zwei verschiedene Minerale gebraucht. Das eine ist der Jadeit, das andere ist Nephrit, ein Amphibol. Am besten werden sie durch ihr spezifisches Gewicht unterschieden. Auch weicheres Material, wie Serpentin, wird oft als Jade verkauft. **Vorkommen:** Jadeit wurde lange Zeit als Halbedelstein und als Schmuckstein benützt. Er bildet sich bei hohen Drücken und kommt als Körner in metamorphen natriumreichen Sedimenten und Vulkaniten in Paragenese mit Glaukophan und Aragonit vor.

Clinopyroxene: Spodumen $LiAlSi_2O_6$ [6, 7]
Kristallsystem: Monoklin. **Habitus:** Kristalle meist prismatisch mit Streifen in ihrer Längsrichtung und oft angeätzt oder korrodiert. Auch dicht, säulig. **Zwillingsbildung:** Verbreitet. **Spez. Gewicht:** 3,0–3,2. **Härte:** 6,5–7. **Spaltbarkeit:** Vollkommen nach dem Prisma. **Bruch:** Uneben, splittrig. **Farbe und Transparenz:** Gewöhnlich weiß oder grauweiß. Hiddenit ist eine durchsichtige grüne Varietät, Kunzit [7] ist dasselbe in lila. Beide werden als Edelsteine benützt. Durchsichtig bis durchscheinend. **Glanz:** Glasglanz. **Erkennungsmerkmale:** Zwei Spaltrichtungen. **Zersetzung:** Bei der Zersetzung bilden sich Tonminerale. **Vorkommen:** Typisch ist das Vorkommen von Spodumen in lithiumhaltigen Granitpegmatiten zusammen mit anderen Mineralen wie Lepidolith, Turmalin und Beryll. Es wurden sehr große Kristalle, bis zu 15 Metern Länge und bis zu 91 Tonnen Gewicht, beschrieben.

Wollastonit CaSiO₃ [1, 2]
Kristallsystem: Triklin. **Habitus:** Kristalle tafelig oder kurzprismatisch. Auch derb, dicht, faserig oder in spätigen Massen. **Zwillingsbildung:** Verbreitet. **Spez. Gewicht:** 2,8–3,1. **Härte:** 4,5–5. **Spaltbarkeit:** In drei Richtungen, eine vollkommen, die beiden anderen gut. **Bruch:** Uneben. **Farbe und Transparenz:** Weiß bis grau. Nahezu durchsichtig bis durchscheinend. **Glanz:** Glasglanz, Perlglanz auf den Spaltflächen, Seidenglanz, wenn faserig. **Erkennungsmerkmale:** Farbe, Spaltbarkeit, Paragenese, löst sich in Salzsäure unter Abscheidung von Kieselsäure. **Vorkommen:** Wollastonit kommt in metamorphen kieselsäurehaltigen Kalken im Kontakthof, in hochgradig regionalmetamorphen Gesteinen oder als Fremdgesteinseinsprengling in Eruptivgesteinen vor. Auch in manchen Alkaligesteinen tritt er auf. Mit ihm zusammen kommen Minerale wie Kalzit, Epidot, Vesuvian, Grossular und Tremolit vor. Benannt ist er nach W. H. Wollaston (1766–1828), einem britischen Mineralogen.

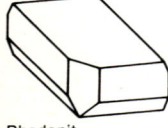

Rhodonit

Rhodonit (Mn,Fe,Ca) SiO₃ [3, 4]
Kristallsystem: Triklin. **Habitus:** Die seltenen Kristalle sind prismatisch oder tafelig. Gewöhnlich kommen derbe, dichte Massen vor, teils spätig, teils körnig. **Spez. Gewicht:** 3,5–3,7. **Härte:** 5,5–6,5. **Spaltbarkeit:** In drei Richtungen, zwei vollkommen, eine gut. **Bruch:** Muschelig bis uneben. **Farbe und Transparenz:** Rosa bis braun, verwittert zu schwarzen Partien. Durchsichtig bis durchscheinend. **Glanz:** Glasglanz. **Erkennungsmerkmale:** Rosa Farbe, gute Spaltbarkeit. Ähnelt Rhodochrosit, ist aber härter und wird von warmer verdünnter Salzsäure nicht angegriffen. **Vorkommen:** Rhodonit kommt gewöhnlich zusammen mit Manganerzlagerstätten im hydrothermalen oder metasomatischen Bereich vor, auch in manganhaltigen regionalmetamorph veränderten Sedimenten. Er wird als Schmuckstein verwendet.

Pektolith Ca₂NaHSi₃O₉ [5]
Kristallsystem: Triklin. **Habitus:** Aggregate faseriger oder spitzer Kristalle, oft kugelförmig oder sternförmig. **Spez. Gewicht:** 2,8–2,9. **Härte:** 4,5–5. **Spaltbarkeit:** Zwei vollkommene Spaltrichtungen. **Bruch:** Uneben. **Farbe und Transparenz:** Weiß. Nahezu durchsichtig bis opak. **Glanz:** Faserige Aggregate haben Seidenglanz, sonst Glasglanz. **Erkennungsmerkmale:** Spitze Formen, zwei Spaltrichtungen. **Vorkommen:** Pektolith kommt zusammen mit Zeolithen in Hohlräumen von Basalten und ähnlichen Gesteinen vor.

Petalit: LiAlSi₄O₁₀ [6]
Kristallsystem: Monoklin. **Habitus:** Kristalle selten. Gewöhnlich spätige Massen. **Spez. Gewicht:** 2,4–2,5. **Härte:** 6–6,5. **Spaltbarkeit:** Eine vollkommene Spaltrichtung. **Bruch:** Nahezu muschelig. **Farbe und Transparenz:** Weiß, grau oder grün, bisweilen farblos oder rötlich. Durchsichtig bis durchscheinend. **Glanz:** Glasglanz, auf Spaltflächen Perlglanz. **Erkennungsmerkmale:** Petalit sieht in spätigen Aggregaten Feldspäten sehr ähnlich und kann von diesen nur durch optische Methoden unterschieden werden; man beachte aber die charakteristische rote Färbung einer Flamme durch Lithium. Auch die Spaltbarkeit kann als Erkennungsmerkmal dienen; darauf weist schon der Name hin, im Griechischen das Wort für Blatt heißt. **Vorkommen:** Typisch für Petalit ist sein Vorkommen in lithiumhaltigen Granitpegmatiten, wo er zusammen mit Spodumen, Turmalin, Lepidolith und Feldspäten vorkommt.

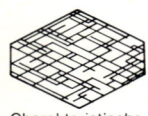

Charakteristische
Spaltbarkeit der
Amphibole

Amphibol-Gruppe

Die Amphibole sind eine wichtige Gruppe gesteinsbildender Minerale, die in Eruptivgesteinen und Metamorphiten sehr verbreitet sind. Der Winkel zwischen zwei Prismenflächen und damit auch zwischen den beiden Spaltrichtungen, die ihnen parallelgehen, beträgt etwa 120°. Er ist charakteristisch für Amphibole. Die Amphibole unterscheiden sich auch dadurch von den Pyroxenen, daß sie wasserhaltige Silikate sind und die (OH)-Gruppe ein wesentlicher Bestandteil ihrer Struktur ist. Die chemische Formel der Amphibole ist sehr komplex, da ein weitgehender Ersatz der verschiedenen Ionen möglich ist.

Anthophyllit (Mg, Fe)$_7$ Si$_8$O$_{22}$ (OH)$_2$: Rhombisch [1]-Cummingtonit-Grunerit-Reihe (Fe, Mg)$_7$ Si$_8$O$_{22}$ (OH)$_2$: Monoklin.
Habitus: Einzelne Kristalle selten. Meist Aggregate faseriger Kristalle. **Zwillingsbildung:** Verbreitet bei Cummingtonit. **Spez. Gewicht:** 2,8–3,4 (Anthophyllit); 3,1–3,6 (Cummingtonit). Nimmt mit steigendem Eisengehalt zu. **Härte:** 5–6. **Spaltbarkeit:** Vollkommen nach dem Prisma. **Farbe und Transparenz:** Weiß, grau, grün, braun. Braune Farbtöne dominieren in der Cummingtonit-Reihe. Durchscheinend. **Glanz:** Glasglanz, faserige Varietäten haben Seidenglanz. **Erkennungsmerkmale:** Anthophyllit und Cummingtonit haben sehr blasse Farben. Obzwar sie im allgemeinen braun ist, ist die Cummingtonit-Reihe so ähnlich der Anthophyllit-Reihe, daß man zu ihrer Unterscheidung optische oder röntgenographische Methoden braucht. Cummingtonit ist der Name für das Magnesium-Endglied der Reihe, Grunerit für das Eisen-Endglied. Aluminiumreiche Anthophyllite nennt man Gedrit. **Vorkommen:** Anthophyllit kommt nur in mäßig metamorphen magnesiumreichen Metamorphiten vor; in Eruptivgesteinen fehlt er. Cummingtonite treten in regionalmetamorph veränderten Gesteinen auf, die reich an Eisen und arm an Kalzium sind. Auch in kontaktmetamorphen Gesteinen kommen sie vor. Cummingtonit ist auch in Eruptivgesteinen zu finden, wie in manchen Rhyolithen. In Dioriten ist er das Umwandlungsprodukt von Pyroxenen.

Tremolit [2, 3, 4]-Aktinolith [5, 6, 7]-Reihe Ca$_2$ (Mg,Fe)$_5$ Si$_8$O$_{22}$ (OH)$_2$
Kristallsystem: Monoklin. **Habitus:** Gewöhnlich langblättrige oder prismatische Kristalle. Bisweilen massiv, faserig. **Zwillingsbildung:** Verbreitet. **Spez. Gewicht:** 3,0–3,4. Steigt mit dem Eisengehalt. **Härte:** 5–6. **Spaltbarkeit:** Gut nach dem Prisma. **Farbe und Transparenz:** Weiß bis grau (Tremolit), hell bis dunkelgrün (Aktinolith). Die Intensität der grünen Farbe nimmt mit dem Eisengehalt zu. Durchsichtig bis durchscheinend. **Glanz:** Glasglanz. **Erkennungsmerkmale:** Schlankprismatischer Habitus. Faseriger, radialstrahliger Tremolit ähnelt Wollastonit, kann aber unter dem Mikroskop unterschieden werden und dadurch, daß Tremolit keine Reaktion mit Salzsäure zeigt. Aktinolith hat eine hellere Farbe als die meisten Hornblenden. **Vorkommen:** Tremolit ist ein charakteristisches Mineral für thermometamorph veränderte kieselige und dolomitische Kalke; er kommt auch in Serpentiniten vor. Aktinolith kommt vor allem in Schiefern vor, die durch eine mittelstarke Metamorphose von Basalt, Diabas oder pelitischen Gesteinen entstanden. Häufig ist er faserig; dieser Varietät wurde als erster der Name Asbest gegeben. In Eruptivgesteinen ist er als Umwandlungsprodukt von Pyroxenen zu finden. Nephrit [8], ein dem Jade ähnlich sehendes Material, besteht gewöhnlich aus feinstverfilzten Fasern von Aktinolith oder Tremolit.

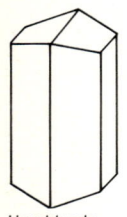

Hornblende

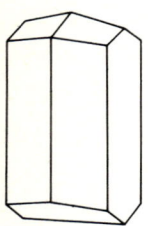

Hornblende: ver-
zwillingter Kristall

Hornblende (Ca, Na)$_{2-3}$ (Mg, Fe, Al)$_5$ (Si,Al)$_8$ O$_{22}$ (OH)$_2$ [1, 2]
Kristallsystem: Monoklin. **Habitus:** Die Kristalle sind meist von
lang- oder kurzprismatischem Habitus. Auch derb, körnig oder
faserig. **Zwillingsbildung:** Verbreitet. **Spez. Gewicht:** 3,0–3,5.
Härte: 5–6. **Spaltbarkeit:** Gut nach dem Prisma. **Bruch:** Uneben.
Farbe und Transparenz: Von hellgrün über dunkelgrün bis nahezu schwarz; bisweilen bräunlicher Farbton. Durchscheinend
bis nahezu opak. **Glanz:** Glasglanz. **Erkennungsmerkmale:** Der
Spaltwinkel von 120° unterscheidet Hornblende und andere
Amphibole von den Pyroxenen. Hornblende ist im allgemeinen
dunkler als andere Amphibole und ist in der chemischen
Zusammensetzung sehr variabel. **Vorkommen:** Hornblende ist
ein sehr weit verbreitetes Mineral. Sie kommt in vielen Eruptiv-
gesteinen vor, so in Granodioriten, Dioriten, manchen Syeniten
und manchen Gabbros sowie deren feinkörnigen Äquivalenten.
Auch ist sie ein weit verbreiteter Bestandteil von regionalmeta-
morph veränderten Gesteinen, wenn es sich um eine mittlere
Metamorphose handelt. Besonders charakteristisch ist sie für
Amphibolite und Hornblende-Schiefer, wo sie gewöhnlich von
Granat, Quarz und kalkreichem Plagioklas begleitet wird.

Glaukophan-Riebeckit Na$_2$ (Mg, Fe, Al)$_5$ Si$_8$O$_{22}$ (OH)$_2$ [3, 4, 5]
Kristallsystem: Monoklin. **Habitus:** Gute Kristalle selten. Oft
prismatisch, nadelig, bisweilen faserig. **Spez. Gewicht:** 3,0–3,4
(steigt mit dem Eisengehalt). **Härte:** 5–6. **Spaltbarkeit:** Gut nach
dem Prisma. **Bruch:** Uneben. **Farbe und Transparenz:** Glaukophan [3] ist grau, graublau oder lavendelblau, Riebeckit dunkelblau bis schwarz. Durchsichtig bis durchscheinend. **Glanz:**
Glasglanz; faserige Varietäten haben Seidenglanz. **Erkennungsmerkmale:** Farbe und Paragenese sind für Glaukophan
und Riebeckit typisch. **Vorkommen:** Glaukophan ist typisch
für natriumreiche Schiefer, die durch eine Metamorphose bei
niedriger Temperatur und hohem Druck aus Geosynklinalsedi-
menten entstanden sind. Er kommt zusammen mit Mineralen
wie Jadeit, Aragonit, Epidot, Chlorit, Muskowit und Granat vor.
Riebeckit [4, 5] kommt hauptsächlich in alkalireichen Eruptivgesteinen, wie Graniten, Nephelinsyeniten und ihren feinkörnigen Äquivalenten, vor. Faseriger Riebeckit ist unter dem Namen
Krokydolith [5] oder blauer Asbest bekannt; er kommt in Gängen in geschichteten Eisenerzen vor. In Schiefern dagegen selten.

Glimmer-Gruppe

Es gibt zwei besonders wichtige Gruppen von Glimmer: Zur einen zählen die dunklen Glimmer, die reich an Tonerde sind. Dazu kommt noch die Reihe der Lithium-Glimmer.

Muskowit $KAl_2 (AlSi_3O_{10}) (OH,F)_2$ [1, 2]

Kristallsystem: Monoklin; pseudohexagonal. **Habitus:** Kristalle tafelig mit hexagonalem Umriß. Auch schuppige Massen oder verstreute Blättchen. **Spez. Gewicht:** 2,8–2,9. **Härte:** 2,5–3. **Spaltbarkeit:** Vollkommen nach der Basis. Die Spaltblättchen sind biegsam und elastisch. **Farbe und Transparenz:** Farblos bis blaßgrau, grün oder braun. Durchsichtig bis durchscheinend. **Glanz:** Glasglanz. Parallel zur Spaltrichtung Perlglanz. **Erkennungsmerkmale:** Ausgezeichnete Spaltbarkeit, helle Farbe. **Vorkommen:** Muskowit ist weit verbreitet. Bei den Eruptivgesteinen ist er besonders charakteristisch für Alkaligranite und deren Pegmatite; in diesen bildet er bisweilen große Massen. Als sekundäre Bildung tritt er bei der Zersetzung von Feldspäten auf. Der dabei entstehende, besonders feinkörnige Muskowit wird Serizit genannt. In Schiefern und Gneisen ist er sehr häufig, ebenso in kontaktmetamorphen Gesteinen und kristallinen Kalken. Muskowit ist ein regelmäßiger Bestandteil klastischer Sedimente wie Sandstein und Siltstein.

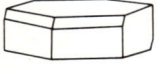

Biotit

Phlogopit-Biotit-Reihe: Phlogopit $KMg_3AlSi_3O_{10}(OH,F)_2$ [3]–Biotit $K (Mg,Fe)_3 AlSi_3O_{10} (OH, F)_2$ [4]

Kristallsystem: Monoklin. **Habitus:** Tafelige, oder kurzprismatische, pseudohexagonale Prismen. Auch blättrige Aggregate und verstreute Blättchen. **Spez. Gewicht:** 2,7–3,3 (nimmt mit steigendem Eisengehalt zu). **Härte:** 2–3. **Spaltbarkeit:** Vollkommen nach der Basis. **Farbe und Transparenz:** Phlogopit ist farblos, gelblich oder rötlichbraun, Biotit schwarz, dunkelbraun oder grünlichschwarz. Durchsichtig bis durchscheinend. **Glanz:** Glasglanz. Auf der Oberfläche der Spaltblättchen oft nahezu metallisch. **Erkennungsmerkmale:** Ausgezeichnete Spaltbarkeit nach der Basis. Phlogopit ist im allgemeinen blasser in der Farbe als der dunkle, eisenreiche Biotit. **Vorkommen:** Phlogopit kommt vor allem in metamorphen Kalken vor, aber auch in magnesiumreichen Eruptivgesteinen und Pegmatiten. Auch im Kimberlit kommt er vor. Biotit ist sehr weit verbreitet in Graniten, Syeniten und Dioriten sowie in ihren feinkörnigen Äquivalenten. Charakteristisch ist er für Glimmer-Lamprophyre. In Schiefern, Gneisen und kontaktmetamorphen Gesteinen ist er ein regelmäßiger Bestandteil.

Glaukonit $(K, Ca, Na) (Al, Fe, Mg)_2 (Al, Si)_4 O_{10} (OH)_2$ [5]

Glaukonit gehört zur Gruppe der Glimmer. Er kommt in Form kleiner, grüner, gerundeter Aggregate in marinen Sedimenten vor. Er hat einen stumpfen Glanz und ausgezeichnete Spaltbarkeit nach der Basis.

Lepidolith $K (Li, Al)_3 (Si, Al)_4 O_{10} (OH, F)_2$ [6, 7]

Kristallsystem: Monoklin. **Habitus:** Gewöhnlich kleine, verstreute Blättchen. **Spez. Gewicht:** 2,8–2,9. **Härte:** 2,5–4. **Spaltbarkeit:** Vollkommen nach der Basis. **Farbe und Transparenz:** Blaßlila, auch farblos, grau oder blaßrosa. Durchsichtig bis durchsichtig. **Glanz:** Glasglanz, auf der Spaltfläche Perlglanz. **Erkennungsmerkmale:** Vollkommene Spaltbarkeit, lila bis rosa Farbe. **Vorkommen:** Lepidolith kommt in Granit-Pegmatiten, häufig zusammen mit lithiumhaltigem Turmalin und Spodumen vor.

Chlorit-Gruppe (Mg, Fe, Al)$_6$ (Si, Al)$_4$ O$_{10}$ (OH)$_8$ [1]
Kristallsystem: Monoklin. **Habitus:** Tafelige, pseudohexagonale Kristalle, selten prismatisch. Auch schuppige Aggregate, dicht, erdig. **Spez. Gewicht:** 2,6–3,3, steigt mit dem Eisengehalt. **Härte:** 2–3. **Spaltbarkeit:** Vollkommen nach der Basis. Die Spaltblättchen sind biegsam, aber nicht elastisch. **Farbe und Transparenz:** Grün, auch gelb oder braun. Durchsichtig bis durchscheinend. **Glanz:** Glasglanz, feinkörnige Massen erdig. **Erkennungsmerkmale:** Grüne Farbe, unelastische Spaltblättchen geben Unterschied zu den Glimmern. **Vorkommen:** Chlorit kommt in Eruptivgesteinen als Zersetzungsprodukt von Mineralen wie Pyroxene, Amphibole und Glimmer vor. Er füllt auch Hohlräume in Laven. Er ist charakteristisch für niedermetamorphe Gesteine und kommt auch in Sedimenten vor.

Serpentin-Gruppe Mg$_3$Si$_2$O$_5$(OH)$_4$ [2, 3, 4]
Kristallsystem: Monoklin. **Habitus:** Serpentin tritt vor allem als faseriger Chrysotil [3] auf, der geschätzte Asbest; daneben auch als blättriger oder schuppiger Antigorit. **Spez. Gewicht:** 2,5–2,6. **Härte:** Variabel, 2,5–4. **Spaltbarkeit:** Ausgezeichnet nach der Basis beim Antigorit, keine Spaltbarkeit beim Chrysotil. **Bruch:** Muschelig, splittrig. **Farbe und Transparenz:** Verschiedene Farbtöne von grün, aber auch bräunlich, grauweiß oder gelb. Durchscheinend bis opak. **Glanz:** Wachsglanz oder Fettglanz, faserige Varietäten Seidenglanz, massive erdig. **Erkennungsmerkmale:** Grüne Farbe, Glanz, fühlt sich glatt, nahezu fettig an. Beim Antigorit blättriger Habitus. **Vorkommen:** Serpentin ist ein sekundäres Mineral, welches sich aus magnesiumhaltigen Mineralen wie Pyroxen oder Olivin bildet. Er kommt in Eruptivgesteinen vor, die solche Minerale enthalten. Typisch ist er für Serpentinite, die sich durch die Zersetzung olivinführender Gesteine bildeten.

Vermikulit Mg$_3$ (Al, Si)$_4$ O$_{10}$ (OH)$_2$ · 4H$_2$O [5, 7]
Kristallsystem: Monoklin. **Habitus:** Plattige Kristalle. **Spez. Gewicht:** Etwa um 2,3. **Härte:** Etwa 1,5. **Spaltbarkeit:** Vollkommen nach der Basis. **Farbe und Transparenz:** Gelb, braun. Durchscheinend. **Glanz:** Perlglanz, manchmal Bronzeglanz. **Erkennungsmerkmale:** Bläht sich beim Erhitzen senkrecht zur Basis auf. **Vorkommen:** Er ist ein Zersetzungsprodukt von magnesiumhaltigen Glimmern und kommt in Karbonatiten vor.

Kaolinit-Gruppe Al$_2$Si$_2$O$_5$ (OH)$_4$ [6]
Kristallsystem: Triklin oder monoklin. **Habitus:** Mikroskopisch kleine hexagonale Täfelchen. Normalerweise erdige Massen. **Spez. Gewicht:** 2,6–2,7. **Härte:** 2–2,5 (wesentlich geringer in massiver Form). **Spaltbarkeit:** Vollkommen nach der Basis. **Farbe und Transparenz:** Weiß, bisweilen Farbtöne von grau, braun oder rot. Opak. **Glanz:** Dumpf, erdig. Kristalle haben Perlglanz. **Erkennungsmerkmale:** Fühlt sich plastisch an. Kaolinit kann von anderen Tonmineralen kaum optisch, sondern nur röntgenographisch oder durch andere Untersuchungsmethoden unterschieden werden. **Vorkommen:** Kaolinit ist ein sekundäres Mineral, welches bei der Verwitterung und Zersetzung tonerdehaltiger Silikate, vor allem Alkalifeldspat, entsteht.

Talk Mg$_3$Si$_4$O$_{10}$ (OH)$_2$ [1, 2]

Kristallsystem: Monoklin. **Habitus:** Kristalle selten. Meist körnige oder feinstschuppige Massen. **Spez. Gewicht:** 2,6–2,8. **Härte:** 1. **Spaltbarkeit:** Vollkommen nach der Basis. **Farbe und Transparenz:** Weiß, grau oder blaßgrün, oft fleckig rötlich. Durchscheinend. **Strich:** Weiß bis hellblaßgrün. **Glanz:** Matt, auf Spaltflächen Perlglanz. **Erkennungsmerkmale:** Extrem niedrige Härte, fühlt sich seifig an, grünlichweiße Farbe. **Vorkommen:** Talk ist ein sekundäres Mineral, welches sich als Produkt der Zersetzung von Olivin, Pyroxen und Amphibol bildet. Es kommt in Spalten magnesiumreicher Gesteine vor. Talk kommt ebenfalls in Gesteinen vor, die durch eine schwache Metamorphose entstanden sind, oft zusammen mit Aktinolith. Die Ausgangsgesteine waren immer reich an Magnesium. Dichter Talk wird Steatit, Speckstein oder Seifenstein genannt. Etwas seltener kommt er bei der thermischen Metamorphose dolomitischer Kalke vor.

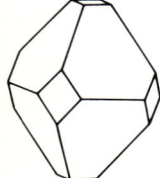

Apophyllit: Kombination von Prisma, Bipyramide und Pinakoid

Apophyllit KFCa$_4$Si$_8$O$_{20}$ · 8H$_2$O [3, 4]

Kristallsystem: Tetragonal. **Habitus:** Die Kristalle haben sehr verschiedenen Habitus. Kombinationen von Prisma, Bipyramide und Pinakoid sind am häufigsten. **Spez. Gewicht:** 2,3–2,4. **Härte:** 4,5–5. **Spaltbarkeit:** Vollkommen nach der Basis, schlecht nach dem Prisma. **Bruch:** Uneben. **Farbe und Transparenz:** Farblos, weiß oder grau, bisweilen rosa oder gelblich. Durchsichtig bis durchscheinend. **Glanz:** Parallel zur Spaltbarkeit Perlglanz, sonst Glasglanz. **Erkennungsmerkmale:** Kristallform, Spaltbarkeit nach der Basis und Perlglanz parallel zu ihr. Die Flächen des Basis-Pinakoids sind oft rauh und zernarbt, während die anderen glatt und hell sind. **Vorkommen:** Apophyllit tritt zusammen mit Zeolithen in Hohlräumen von Basalten und Kalken auf. Auch in manchen hydrothermalen Gängen kommt er vor.

Prehnit Ca$_2$Al$_2$Si$_3$O$_{10}$ (OH)$_2$ [5, 6]

Kristallsystem: Rhombisch. **Habitus:** Kristalle selten, tafelig. Meist in kugeligen, nierenförmigen Massen mit faseriger Struktur. **Spez. Gewicht:** 2,9–3,0. **Härte:** 6–6,5. **Spaltbarkeit:** Gut nach der Basis. **Bruch:** Uneben. **Farbe und Transparenz:** Gewöhnlich blaßwäßriggrün; auch grau, gelb oder weiß. Durchsichtig bis durchscheinend. **Glanz:** Glasglanz. **Erkennungsmerkmale:** Grüne Farbe, Habitus. **Vorkommen:** Prehnit kommt gewöhnlich in Gängen oder Hohlräumen von Eruptivgesteinen, oft zusammen mit Zeolithen, vor. Auch in ganz schwach metamorphen Gesteinen ist er zu finden und als Produkt der Zersetzung von Feldspat. Er ist nach Oberst von Prehn, der dieses Mineral am Kap der Guten Hoffnung in Südafrika als erster fand, benannt.

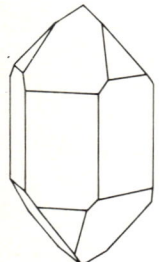

Quarz

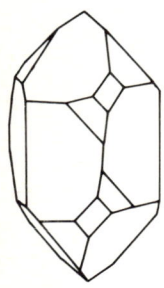

Quarz mit gestreiften
Prismenflächen

Kieselsäure-Gruppe

In dieser Gruppe werden Minerale zusammengefaßt, deren chemische Zusammensetzung nicht wesentlich von SiO_2 abweicht. Einige Varietäten sind kristallin, wie Quarz, Tridymit und Cristobalit. Andere sind kryptokristallin und werden unter dem Oberbegriff Chalzedon zusammengefaßt. Opal schließlich ist amorph.

Quarz SiO_2 [1, 2, 3, 4, 5, 6, 7]
Kristallsystem: Trigonal. **Habitus:** Kristalle meist als sechsseitige Prismen. Die Prismenflächen sind oft senkrecht zur Längenerstreckung gestreift. Unvollkommen entwickelte Kristalle sind die Regel. Rechts- und Linksquarz kann auf Grund der Anwesenheit bestimmter kleiner Flächen, der Trapezoeder, erkannt werden. **Zwillingsbildung:** Die meisten Quarzkristalle sind verzwillingt (mit freiem Auge nicht immer feststellbar). **Spez. Gewicht:** 2,65. **Härte:** 7. **Spaltbarkeit:** Keine. **Bruch:** Muschelig. **Farbe und Transparenz:** Gewöhnlich farblos oder weiß; es gibt aber einen sehr weiten Bereich von Farben, in denen Quarz vorkommen kann. Durchsichtig bis durchscheinend. **Glanz:** Glasglanz. **Varietäten:** Quarz kommt in einer ganzen Reihe von Varietäten vor. Bergkristall [1] ist farbloser, durchsichtiger Quarz, von dem es wieder einige Untervarietäten gibt wie den Geisterquarz, der schemenhaft Wachstumsphasen in Form von Trübungen erkennen läßt. Der Rutil-Quarz [3], auch Sagenit genannt, enthält Einschlüsse von Rutil, die, wenn sie besonders feinfaserig sind, Venushaar heißen. Amethyst [7] ist lila, Milchquarz [2] weiß. Rosenquarz [4] ist rosenrot oder rosa und wird öfter in massiven Massen als in Kristallen gefunden; er bleicht gerne am Licht aus. Citrin [5] ist gelb und ähnelt dem Topas. Rauchquarz, [6] auch Rauchtopas oder Morion genannt, ist rauchbraun und bisweilen nahezu schwarz. Manche Quarze enthalten Einschlüsse, die nicht nur die Farbe bedingen, sondern auch das Mineral undurchsichtig erscheinen lassen. Ein Beispiel dafür ist Eisenkiesel, der gewöhnlich ziegelrot oder gelb ist. **Erkennungsmerkmale:** Kristallform, muscheliger Bruch, Glasglanz, Härte. **Vorkommen:** Quarz ist eines der am weitesten verbreiteten Minerale. Er kommt in einer ganzen Reihe von Eruptivgesteinen und Metamorphiten vor, besonders in Graniten und Gneisen, und ist häufig in klastischen Sedimenten. Er ist prinzipiell der einzige Bestandteil von Quarzit. Sehr verbreitet ist er als Gangart in Mineralgängen; die schönsten Kristalle stammen daher. Schön ausgebildete Quarzkristalle findet man in Hohlräumen, Geoden, aus Granitporphyren und aus Granitpegmatiten.

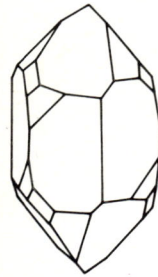

Quarz: Rechtsform

Quarz: Linksform

Quarz: Japaner
Zwilling; Berührungs-
zwillinge, deren Ach-
sen nahezu senkrecht
aufeinander stehen

Quarz: Dauphineer
Zwilling; es sind zwei
Rechts- oder zwei
Linksquarze ver-
zwillingt

Quarz: Brasilianer
Zwilling; verzwillingt
sind ein Rechts- und
ein Linksquarz

Chalcedon SiO$_2$ [1, 2, 3, 4, 5, 6, 7, 8, 9]

Chalcedon ist der Name für dichte Quarzvarietäten, bei welchen die Kristalle sehr klein und nur noch submikroskopische Zwischenräume vorhanden sind. Es gibt zwei prinzipielle Varietäten: Die eine ist *Chalcedon,* der mehr oder weniger einheitlich gefärbt ist, die andere ist *Achat,* der durch meist lagige Unterschiede in der Färbung charakterisiert ist. **Habitus:** Oft warzige, traubige oder stalaktitische Massen. Chalcedon hat im allgemeinen eine lagige Struktur, die aber mit freiem Auge selten sichtbar ist. Er füllt Hohlräume in Gesteinen schichtenförmig aus, kann dabei aber auch derb oder knollig aussehen. **Spez. Gewicht:** Etwa 2,6. **Härte:** Etwa 6,5. **Spaltbarkeit:** Keine. **Bruch:** Muschelig. **Farbe und Transparenz:** Variabel; von weiß über grau, rot, braun bis schwarz (siehe weiter unten). Durchsichtig bis durchscheinend. **Glanz:** Glasglanz bis Wachsglanz. **Erkennungsmerkmale:** Vorkommen und Habitus, größere Dichte als Opal. **Varietäten:** Für die verschieden gefärbten Varietäten von Chalcedon sind verschiedene Namen üblich. Carneol [3, 4] ist rot bis rötlichbraun und geht in den hell- bis dunkelbraunen Sarder [5] über. Chrysopras [6] ist apfelgrün, und Heliotrop grün mit roten, an Blutstropfen erinnernden Tupfen; er wird deshalb auch Blutstein genannt. Jaspis [7] ist ein opaker, meist roter Chalcedon; es kommen aber auch andere Farben, wie gelb, braun, grün und grünblau vor, die meist fleckig oder bandartig verteilt sind. Moosachat [8] besteht aus einer durchscheinenden, milchig weißen oder nahezu farblosen Matrix, in welcher grüne, braune oder schwarze moosähnliche dendritische Verunreinigungen von Manganoxiden verteilt sind. Diese nehmen oft sehr attraktive Formen an. Im Mokkastein [9] haben die farnartigen Formen dazu geführt, daß er sehr gerne zur Anfertigung von Kameen und anderen dekorativen Objekten verwendet wurde. Silex und Feuerstein, auch Hornstein und Flint genannt, sind opaker Chalcedon von schmutziggrauer bis schwarzer Farbe. Sie brechen muschelig und bilden dabei sehr scharfe Kanten. Diese Eigenschaft wurde von dem Menschen bereits in der Steinzeit genutzt zur Anfertigung von Waffen und Werkzeugen. Der Name Silex oder Hornstein wird gebraucht, um lagig aussehendes Material zu beschreiben, der Name Feuerstein oder Flint wird für die schwarze, knollige Varietät benützt, die man gewöhnlich in Kalken findet. **Vorkommen:** Chalcedon wird aus kieselsäurehaltigen Lösungen ausgefällt und bildet daher die Auskleidung von Hohlräumen, Gängen und Verdrängungsmassen in vielen Gesteinen. Feuerstein und Flint können entweder durch Ausfällung von Kieselsäure auf dem Meeresboden entstehen oder aber durch Verdrängung von Gesteinen, vor allem Kalken, durch die Kieselsäure zirkulierender Wässer.

Achat SiO$_2$ [1, 2, 3, 4]

Achat ist eine Varietät des Chalcedons, die durch verschiedenfarbige Bänder oder Zonen charakterisiert ist. **Habitus:** Achat bildet gewöhnlich konzentrische oder unregelmäßige Schichten, die einen Hohlraum ausfüllen. **Spez. Gewicht:** Etwa 2,6. **Härte:** Etwa 6,5. **Spaltbarkeit:** Keine. **Bruch:** Muschelig. **Farbe und Transparenz:** Die Bänderung ist meist in verschiedenen Tönungen von weiß oder grau. Auch milchigweiß und Farbtöne von grün, braun, rot oder schwarz kommen vor. Der Achat des Handels ist oft künstlich nachgefärbt. Onyx [3] ist eine Varietät von Achat, in welcher helle und dunkle Bänder abwechseln; er wird gerne zur Anfertigung von Kameen verwendet. Durchscheinend bis undurchsichtig. **Vorkommen:** Achat ist sehr weit verbreitet und kommt vor allem als Hohlraumfüllung in Laven vor. Die Bänderung folgt dabei oft den Umrissen des Hohlraumes; oft wachsen dann nach dem noch leeren Hohlraum hin Kristalle von Quarz.

Opal SiO$_2$ · nH$_2$O [5, 6, 7]

Kristallsystem: Keines; amorph. **Habitus:** Dicht; oft stalaktitische, traubige, warzige und gerundete Formen; auch kleine Gängchen. **Spez. Gewicht:** Unterschiedlich, je nach Wassergehalt: 1,8–2,3. **Härte:** 5,5–6. **Spaltbarkeit:** Keine. **Bruch:** Muschelig. **Farbe und Transparenz:** Unterschiedlich, von farblos über milchigweiß, grau, rot, braun, blau, grün bis nahezu schwarz. Am häufigsten sind blasse Farben. Durchsichtig bis nahezu durchscheinend. **Glanz:** Glasglanz bis Harzglanz, manchmal Perlglanz. **Erkennungsmerkmale:** Form, niedrige Dichte. Opal ähnelt in seinem Vorkommen Chalcedon, ist aber weniger hart und hat eine geringere Dichte. **Varietäten:** Opal ist ein verfestigtes Gel mit unterschiedlichem Wassergehalt, im allgemeinen 6–10 %. Edelopal ist milchigweiß mit vereinzelten schwarzen Punkten. Er zeigt ein prächtiges Farbenspiel, vorwiegend in rot, blau und gelb. Feueropal ist eine Varietät, bei welcher gelbe und rote Farben dominieren; beim Drehen geben sie ein Farbenspiel, welches an Flammen erinnert. Hyalit ist ein farbloser, traubiger Opal. Holzopal [7] ist fossiles Holz, welches teilweise von Kieselsäure durchsetzt und ersetzt wurde. Gemeiner Opal ist die durchscheinende, blasse Varietät; sie ist auch bunt, zeigt aber nicht annähernd das Farbenspiel von Edelopal. Hydrophan ist eine Varietät, die durchsichtig wird, wenn man sie in Wasser einbettet. Kieselsinter und Geysirit sind Opalablagerungen, die sich um Geysire durch Ausfällen von Kieselsäure aus heißen Wässern bilden. Es entstehen dabei stalaktitische oder gangförmige Gebilde verschiedener Farbe. **Vorkommen:** Opal wird bei niedrigen Temperaturen aus kieselsäurehaltigen Wässern ausgefällt. Er kann als Spaltenfüllung der verschiedensten Gesteine auftreten, kommt aber vor allem in Gebieten von Geysiren und heißen Quellen vor. Auch während der Zersetzung und Verwitterung von Gesteinen kann er gebildet werden. Opal bildet die Skelette mancher Organismen, so von Schwämmen, Radiolarien und Diatomeen. Diatomit oder Diatomeenerde ist ein feinkörniges Sedimentgestein von bröckeligem, kreidigem Aussehen; er besteht zum größten Teil aus Skeletten der eben genannten Tiere. Der Name Opal kommt aus dem Sanskrit, wo er „Edelstein" bedeutet.

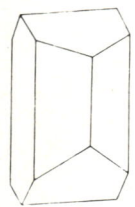

Orthoklas: prismatischer Kristall

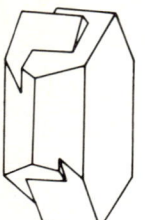

Orthoklas: Karlsbader Zwilling

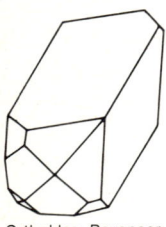

Orthoklas: Bavenoer Zwilling

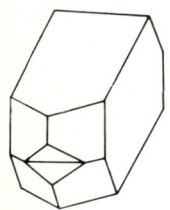

Orthoklas: Manebacher Zwilling

Feldspat-Gruppe

Die Feldspäte sind die am häufigsten vorkommenden Minerale in Eruptivgesteinen, Metamorphiten und Sedimentgesteinen. Sie haben die allgemeine Formel $X(Al,Si)_4O_8$. Dabei steht für X Na, K, Ca oder Ba. Die zwei großen Gruppen der Feldspäte sind die Alkalifeldspäte und die Plagioklase, bei welchen Ca durch Na ersetzt werden kann. Zwillingsbildung ist sehr verbreitet. Die Zwillingsbildung nach dem Karlsbader, Manebacher und Bavenoer Gesetz erfaßt immer nur zwei Individuen, während beim Albit- und Periklin-Gesetz sich diese Zwillingsbildung öfter wiederholt. Im Handstück kann man Zwillingsbildung daran erkennen, daß man bei einfachen Zwillingen am Kristall zwei verschieden reflektierende Hälften erkennen kann, während sich die polysynthetische Zwillingsbildung oft in einer Streifung bemerkbar macht. Das Albit-Gesetz ist bei den Plagioklasen sehr verbreitet. **Zersetzung:** Kalifeldspat verwittert leicht zu Tonmineralen, vor allem Kaolinit, Plagioklase zu Tonmineralen oder Serizit.

Kalifeldspäte: Sanidin [1], Orthoklas [2, 3], Mikroklin [4, 5, 6] $KAlSi_3O_8$

Kristallsystem: Monoklin (Sanidin und Orthoklas); triklin (Mikroklin). **Habitus:** Sanidinkristalle sind meist tafelig oder prismatisch. Orthoklas und Mikroklin sind manchmal prismatisch ausgebildet und können einen quadratischen Querschnitt haben (Bavenoer Gesetz). **Zwillingsbildung:** Verbreitet nach dem Karlsbader, Bavenoer und Manebacher Gesetz. Mikroklin zeigt auch wiederholte Zwillingsbildung nach einer Kombination von Albit- und Periklin-Gesetz, doch kann man das gut nur unter dem Mikroskop erkennen. **Spez. Gewicht:** 2,5–2,6. **Härte:** 6–6,5. **Spaltbarkeit:** Zwei vollkommene Spaltrichtungen. **Bruch:** Muschelig bis uneben. **Farbe und Transparenz:** Sanidin ist farblos bis grau, durchsichtig. Orthoklas ist weiß oder fleischrosa, gelegentlich rot. Mikroklin sieht ähnlich aus wie Orthoklas, doch die grüne Varietät wird Amazonenstein [5] genannt. Sie ist durchscheinend bis nahezu durchsichtig. **Glanz:** Glasglanz, parallel zur Spaltfläche eher Perlglanz. **Erkennungsmerkmale:** Orthoklas und Mikroklin werden von den anderen Mineralen nach ihre Farbe, Spaltbarkeit und Härte unterschieden. Die beiden voneinander zu unterscheiden, ist schwierig, wenn man vom typisch grünen Amazonenstein absieht. Sanidin wird dadurch erkannt, daß er farblos ist, durchsichtig, tafeligen Habitus hat und ein typisches Vorkommen. **Vorkommen:** Sanidin ist die Hochtemperaturmodifikation von $KAlSi_3O_8$ und kommt als Phänokristalle in Laven wie Rhyolith oder Trachyt vor. Auch in Gesteinen, die eine Thermometamorphose mitgemacht haben, tritt er auf. Orthoklas ist der gewöhnliche Kalifeldspat der meisten Eruptivgesteine und Metamorphite, und Mikroklin, die Tieftemperaturmodifikation, kommt in Graniten, Granitpegmatiten, hydrothermalen Gängen sowie in manchen Schiefern und Gneisen vor (Mikroklin auf Quarz [6]). Ähnlich dem Orthoklas wird er auch in Sedimenten in Form von gerollten Körnern gefunden. Perthit [4] ist ein Feldspat, in welchem man Spindeln oder Streifen von Albit erkennen kann. Bei allen hier behandelten Feldspäten ist immer ein Teil des Kaliums durch Natrium ersetzt.

Kalifeldspat: Adular KAlSi₃O₈ [1, 2]

Kristallsystem: Monoklin. **Habitus:** Deutliche einfache Kristalle, gewöhnlich eine Kombination von Prismen, abgeschlossen von zwei Flächen. **Zwillingsbildung:** Zwillinge nach dem Bavenoer Gesetz verbreitet. **Spez. Gewicht:** 2,6. **Härte:** 6. **Spaltbarkeit:** Zwei ausgezeichnete Spaltrichtungen. **Bruch:** Muschelig bis uneben. **Farbe und Transparenz:** Farblos oder milchigweiß, häufig mit perlartigem Schimmer oder Farbspiel (Mondstein). Durchsichtig bis durchscheinend. **Glanz:** Glasglanz. **Erkennungsmerkmale:** Einfacher Habitus. **Vorkommen:** Adular wird bei niedrigen Temperaturen (etwa 200–300°C) auf hydrothermalen Gängen abgeschieden.

Plagioklase NaAlSi₃O₈ – CaAl₂Si₂O₈ [3, 4, 5, 6]

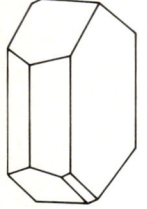

Plagioklas

Kristallsystem: Triklin. **Habitus:** Prismatische oder tafelige Kristalle, auch derb, körnig. **Zwillingsbildung:** Vielfache Zwillingsbildung nach dem Albit- und dem Periklin-Gesetz, einfache nach dem Karlsbader, Bavenoer und Manebacher Gesetz. Auch beide Arten zusammen können an ein und demselben Individuum vorkommen. **Spez. Gewicht:** 2,6–2,8 (steigt mit dem Ca-Gehalt). **Härte:** 6–6,5. **Spaltbarkeit:** Zwei gute Spaltrichtungen. **Bruch:** Uneben. **Farbe und Transparenz:** Gewöhnlich weiß oder schmutzigweiß, bisweilen rosa, grünlich oder bräunlich. Durchsichtig bis durchscheinend. **Glanz:** Glasglanz, bisweilen Perlglanz auf den Spaltflächen. **Erkennungsmerkmale:** Die Plagioklase sind auf Grund der Zwillingslamellen nach dem Albit-Gesetz, die man auf einer der beiden Spaltflächen sehen kann, gut von den Alkalifeldspäten zu unterscheiden. Die einzelnen Glieder haben eigene Namen. Albit [3, 4] ist reines NaAlSi₃O₈, dann geht es über Oligoklas, Andesin, Labradorit und Bytownit zum Anorthit mit der Formel CaAl₂Si₂O₈. Die einzelnen Glieder der Plagioklasreihe sind ohne Mikroskop kaum zu unterscheiden. Nur Labradorit [5, 6] zeigt in manchen Vorkommen ein attraktives Farbspiel auf den Spaltflächen, das Labradorisieren. Deshalb wird er oft als Schmuckstein verwendet. **Vorkommen:** Die Gruppe der Plagioklase ist sehr weit verbreitet. Sie kommen in vielen Eruptivgesteinen vor und bilden oft die Basis zur Identifikation und Klassifikation dieser Gesteine. Im allgemeinen sind die natriumreichen und so auch saureren Plagioklase charakteristisch für granitische Gesteine. Je basischer das Gestein wird, desto basischer werden auch die Plagioklase, der Anorthitanteil im Mischkristall steigt also. Derartige Plagioklase kommen in Basalten und Gabbros vor. Zwischen dem Natriumfeldspat und dem Kaliumfeldspat besteht auch Mischbarkeit; die Gruppe wird Alkalifeldspäte genannt. In manchen geschichteten Gabbros bilden sich Lagen von Plagioklasen, meist Labradorit oder Bytownit, die praktisch frei von anderen Mineralen sind. Stellenweise gibt es auch Massen von Oligoklas bis Andesin. Das Gestein wird Anorthosit genannt. Albit wird gewöhnlich in Pegmatiten gefunden und in natriumreichen Laven, die man Spilite nennt. Manche sind der Ansicht, daß es sich hierbei um Verdrängungsvorgänge handelt. Plagioklase sind auch in Metamorphiten und detritischen Sedimenten sehr verbreitet. Schließlich kommt kalziumreicher Plagioklas in Steinmeteoriten und in vielen Mondgesteinen vor.

Feldspatvertreter

Die Feldspatvertreter sind ähnlich zusammengesetzt wie die Feldspäte, sind also auch Natrium- und Kalium-Alumosilikate. Sie enthalten nur weniger Kieselsäure.

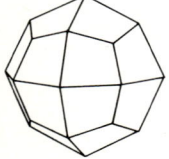

Leuzit: Ikositetraeder

Leuzit KAlSi₂O₆ [1, 2]

Kristallsystem: Tetragonal (pseudokubisch) bei Raumtemperatur, über 625 °C kubisch. **Habitus:** Die Kristalle sind immer Ikositetraeder. **Spez. Gewicht:** 2,5. **Härte:** 5,5–6. **Spaltbarkeit:** Sehr schlecht. **Bruch:** Muschelig. **Farbe und Transparenz:** Gewöhnlich weiß oder grau. Durchscheinend. **Glanz:** Glasglanz bis matt. **Erkennungsmerkmale:** Kristallform. **Vorkommen:** Analzim und Granat kristallisieren auch in Ikositetraedern; Analzim kommt aber typisch nur in Hohlräumen vor, und Granat ist nie weiß oder grau. **Zersetzung:** Leuzit zersetzt sich zu Pseudoleuzit, einem Gemenge von Orthoklas und Nephelin. **Vorkommen:** Leuzit kann nicht zusammen mit Quarz vorkommen und ist bei hohen Drücken instabil; dadurch sind die Bedingungen seines Vorkommens eingeschränkt. Typisch ist er für kaliumreiche, kieselsäurearme Laven, beispielsweise Trachyte und Phonolithe. Frischer Leuzit kann nicht in Intrusiva und in Metamorphiten vorkommen. Der Name bedeutet im Griechischen „weiß".

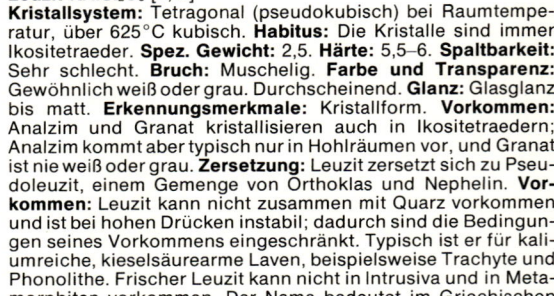

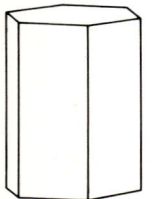

Nephelin

Nephelin NaAlSiO₄ [3, 4]

Kristallsystem: Hexagonal. **Habitus:** Kristalle gewöhnlich sechsseitige Prismen. Auch massiv und in einzelnen Körnern. **Spez. Gewicht:** 2,6–2,7. **Härte:** 5,5–6. **Spaltbarkeit:** Nach dem Prisma und der Basis schlechte Spaltbarkeit. **Bruch:** Muschelig. **Farbe und Transparenz:** Meist farblos, weiß oder grau, aber auch bräunlichrot oder grünlich. Durchsichtig bis durchscheinend. **Glanz:** Fettglanz bis Glasglanz. **Erkennungsmerkmale:** Fettiger Glanz, gelatiniert mit Salzsäure. **Vorkommen:** Nephelin ist für kieselsäurearme und alkalireiche Eruptivgesteine sowohl plutonischer als auch vulkanischer Genese typisch. Er wird daher in Nephelinsyeniten, Ijolithen und Phonolithen gefunden. Der Name wird von der griechischen Bezeichnung für Wolke hergeleitet und spielt darauf an, daß das Mineral bei Behandlung mit Säuren wolkig trüb wird.

Cancrinit (Na, Ca)₇ Al₆Si₆O₂₄ (CO₃, SO₄, Cl)₁,₅₋₂ · 1–5H₂O [5, 6]

Kristallsystem: Hexagonal. **Habitus:** Die seltenen Kristalle sind prismatisch. Gewöhnlich derb, gangförmig oder in einzelnen Körnern. **Spez. Gewicht:** 2,4–2,5. **Härte:** 5–6. **Spaltbarkeit:** Vollkommen nach dem Prisma. **Farbe und Transparenz:** Weiß, grau, gelb, blau. Durchsichtig bis durchscheinend. **Glanz:** Glasglanz, etwas nach Fettglanz hin. **Erkennungsmerkmale:** Farbe, Vorkommen. **Vorkommen:** Cancrinit tritt nur in sehr beschränktem Umfang auf. Er ist beschränkt auf Nephelinsyenite und begleitende Alkaligesteine. Er kommt auch in manchen Karbonatiten und an kontaktmetamorphen Kalken vor. Den Namen hat er zu Ehren von Graf G. Cancrin (1774–1845), einem russischen Finanzminister.

Sodalith Na$_8$Al$_6$O$_{24}$Cl$_2$ [1]
Kristallsystem: Kubisch. **Habitus:** Die seltenen Kristalle sind gewöhnlich Rhombendodekaeder. Gewöhnlich massiv, körnig. **Spez. Gewicht:** 2,3. **Härte:** 5,5–6. **Spaltbarkeit:** Schlecht nach dem Rhombendodekaeder. **Bruch:** Muschelig bis uneben. **Farbe und Transparenz:** Gewöhnlich himmelblau, auch rosa, gelb, grün oder grauweiß. Durchsichtig bis durchscheinend. **Glanz:** Glasglanz. **Erkennungsmerkmale:** Blaue Farbe; vom Lasurit durch die Art des Vorkommens und das Fehlen des bei jenem vorhandenen Pyrits zu unterscheiden. Zeigt im ultravioletten Licht oft rötliche Fluoreszenz. **Vorkommen:** Sodalith kommt zusammen mit Nephelin und Cancrinit in alkalireichen Eruptivgesteinen wie Nephelinsyeniten sowie in kieselsäurearmen Ganggesteinen und Laven vor.

Haüyn, Nosean:
Rhomboeder

Haüyn (Na, Ca)$_{4-8}$ Al$_6$Si$_6$O$_{24}$ (SO$_4$)$_{1-2}$ [2] – **Nosean Na$_8$Al$_6$ (SiO$_4$)$_6$ SO$_4$**
Kristallsystem: Kubisch. **Habitus:** Kristalle Rhombendodekaeder oder Oktaeder. Auch vereinzelte Körner. **Spez. Gewicht:** Haüyn 2,4–2,5. Nosean 2,3–2,4. **Härte:** 5,5–6. **Spaltbarkeit:** Schlecht nach dem Rhombendodekaeder. **Bruch:** Uneben. **Farbe und Transparenz:** Oft blau, auch grau, braun, gelbgrün. Durchsichtig bis durchscheinend. **Glanz:** Glasglanz in Fettglanz übergehend. **Erkennungsmerkmale:** Blaue Farbe, Paragenese. Haüyn, Nosean und Sodalith sind sehr ähnlich. **Vorkommen:** Haüyn und Nosean kommen in kieselsäurearmen Laven, beispielsweise Phonolithen, vor. Haüyn ist zu Ehren R. J. Haüy (1743–1822), eines französischen Mineralogen, benannt. Nosean erinnert an den deutschen Mineralogen K. W. Nose (1753–1835).

Lasurit (Lapislazuli) (Na, Ca)$_8$ (Al, Si)$_{12}$ O$_{24}$ (S, SO$_4$) [3, 4]
Kristallsystem: Kubisch. **Habitus:** Kristalle selten; Würfel oder Oktaeder. Gewöhnlich derb. **Spez. Gewicht:** 2,4. **Härte:** 5–5,5. **Bruch:** Uneben. **Farbe und Transparenz:** Himmelblau. Durchscheinend. **Glanz:** Glasglanz. **Erkennungsmerkmale:** Farbe, Paragenese mit Pyrit und Kalzit. **Vorkommen:** Lasurit ist in seiner Zusammensetzung dem Sodalith, Nosean und Haüyn ähnlich. Lapislazuli ist ein Gestein, das vorwiegend aus Lasurit besteht und als Edelstein sowie Schmuckstein sehr beliebt ist. Lapislazuli ist ein kontaktmetamorpher Kalk. Gepulverter Lasurit wurde früher als Ultramarin-Farbstoff verwendet.

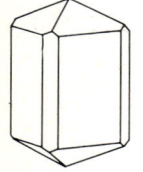

Skapolith

Skapolith-Gruppe (Na, Ca, K)$_4$ Al$_3$ (Al, Si)$_3$ Si$_6$O$_{24}$ (Cl, F, OH, CO$_3$, SO$_4$) [5, 6]
Kristallsystem: Tetragonal. **Habitus:** Prismatische Kristalle, oft mit unebenen Flächen. Meist aber massiv, körnig. **Spez. Gewicht:** 2,5–2,8 (mit steigendem Kalziumgehalt zunehmend). **Härte:** 5–6. **Spaltbarkeit:** Nach dem Prisma, in zwei Richtungen, gut. Diese verleiht dem Bruch massiven Skapoliths ein splittriges Aussehen. **Bruch:** Nahezu muschelig. **Farbe und Transparenz:** Meist weiß oder bläulichgrau. Auch rosa, gelb oder bräunlich. Durchsichtig bis durchscheinend. **Glanz:** Glasglanz bis Perlglanz. **Erkennungsmerkmale:** Skapolith reicht vom Natrium-Endglied Marialith zum Kalzium-Endglied Mejonit. Das säulige Aussehen, die blaugraue Farbe und die splittrige, faserige Spaltbarkeit sind nützliche Erkennungskriterien. **Vorkommen:** Skapolith kommt in Metamorphiten, vor allem in metamorphen Kalken, vor. Er kommt auch in Skarnen nahe vom Kontakt mit dem Eruptivgestein vor und als Ersatz von Feldspäten in durch Gase zersetzten Eruptivgesteinen.

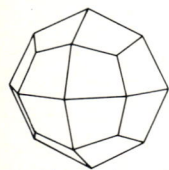

Analcim: Ikositetraeder

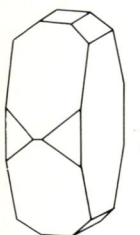

Heulandit

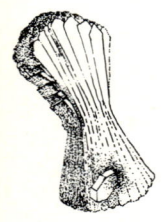

Stilbit: bündelförmiges
Aggregat

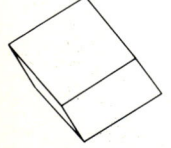

Chabasit: rhombo-
edrischer Habitus

Zeolithe

Die Zeolithe sind eine Mineralgruppe von Alumosilikaten, die nicht fest gebundenes Wasser enthalten. Dieses entweicht beim Erhitzen kontinuierlich. Einige kommen in Form faseriger Aggregate vor (Natrolith, Mesolith, Thomsonit), andere wieder bilden blättrige oder würfelige Kristalle (Stilbit, Heulandit, Harmotom und Chabasit).

Analcim NaAlSi$_2$O$_6$ · H$_2$O [1]
Kristallsystem: Kubisch. **Habitus:** Die Kristalle sind meist Ikositetraeder. Auch derbe Massen. **Spez. Gewicht:** 2,2–2,3. **Härte:** 5,5. **Spaltbarkeit:** Sehr schlecht nach dem Würfel. **Bruch:** Nahezu muschelig. **Farbe und Transparenz:** Farblos, weiß oder grau. Manchmal fleckig, Farbtöne von rosa oder gelb. Durchsichtig bis durchscheinend. **Glanz:** Glasglanz. **Erkennungsmerkmale:** Kristallform wie Leuzit, aber andere Art des Vorkommens. **Vorkommen:** Als primäres Mineral in kieselsäurearmen, alkalireichen Eruptivgesteinen und in der Grundmasse mancher Basalte. Mit Zeolithen als sekundäres Mineral in Hohlräumen von Basalten und in Sedimenten.

Heulandit (Na, Ca)$_{4-6}$ Al$_6$ (Al, Si)$_4$ Si$_{26}$ O$_{72}$ · 24H$_2$O [2]
Kristallsystem: Monoklin. **Habitus:** Die meist tafeligen Kristalle sind pseudorhombisch. **Spez. Gewicht:** 2,1–2,2. **Härte:** 3,5–4. **Spaltbarkeit:** Eine vollkommene Spaltrichtung. **Bruch:** Uneben. **Farbe und Transparenz:** Weiß, rosa, rot oder braun. Durchsichtig bis durchscheinend. **Glanz:** Glasglanz, parallel zur Spaltbarkeit Perlglanz. **Erkennungsmerkmale:** Tafelige, sargähnliche Kristalle. Glanz. **Vorkommen:** Mit Stilbit in Hohlräumen basaltischer Gesteine. Als Sekundärbildung in Sedimenten und als Zersetzunsprodukt vulkanischer Gläser.

Stilbit NaCa$_2$ (Al$_5$Si$_{13}$) O$_{36}$ · 14H$_2$O [3, 4]
Kristallsystem: Monoklin. **Habitus:** Bildet bündelähnliche Aggregate verzwillingter Kristalle. **Zwillingsbildung:** Verbreitet, ergibt kreuzförmige Durchdringungszwillinge. **Spez. Gewicht:** 2,1–2,2. **Härte:** 3,5–4. **Spaltbarkeit:** Eine vollkommene Spaltrichtung. **Bruch:** Uneben. **Farbe und Transparenz:** Weiß, bisweilen gelblich oder rosa, selten ziegelrot. Durchsichtig bis durchscheinend. **Glanz:** Glasglanz, auf den Spaltflächen Perlglanz. **Erkennungsmerkmale:** Aggregate bündelartig, Glanz. **Vorkommen:** In Basalten, oft zusammen mit Heulandit.

Harmotom BaAl$_2$Si$_6$O$_{16}$ · 6H$_2$O [7]
Kristallsystem: Monoklin. **Habitus:** Kristalle sind gewöhnlich Zwillinge von pseudorhombischem oder pseudotetragonalem Aussehen. **Zwillingsbildung:** Sehr verbreitet, Durchdringungszwillinge. **Spez. Gewicht:** 2,4–2,5. **Härte:** 4,5. **Spaltbarkeit:** Eine gute Spaltrichtung. **Bruch:** Uneben. **Farbe und Transparenz:** Weiß, auch gelblich oder rötlich. Nahezu durchsichtig bis durchscheinend. **Glanz:** Glasglanz. **Erkennungsmerkmale:** Kristallform, Vorkommen. **Vorkommen:** Oft zusammen mit Chabasit in Hohlräumen von Basalt.

Chabasit (Ca, Na$_2$) Al$_2$Si$_4$O$_{12}$ · 6H$_2$O [5, 6]
Kristallsystem: Trigonal. **Habitus:** Die rhomboedrischen Kristalle ähneln Würfeln. **Zwillingsbildung:** Verbreitet Durchdringungszwillinge. **Spez. Gewicht:** 2,0–2,1. **Härte:** 4,5. **Spaltbarkeit:** Schlecht nach dem Rhomboeder. **Bruch:** Uneben. **Farbe und Transparenz:** Meist weiß, gelb; auch rötlich bis rot. Durchsichtig oder durchscheinend. **Glanz:** Glasglanz. **Erkennungsmerkmale:** Rhomboedrische Form. Mit verdünnter Salzsäure keine Gasentwicklung. **Vorkommen:** In Hohlräumen basaltischer Gesteine.

Natrolith

Natrolith $Na_2Al_2Si_3O_{10} \cdot 2H_2O$ [1, 2]
Kristallsystem: Rhombisch, pseudotetragonal. **Habitus:** Nadelförmige Kristalle, häufig als divergentstrahlige Aggregate angeordnet. **Spez. Gewicht:** 2,2–2,3. **Härte:** 5. **Bruch:** Uneben. **Farbe und Transparenz:** Farblos oder weiß. Durchsichtig oder durchscheinend. **Glanz:** Glasglanz. **Erkennungsmerkmale:** Faseriger Habitus. **Vorkommen:** Typisch für Natrolith ist sein Vorkommen in Basalten und anderen Eruptivgesteinen, in Hohlräumen und auf Klüften. Mesolith [3] und Skolezit [4] sind Faserzeolithe ähnlicher Zusammensetzung und ähnlichen Vorkommens wie Natrolith. Sie sind monoklin, aber Mesolith ist pseudorhombisch und Skolezit pseudotetragonal. Diese drei im Handstück auseinanderzuhalten, ist schwierig.
Bekannt sind die schönen Vorkommen von Natrolith am Fuße des Hohentwiels im Hegau unweit des Bodensees. Dort sind die gelben, radialstrahligen Aggregate früher zur Ausschmückung eines Zimmers im Stuttgarter Schloß abgebaut worden.

Thomsonit $NaCa_2 (Al, Si)_{10} O_{20} \cdot 6H_2O$ [5]
Kristallsystem: Rhombisch, pseudotetragonal. **Habitus:** Nadelige Kristalle in strahligen oder divergentstrahligen Aggregaten. **Spez. Gewicht:** 2,1–2,4. **Härte:** 5–5,5. **Spaltbarkeit:** Zwei gute Spaltrichtungen. **Bruch:** Uneben. **Farbe und Transparenz:** Weiß, bisweilen mit rötlichem Farbton. Durchsichtig bis durchscheinend. **Glanz:** Glasglanz bis Perlglanz. **Erkennungsmerkmale:** Ähnlich wie Natrolith, doch gröber kristallin. Im Handstück schwierig von anderen Faserzeolithen zu unterscheiden. **Vorkommen:** Thomsonit kommt wie andere Zeolithe in den Hohlräumen von Laven vor und als Zersetzungsprodukt von Nephelin.

Laumontit $CaAl_2Si_4O_{12} \cdot 4H_2O$ [6]
Kristallsystem: Monoklin. **Habitus:** Kleine, prismatische Kristalle, oft mit schräger Begrenzung. Auch dicht oder als säulige oder radialstrahlige Aggregate. **Spez. Gewicht:** 2,2–2,3. **Härte:** 3–3,5. **Spaltbarkeit:** Gut nach dem Prisma und dem Pinakoid. **Bruch:** Uneben. **Farbe und Transparenz:** Weiß, bisweilen rötlich. Durchsichtig bis durchscheinend. **Glanz:** Glasglanz, auf den Spaltflächen Perlglanz. **Erkennungsmerkmale:** Laumontit verliert bereits an der Luft etwas von seinem Kristallwasser und zerfällt zu einem bröckeligen, kreideartigen Pulver, welches als das Mineral Leonhardit bekannt ist. **Vorkommen:** Laumontit kommt zusammen mit anderen Zeolithen in Hohlräumen und Klüften von Eruptivgesteinen vor. Es entsteht auch bei extrem milder Metamorphose in manchen Sedimenten und Tuffen. Laumontit ist nach G. Laumont benannt, der dieses Mineral entdeckte.
Die Zeolithe haben Eigenarten, die sie auch technisch interessant sein lassen. Einmal ist ihr Wasser nur sehr schwach gebunden, das heißt, schon bei geringfügiger Erhitzung ändert sich der Wassergehalt. War diese Erhitzung aber nicht zu hoch – etwa bis 300° C –, kann das Wasser ohne weiteres wieder eingebaut werden. Auch manche Kationen sind, bedingt durch die offene Struktur der Zeolithe, leicht einzubauen und wieder zu entfernen. Die Zeolithe sind so Modelle für die beispielsweise beim Wasserenthärten verwendeten Permutite gewesen.
Schließlich sind die eben erwähnten Hohlräume in der Struktur bei verschiedenen Zeolithen von unterschiedlicher, bei gleichen aber von gleicher Größe; sie können als „Molekularsiebe" verwendet werden.

Gesteine

Die Erde und ebenso der Mond und die Planeten sind aus einem Material aufgebaut, das wir Gesteine nennen. Gestein ist das Material, aus dem die Gebirge aufgebaut sind und auch der lockere Sand und Kies der Flüsse und Wüsten. Gesteine sind Aggregate von Mineralen. Der Petrologe jedoch (Petrologie ist die Wissenschaft von der Erkennung und Entstehung der Gesteine) ist nicht nur an dem Mineralbestand der Gesteine interessiert, er will auch ihre geologische Vergangenheit enträtseln. Auf Grund ihrer Untersuchungen wissen wir nicht nur viel über die Klimate und Landformen der Vergangenheit und über die frühere und jetzige Zusammensetzung unseres Planeten, wir können uns auch über die physikalischen Bedingungen, die im Inneren unseres Planeten herrschen, ein gutes Bild machen.

Die Gesteine in ihrer Gesamtheit werden üblicherweise in drei Gruppen eingeteilt: *Eruptivgesteine, metamorphe Gesteine* und *Sedimentgesteine.* Die Eruptivgesteine, auch Eruptiva genannt, entstehen durch Verfestigung von geschmolzenem Gesteinsmaterial. Durch Wärme und Druck verändern sich Eruptiva und Sedimentgesteine in metamorphe Gesteine, die auch Metamorphite genannt werden. Sedimentgesteine dagegen entstehen durch eine Anreicherung von Zersetzungsprodukten verschiedener Gesteine auf der Erdoberfläche.

Eruptivgesteine. Die sogenannte *Kruste* (s. Abb. 1) der Erde ist unter den Kontinenten etwa 35 km dick, während sie unter den Ozeanen nur eine Mächtigkeit von etwa 7 km erreicht. Sie wird vorwiegend von Gesteinen relativ niedriger Dichte gebildet. Unter dieser Kruste liegt eine Schale von Gesteinen höherer Dichte, die man den *Mantel* nennt. Dieser reicht bis in eine Tiefe von nahezu 3000 Kilometer. Ein großer Teil des Materials, das an der Erdoberfläche die Eruptiva bildet, entsteht in den obersten Teilen des Mantels. Man nennt es *Magma.* Das Magma wird nach heutigen Vorstellungen in erster Linie durch Druckentlastung mobil, wandert aus dem Mantel aufwärts in die Erdkruste und bildet Gesteinskomplexe, die man *Intrusiva* oder *Tiefengesteine* nennt. Erreicht das Magma aber gar die Erdoberfläche und ergießt sich über sie, nennt man es *Lava* oder *Effusivgestein.* Die überwiegende Mehrzahl der Laven besteht aus einem dunklen, ziemlich dichten Gestein, das man Basalt nennt.

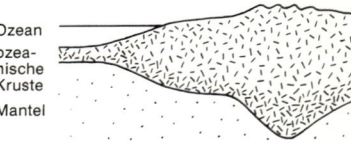

Abb. 1. Schnitt durch die Erdkruste

Während bei den Effusivgesteinen Basalt das häufigste Gestein ist, ist es bei den Intrusiva der Granit mit einer vom Basalt sehr unterschiedlichen Zusammensetzung. Man nimmt an, daß Granit auf zwei Wegen entstehen kann: entweder aus Basalt oder aber aus Gesteinen der Kruste. Wenn ein Basaltmagma im oberen Teil des Mantels oder in tieferen Teilen der Erdkruste zu kristallisieren beginnt, dann ist die chemische Zusammensetzung der Kristalle nicht die gleiche wie die Zusammensetzung des Magmas. Das heißt, die Schmelze hat eine andere chemische Zusammensetzung als die ursprüngliche Magma. Je weiter nun die Kristallisation des Magmas voranschreitet, desto größer wird der Unterschied zwischen der chemischen Zusammensetzung der Kristalle und derjenigen der Restschmelze. Wenn nun durch irgendeinen Mechanismus Schmelze und Kristalle voneinander getrennt werden, dann entstehen zwei Gesteinstypen sehr unterschiedlicher chemischer Zusammensetzung, deren jeder sich in seinem Chemismus auch vom Ausgangsmagma unterscheidet. Dieser Vorgang, den man Differentiation nennt, kann zu einem weiten Bereich verschiedener Gesteine führen, darunter auch solchen von granitischer Zusammensetzung.

Die andere und auch wohl wichtigere und häufigere Möglichkeit der Bildung eines Granites liegt in der Kruste selbst. Wenn Gebirgsketten gebildet werden, dann werden beachtliche Pakete von Krustengesteinen zusammengepreßt und übereinandergeschoben. Sehr wahrscheinlich wird dabei auch die Basis der unterliegenden Kruste in den Mantel hineingepreßt. Bei diesem Vorgang wird die Basis der Kruste auf Temperaturen erhitzt, die hoch genug sind, daß das Gestein ganz oder teilweise schmilzt und sich so ein neues Magma bildet. Dieses neue Magma hat die Zusammensetzung eines Granites, ist sehr mobil und bewegt sich innerhalb der Kruste nach höheren Niveaus hinauf. Dort erstarrt es und bildet große Granitintrusionen, wie man sie aus den meisten Gebirgsgürteln kennt. Die

Mehrzahl der Intrusiva entsteht nach einem dieser Vorgänge.

Die Erkennung und Benennung von Eruptiva erfordert eine Abschätzung der Korngröße und die Bestimmung der das Gestein aufbauenden Minerale sowie ihres Mengenverhältnisses. Weitere Hinweise erhält man durch die Farbzahl, Textur, Struktur und manchmal auch durch die gegenseitigen Beziehungen verschiedener Gesteine im Gelände. Die **Korngröße** wird durch den mittleren Durchmesser der Mineralkörner charakterisiert. Manche Gesteine zeigen in einer Grundmasse kleinerer Körner Einsprenglinge von großen Kristallen. In diesen Fällen werden zur Charakterisierung nur die kleinen Kristalle herangezogen. Abgesehen von den glasig erstarrten Gesteinen werden drei Korngrößen unterschieden: Bei *feinkörnigen* Gesteinen liegt die Korngröße im allgemeinen unter der Erkennbarkeit mit bloßem Auge, sie ist kleiner als etwa 0,1 mm. Bei *mittelkörnigen* Gesteinen ist mit freiem Auge wohl bereits jedes einzelne Korn zu erkennen, doch es fällt schwer, die einzelnen Minerale zu bestimmen. Die Korngröße liegt zwischen 0,1 bis etwa 1–2 mm. In den *grobkörnigen* Gesteinen schließlich können die einzelnen Körner nicht nur mit freiem Auge erkannt, sondern auch die Minerale bestimmt werden. Das ist bei einer Korngröße von über 1–2 mm der Fall. Die grobkörnigsten Gesteine haben Korndurchmesser von mehreren Zentimeter und werden zugleich im Hinblick

auf den Bildungsmechanismus pegmatitisch genannt.

Der **Mineralbestand** ist das wichtigste Kriterium eines Eruptivgesteins. Obzwar das Magma eine sehr komplexe Mineralschmelzlösung ist, werden die meisten Eruptiva aus sehr wenigen Mineralen zusammengesetzt, die nur einigen wenigen Mineralgruppen angehören: Quarz, Feldspäte und die Feldspatvertreter (sie sind helle Minerale und werden in ihrer Gesamtheit auch *felsisch* genannt) und die Pyroxene, Amphibole, Glimmer und Olivine (sie sind dunkel gefärbt und werden auch *mafisch* genannt). Alle hier angeführten Silikate, mit Ausnahme des Quarzes, sind innerhalb gewisser Grenzen in ihrer chemischen Zusammensetzung variabel. In geringen Mengen vorkommende Minerale werden akzessorische Minerale oder Bestandteile genannt. Sowohl die Korngröße wie auch die Art und das Mengenverhältnis der Minerale bestimmen den Namen des Gesteins. Muß man die ungefähre chemische Zusammensetzung eines bestimmten Minerals wissen, so erfordert das zumindest den Gebrauch eines Polarisationsmikroskops. Die folgende Zusammenstellung gibt den Mineralbestand und die Beziehungen der meisten auf den folgenden Seiten beschriebenen Eruptiva wieder.

Die **Farbzahl** eines Gesteins gibt dessen prozentualen Anteil an dunklen, mafischen Mineralen an. Sie reicht von 0–100.

Textur wird hier gebraucht für die Form, Anordnung und Verteilung der Minerale

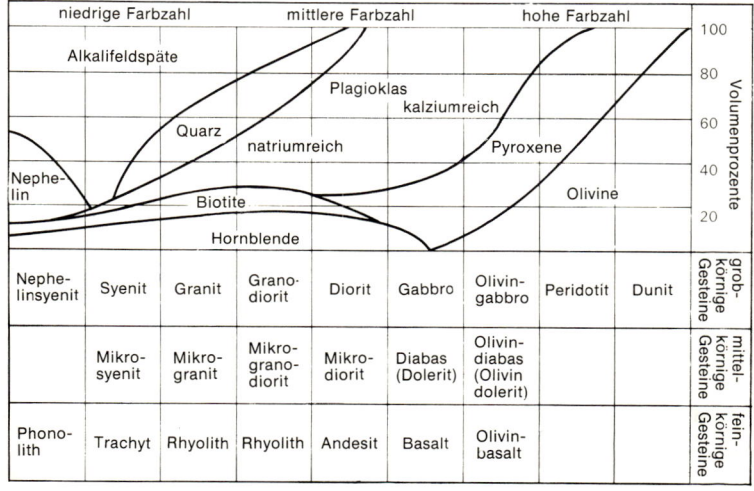

niedrige Farbzahl			mittlere Farbzahl			hohe Farbzahl		100
Alkalifeldspäte								80
			Plagioklas					60
		Quarz	kalziumreich					
			natriumreich		Pyroxene			40
Nephe-lin		Biotite				Olivine		20
		Hornblende						
Nephe-linsyenit	Syenit	Granit	Grano-diorit	Diorit	Gabbro	Olivin-gabbro	Peridotit	Dunit
	Mikro-syenit	Mikro-granit	Mikro-grano-diorit	Mikro-diorit	Diabas (Dolerit)	Olivin-diabas (Olivin dolerit)		
Phono-lith	Trachyt	Rhyolith	Rhyolith	Andesit	Basalt	Olivin-basalt		

(Rechts außen, von oben nach unten: Volumenprozente; grob-körnige Gesteine; mittel-körnige Gesteine; fein-körnige Gesteine)

innerhalb des Gesteins. In einer *körnigen* Textur, im speziellen der gleichkörnigen, haben alle Körner etwa die gleiche Form und Größe (s. S. 154). Bei einer *poikilitischen* Textur (s. S. 162) halten große Körner eines Minerals kleinere Körner eines anderen umschlossen. Wenn Pyroxene Einschlüsse von Plagioklasen zeigen, spricht man von einer *ophitischen* Textur. Bei einer *porphyrischen* Textur (s. S. 168) sind in einer feinkörnigen oder glasigen *Grundmasse,* auch Matrix genannt, große Körner von *Phänokristallen* oder *Einsprenglingen. Fluidal-Textur* oder *Fließtextur* (s. S. 166) liegt dann vor, wenn tafelige oder stengelige Kristalle sich so anordnen, wie das Magma geflossen ist. In glasigen Gesteinen wird diese Fließrichtung durch Strömungslinien und ebenso auch oft durch Bläschenzüge angezeigt.

Die **Struktur** bezieht sich mehr auf Eigenheiten ganzer Gesteinsmassen als nur auf diejenigen, die von der gegenseitigen Beziehung der einzelnen Körner abhängen. Bei einer *lagenförmigen* oder *gebänderten* Struktur (s. S. 160) enthält das Gestein Schichten unterschiedlichem Mineralbestand, die sich an der Oberfläche des Gesteins als Bänder unterschiedlicher Textur oder Farbe bemerkbar machen. Ein Gestein mit *vesikularer* Struktur (s. S. 170) enthält Hohlräume, Bläschen (vesicles). Sie kommen in Laven häufig vor und können kugelig, elliptisch oder röhrenförmig sein. Wenn die Bläschen mit sekundären Mineralen erfüllt sind, nennt man die Struktur *amygdaloidal* und die gefüllten Bläschen selbst *Mandeln.* Man spricht also bei uns von einer *Mandelsteinstruktur. Xenolithe* (s. S. 158) sind Bruchstücke von Fremdgesteinen, die in Eruptiva eingeschlossen sind. *Klüfte* sind Risse und Sprünge im Gestein, entlang welcher keine Bewegung stattfand. Lavaströme zeigen auch *säulige* Absonderung (S. 170).

Feldbeziehungen. Nach den Feldbefunden kann man die Eruptiva in drei große Gruppen unterteilen: *Vulkanische, extrusive* oder *effusive Gesteine* sind häufig

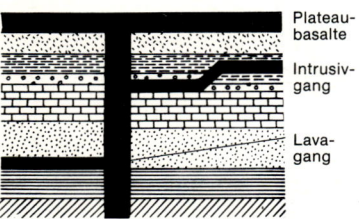

Abb. 2. Kleinere Eruptivgesteinsintrusionen

Plateau-
basalte

Intrusiv-
gang

Lava-
gang

glasig oder feinkörnig; sie sind für Lavaströme und Tuffe charakteristisch. *Hypabyssische* oder *Ganggesteine* sind meist mittelkörnig und werden in kleineren Intrusionen gefunden (Gänge, Lagergänge, Sills). Die *plutonischen Gesteine* oder *Tiefengesteine* schließlich sind meist grobkörnig und werden in größeren Intrusionen (Batholithe) gefunden.

Intrusivgesteine werden nach ihrer Form und ihren Beziehungen zum Nebengestein beschrieben (Abb. 2).

Kleinere Intrusionen. *Gänge,* exakter Lagergänge, sind tafelförmige Intrusionen, die senkrecht oder nahezu senkrecht stehen und die scharf die Schichtung oder die Faltung schneiden. In ihren Mächtigkeiten reichen diese Gänge von wenigen Zentimetern bis zu Hunderten von Metern. *Lagergänge* oder *Intrusionsgänge,* auch *Sills* genannt, sind tafelförmige Intrusionen, die im wesentlichen waagrecht liegen und der Schichtung oder Schieferung folgen. Ihre Mächtigkeit reicht von wenigen Zentimetern bis zu Hunderten von Metern. *Adern* oder auch *Gänge* sind unregelmäßig begrenzte Intrusionen, die bisweilen ein komplexes Netzwerk bilden.

Größere Intrusionen. Batholithe (Abb. 3) sind große, unregelmäßige Intrusionen im allgemeinen granitischer Gesteine, die einen in die Tiefe gehenden Kontakt haben und keine untere Begrenzung erkennen lassen. Durch die Verwitterung herauspräparierte Batholithe können Flächen von Hunderttausenden von Quadratkilometern bedecken. *Stöcke* sind

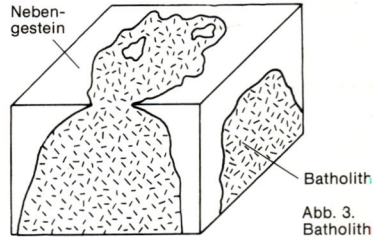

Neben-
gestein

Batholith

Abb. 3.
Batholith

kleine Batholithe, sonst aber diesen ähnlich.

Vulkanische Gesteine. *Vulkankegel* (Abb. 4) werden dann gebildet, wenn Lava und begleitende Pyroklastika (Lavafragmente) aus einem senkrechten, röhrenförmigen Förderweg, auch Pipe genannt, herausgeworfen werden. Ergießt sich Lava aber aus Spalten, dann können sich *Deckenergüsse* von erheblichen Ausmaßen bilden. Lava, die ins Meer fließt, kühlt schnell ab und ergibt dabei die auffällige

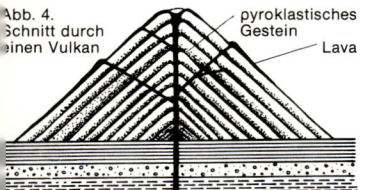

Abb. 4.
Schnitt durch
einen Vulkan

pyroklastisches
Gestein

Lava

Form der *Kissenlava,* auch vom Englischen her *Pillow-Lava* genannt (S. 170).
Metamorphe Gesteine. In die Erdkruste dringt nicht nur Magma ein; von Zeit zu Zeit ist sie seitlich gerichtetem Druck, Streß, unterworfen, der innerhalb von Kruste oder Mantel entstehen kann. Wenn er genügend groß wird, kann er zu Deformationserscheinungen führen, die sich in Falten und Verwerfungen manifestieren. Diese Kräfte sind oft entlang relativ enger, bogenförmiger Gürtel konzentriert. Üblicherweise geht damit Hand in Hand die Intrusion und Extrusion von Magma. So können Gebirgsketten entstehen. Innerhalb dieser Gebirge sind die Gesteine nicht nur beachtlichen Drücken unterworfen, sondern sie werden auch erwärmt, sowohl allgemein durch das Versenken in größere Tiefen als auch durch verschiedene Intrusionen von Magma. Der Effekt ist, daß diese Gesteine in verschiedenem Ausmaß deformiert und rekristallisiert werden. Solche Gesteine nennt man Metamorphite.
Mit dem Ausdruck *Regionalmetamorphose* beschreibt man den weitverbreiteten Effekt einer Metamorphose, die bei der Bildung von Gebirgen auftritt. Dabei werden Tausende von Quadratkilometern Gesteine dadurch metamorphosiert, daß sie in größere Tiefen versenkt werden.

Eine andere Art der Metamorphose ist die *Kontaktmetamorphose,* die in der Nachbarschaft von Intrusionen auftritt. Die Temperatur des Magmas ist zwar variabel, aber doch immer hoch. Im allgemeinen liegt sie im Bereich von 700–1100 °C. Dadurch wird das Nebengestein erhitzt, und Rekristallisation sowie Bildung neuer Minerale greifen um sich. Das Gebiet der so veränderten Gesteine,

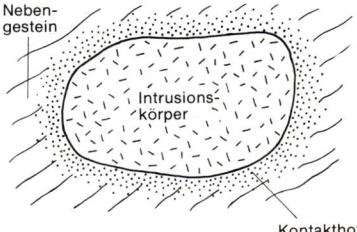

Neben-
gestein

Intrusions-
körper

Kontakthof

Abb. 5. Kontakthof
(kontaktmetamorphe Aureole)

die um eine Intrusion liegen, nennt man den *Kontakthof* oder auch, dem englischen Sprachgebrauch folgend, metamorphe Aureole (Abb. 5).
Die metamorphen Gesteine zeigen eine große Variationsbreite. Ebenso variabel können die *Ausgangsgesteine,* d. h. die Gesteine, aus welchen sie entstanden sind, sein. Die wichtigsten Typen von metamorphen Gesteinen und die Art der Ausgangsgesteine sind in der folgenden Tabelle zusammengestellt. Die Ausdrücke ,,niedrig'', ,,mittel'' und ,,hoch'' beziehen sich auf die Intensität der Metamorphose, welcher diese Gesteine unterworfen wurden.

Ausgangs-gestein	Regionalmetamorphose			Kontakt-meta-morphose
	niedrig	mittel	hoch	
Sandstein, Quarz	Quarzschiefer	Quarzit	Quarzit	Quarzit
Grauwacke	Schiefer	Schiefer	Gneis, Granulit	
Kalk, rein	Marmor	Marmor	Marmor	Marmor
Kalk, unrein	Kalkschiefer	Kalksilikatfels	Gneis	Kalksilikat-fels
Schieferton Schlammstein	Tonschiefer Phyllit	Schiefer	Gneis, Granulit	Hornfels
Diabas, Basalt	Grünschiefer	Amphibolit	Amphibolit, Charnockit, Eklogit	basischer Hornfels

Textur. Da die Minerale der Metamorphite in festem Zustand wachsen, werden sie in ihrem Wachstum durch die sie umgebenden Minerale behindert. Auch wachsen sie oft unter hohen Drücken. Diese beiden Faktoren geben den Metamorphiten ihre charakteristischen Texturen. Die verbreitetsten metamorphen Gesteine sind: *Tonschiefer* ist ein feinkörniges Gestein mit einer deutlichen Teilbarkeit oder ,,Schieferung", entlang welcher er in dünne Schichten aufgespaltet werden kann (s. S. 178). *Phyllit* ist etwas grobkörniger als Tonschiefer, doch ebenfalls feinkörnig, mit einem Silberglanz oder grünlichen Schimmer auf der Oberfläche der Schieferungsebenen. *Schiefer* ist ein grobkörniges Gestein mit deutlicher Schichtung, die durch blättchenförmige oder durch stengelige Minerale bedingt ist. Auf den Zwischenschichtflächen sind oft Äderchen von Quarz oder Feldspat (s. S. 180). *Gneis* ist ein grobkörniges Gestein, welches in erster Linie aus Quarz und Feldspat besteht und eine deutliche, oft unregelmäßige Schichtung erkennen läßt (s. S. 190). *Hornfels* ist ein hartes, im allgemeinen feinkörniges, flach texturiertes Gestein, das bei der Kontaktmetamorphose entsteht.

Andere wichtige Ausdrücke zur Beschreibung der Textur sind: *granoblastisch,* wenn alle Minerale mehr oder weniger die gleiche Korngröße haben (s. S. 188); *porphyroblastisch,* wenn in einer feinkörnigen Grundmasse große, meist gut begrenzte Kristalle, die *Porphyroblasten,* sind (s. S. 174); *poikiloblastisch* entspricht porphyroblastisch, nur daß in den Poikiloblasten zahllose Einschlüsse eines oder mehrerer anderer Minerale sind (s. S. 174).

Struktur. Bei den Metamorphiten kann man zwei Strukturtypen unterscheiden: eine Reliktstruktur, die noch von dem ursprünglichen Sediment oder Eruptivgestein herrührt und die Metamorphose überdauert hat, und die neue Struktur, die durch die Metamorphose selbst dem Gestein aufgeprägt wurde.

Reliktstrukturen können bisweilen schon im Handstück als Schichtung erkannt werden oder aber daran, daß eine Folge von verschiedenen Metamorphiten die Variation der ursprünglichen Folge sedimentärer Gesteine widerspiegelt. Andere Sedimentstrukturen, wie ,,graded bedding", Kreuzschichtung, Rippelmarken oder gar Fossilien, können auch gelegentlich erhalten bleiben. Die Reliktstrukturen von Eruptiva umfassen Gänge, feinkörnige Kontakte von Eruptiva, Kissenstruktur und Mandelsteinstruktur.

Die wichtigste neue metamorphe Struktur ist die Schieferung und die Faltung (s. S. 178). Bei Schieferung können Gesteine wie Schiefer entlang paralleler Flächen gespalten werden. Sie ist ein Ergebnis von Druck oder der *Dynamometamorphose* und kreuzt normalerweise die Schichtung. In Schiefern, die nur in geringem Ausmaß gefaltet wurden, schneidet die Schieferung häufig in den Falten die Schichtung. Wärme und hoher Druck steigern die Plastizität der Gesteine so, daß es mehr zu *Faltungen* kommt als zu Bruchvorgängen, zu Verwerfungen. Die Falten reichen von kleinen Verbiegungen, wie sie in Phylliten üblich sind, über kleine Falten im Bereich von Zentimetern oder Metern bis zu solchen, die mehrere Kilometer weit sein können. Die Art dieser Falten ist ebenfalls sehr variabel (s. S. 180).

Mineralbestand. Bei der Metamorphose ist wahrscheinlich die Temperatur der wichtigste Faktor. Mit steigender Temperatur, auch wenn noch keine Schmelzen auftreten, finden unter den Komponenten eines Gesteins chemische Reaktionen statt, und neue Minerale werden gebildet. In einem Gestein einer bestimmten chemischen Zusammensetzung werden bei verschiedenen Temperaturen verschiedene Minerale gebildet, so daß der Mineralbestand des Gesteins oft einen Hinweis auf die Bildungstemperatur oder den *Grad der Metamorphose* gibt. Gesteine der Kontaktmetamorphose und der Regionalmetamorphose haben signifikante Unterschiede in ihrem Mineralbestand; das mag daher rühren, daß bei der Kontaktmetamorphose im allgemeinen niedrigere Drücke auftreten.

Ausgangsgestein	niedrig	mittel	hochmetamorph
pelitische Gesteine (Tonschiefer, Schlammstein)	Chlorit	Biotit, Granat	Staurolith, Kyanit, Sillimanit
unreine Kalke	Kalzit, Epidot, Tremolit		Diopsid, Olivin, Grossular
Diabas / Basalt	Chlorit	Hornblende	Granat

Die Variation im Mineralbestand regionalmetamorpher Gesteine ist ziemlich komplex. In der folgenden Tabelle sind einige wichtige Minerale mit dem Grad der Metamorphose, bei welcher sie entstanden sind, angegeben. Es ist hervorzuheben, daß meist die Gesteine auch andere Minerale enthalten. Zuweilen bleiben die „Index-Minerale" auch bei einer höhergradigen Metamorphose stabil. Bei den höchsten Graden der regionalen Metamorphose werden die Gesteine plastisch, die Minerale trennen sich und bilden gebänderte Strukturen, wie sie für Gneise typisch sind. Diese Gesteine nähern sich dem Bereich, da sie zu schmelzen beginnen und stellen so einen Übergang zu Eruptivgesteinen granitischer Zusammensetzung dar.

In der folgenden Tabelle sind die wichtigsten Minerale der kontaktmetamorphen Gesteine zusammengestellt:

Ausgangsgestein	metamorphes Äquivalent	Minerale, eines oder mehrere der genannten
pelitische Gesteine	Hornfels	Biotite, Andalusit, Granat, Cordierit, Hornblende, Pyroxene, Sillimanit, Feldspat
unreine Kalke	Marmor, Kalk-silikatschiefer	Kalzit, Dolomit, Tremolit, Phlogopit, Forsterit, Diopsid, Grossular, Vesuvian, Wollastonit
Diabase oder Basalte	basische Hornfelse	Chlorit, Hornblende, Granat, Biotit, Feldspäte

Metasomatose. Obzwar die meisten Änderungen bei der Metamorphose in festem Zustand vor sich gehen, gibt es doch oft einen Materialtransport durch das Gestein hindurch, den Lösungen bewirken. Dieser Vorgang, bei welchem ein Gestein verändert wird, indem unter Mitwirkung von Lösungen Material hinzu- und/oder weggeführt wird, heißt *Metasomatose.* Manche Metamorphite verdanken zum Teil wenigstens diesem Vorgang ihre Entstehung. Gute Beispiele für diesen Prozeß findet man oft an den Kontakten metamorphosierter Kalke. Die Zuführung von Material führt hier zur Bildung von *Skarnen,* in denen man oft sehr viele und schöne Minerale finden kann.

Sedimentgesteine. Sedimente entstehen durch Vorgänge auf der Erdoberfläche, die ständig der Verwitterung und der Erosion durch Regen, Flüsse, Wind und Eis unterliegt. Diese physikalischen Vorgänge werden von chemischen Vorgängen begleitet. Sie sind an das Wasser gebunden, das auch die dichtesten Gesteine durchdringt und zu ihrem Zerfall führt. Die Zerfallsprodukte werden vor allem durch Flüsse, aber auch durch den Wind und in höheren geographischen Breiten auch durch das Eis abtransportiert. Das nun *Sediment* genannte Material wird an Flußmündungen, in Seen oder im Meer abgelagert. Durch Anhäufung solchen Materials, in manchen Fällen in einer Mächtigkeit bis zu mehreren Kilometern, entstehen die Sedimentgesteine.

Sedimentgesteine anderer Art werden durch die ungeheueren Mengen im Wasser gelöster Stoffe gebildet. Diese werden neben den festen Zerfallsprodukten der Gesteine dem Meer zugeführt. Durch Verdunstung des Wassers gerade in ariden Klimazonen werden diese Lösungen immer konzentrierter, und schließlich fallen sedimentäre Gesteine aus, die man als *Evaporite* bezeichnet. Auch der Ausdruck *chemische Sedimente* ist hier als Oberbegriff, der weitere Gruppen mit umfaßt, üblich.

Eine weitere Gruppe entsteht dadurch, daß Hartteile von Tieren, wie Muscheln und Korallen, die im wesentlichen aus Kalziumkarbonat bestehen, angereichert werden.

Wenn man Sedimente im Gelände untersucht, muß man Textur, Korngröße, Struktur, Mineralbestand und bisweilen auch die Farbe sowie die gegenseitige Beziehung im Gelände in Betracht ziehen. Bei der Klassifikation, die im vorliegenden Buch benützt wird, werden die Sedimente entsprechend ihrer Entstehungsart in drei große Gruppen eingeteilt: *Mechanische Sedimente* sind in fester Form durch Wasser, Wind oder Eis transportiert worden. Die *chemischen Sedimente* sind durch Fällung gelöster Stoffe und bisweilen durch den chemischen Ersatz eines Minerals durch ein anderes entstanden. Die *organogenen Sedimente* werden durch Anreicherung organischen Materials pflanzlicher oder tierischer Herkunft gebildet. Die weitere Unterteilung aller drei Gruppen zeigt die umseitig folgende Tabelle.

Eine neue Art von Sedimenten kennen wir vom Mond. Sie entstehen in erster Linie durch den Einschlag von Meteoriten.

Mechanische Sedimente		Chemische Sedimente	Organische Sedimente
grob-körnig	Brekzie, Konglomerat, Tillit	kalkig: Kalktonstein, oolithischer und pisolithischer Kalk (teilweise), Dolomit, Travertin	kalkig: biogene Kalke, oolithische und pisolithische Kalke (teilweise)
mittel-körnig	Sandstein, Orthoquarzit, Kies	kieselig: Flint, Feuerstein	kohlig: Kohlen
fein-körnig	Siltstein, Grauwacke, Schlammstein, Schieferton	eisenhaltig: Eisenstein	phosphatisch: Phosphatgesteine (teilweise)
		salinar: Steinsalz, Gips	
		phosphatisch: Phosphatgesteine (teilweise)	

Textur. Die Korngrößenkategorien sind: *grob,* über 2 mm (Kies); *mittel,* 2–1/16 mm (Sand); *fein,* von 1/16 bis 1/256 mm (Silt); die Korngrößen unter 1/256 mm nennt man Tone.

Es gibt noch eine ganze Reihe anderer Klassifikationen der Korngrößen, wobei vor allem auf die in Deutschland wohl vorherrschende von 0,002 / 0,2 / 2,0 mm für die entsprechenden Korngrößenklassen hingewiesen sein soll. Unter 0,002 mm sprechen wir von Ton, bis 0,06 mm von Silt, bis 2 mm von Sand, bis 200 mm von Kies. Was darüber liegt, wird als Block-werk bezeichnet. Eine andere Teilung geht davon aus, daß man die Sedimente von Durchmessern kleiner als 0,02 mm als *Pelite* bezeichnet; hier herrschen Mine-ralneubildungen vor. Von 0,02–2 mm sprechen wir von *Psammiten;* detritische Mineralkörner herrschen vor. Über 2 mm sind es *Psephite;* hier dominieren Ge-steinsbruchstücke.

Die Kornform der mittel- und grobkörni-gen Sedimente ermöglicht einige Aussa-gen über ihre Entstehung. So ist es un-wahrscheinlich, daß eckige Körner weit transportiert wurden, während gerundete Körner auf einen beachtlich weiten Transportweg schließen lassen. Sind die Körner nahezu kugelig und poliert, so sind sie oft durch Wind verfrachtet wor-den. Auch der Bereich der Korngrößen innerhalb eines Sediments ist von Bedeu-tung. Ist dieser Bereich klein, d. h. haben alle Körner etwa die gleiche Größe, dann wurde das Sediment gut aufgearbeitet und durch Strömungen gut sortiert. Ist der Korngrößenbereich aber weit, liegt also eine schlechte Sortierung vor, so heißt dies, daß das Sediment wahrschein-lich schnell abgelagert wurde, oder im Falle der Grauwacke (s. S. 194) und eines Tillits, deutsch auch Geschiebelehm ge-nannt (s. S. 192), daß es durch einen spe-ziellen Mechanismus abgelagert wurde.

Struktur. Gerade strukturelle Eigenarten kann man in weitem Ausmaß im Gelände beobachten. Sie sind besonders informa-tiv darüber, in welchem Medium das Se-diment abgelagert wurde. Im folgenden werden einige der am häufigsten beob-achteten Strukturen beschrieben.

Die *Schichtung* ist bei Sedimentgestei-nen allgemein verbreitet; sie ist durch eine lagenweise Änderung der Textur und des Mineralbestandes entstanden. Die einzelnen Schichten werden etwa gleich-zeitig in etwa horizontaler Lage abge-setzt, wenn auch später die Gesteine Fal-tungen unterworfen wurden. Schichten, die etwa im Zentimeterbereich liegen, nennt man *Lagen,* während dünnere *Lamellen* oder *Blättchen* genannt wer-den. Die Oberfläche, die eine Schicht von der anderen trennt, heißt *Schichtfläche.* Einen Komplex von Schichten eines Ge-steins, der auf der geologischen Karte abgegrenzt werden kann, nennt man eine *Formation.*

Bei *Schrägschichtung* (current bedding) sind die Schichten so geneigt, daß sie nach einer Richtung hin auskeilen, nach der anderen aber abgeschnitten sind. Die abgeschnittene Oberfläche ist durch lo-kale, gleichzeitige Erosion bedingt (s. Diskordanz). Einzelne schräg geschich-tete Einheiten können in ihrer Mächtig-keit vom Zentimeter bis zum Meter rei-chen. Schrägschichtung entsteht, wenn ein Sediment, gewöhnlich Sand, durch Wind oder Wasser transportiert wird und auf einer schrägen Fläche, beispielsweise dem Seeboden an einer Flußmündung oder der windabgewandten Seite einer Düne, abgelagert wird. Die einzelnen Schichten keilen aus und sind in Strömungsrichtung geneigt, so daß die ursprüngliche Strömungsrichtung von Wind und Wasser bestimmt werden kann (s. S. 194).

Bei der *abgestuften* oder *gradierten Schichtung* (graded bedding) ändert sich die Korngröße von grob an der Basis nach fein am oberen Ende der Schicht. Diese Art der Schichtung entsteht, wenn bei großen Mengen von Sedimenten die groben Teile schneller abgelagert werden und sich an der Basis anreichern, das feinere Material aber noch in Schwebe bleibt und später im obersten Teil der Schichten abgelagert wird (s. Grauwacke, S. 194). Bei stark gefalteten Gesteinen läßt sich so leicht bestimmen, wo früher oben und unten war.

Die *schuppenförmige Abrutschungsschichtung* (slump bedding) stellt eine gefaltete und gekrümmte Struktur dar, die durch das Abgleiten oder Abschuppen von nassen, frisch sedimentierten Sedimenten entlang einem Hang in Richtung zum Meeresboden hin entsteht; sie ist häufig mit gradierter Schichtung verknüpft. Der Vorgang selbst ist als Suspensionsstrom (turbidity current) im Meer sehr häufig.

Rippelmarken sind im allgemeinen auf den Schichtflächen zu sehen. Sie entstehen durch die Bewegung von Wind oder Wasser über das Sediment hinweg als parallele Furchen. Ein Schnitt durch die einzelne Rippelmarke zeigt gewöhnlich Schrägschichtung (s. S. 194).

Diskordanz in einer Gesteinsfolge bedeutet, daß in der Sedimentation eine Unterbrechung eintrat, während welcher das Gestein der Erosion anheimfiel; anschließend schritt die Sedimentation weiter fort. Manchmal kann die Zeitspanne der Erosion so kurz gewesen sein, daß jüngere und ältere Sedimente parallel geschichtet sind; man spricht dann schon bisweilen von einer *Erosionsdiskordanz*. Manchmal kann aber diese Sedimentationslücke sehr groß gewesen sein. Dann trat nicht nur bei dem abgelagerten Gestein eine beachtliche Erosion ein; es kann sogar sein, daß es gefaltet wurde, ehe jüngere Sedimente abgelagert wurden. Solche Diskordanzen können bisweilen über weite Entfernungen verfolgt werden und sind ein wertvolles Hilfsmittel zur zeitlichen Korrelation verschiedener Gesteine. Sie zeigen an, daß es zwischen Land und Meer zu relativen Bewegungen kam (Abb. 6).

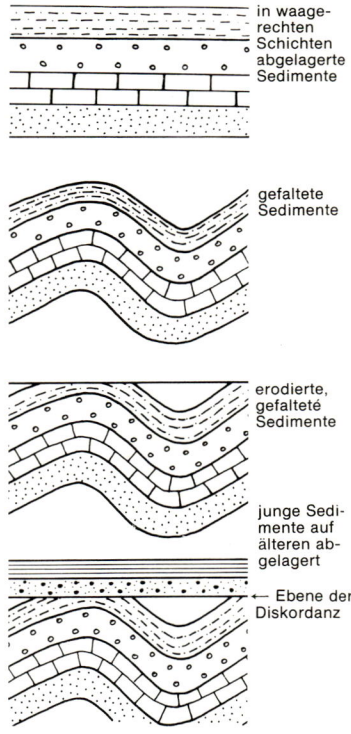

in waagerechten Schichten abgelagerte Sedimente

gefaltete Sedimente

erodierte, gefaltete Sedimente

junge Sedimente auf älteren abgelagert

← Ebene der Diskordanz

Abb. 6. Entwicklung einer Diskordanz

Mineralbestand. Obzwar es eine weite Variationsbreite in der chemischen und mineralogischen Zusammensetzung von Sedimenten gibt, ist diese für die Identifikation und Klassifikation der Gesteine im Gelände nicht so wichtig, wie bei den Eruptiva und Metamorphiten. Um die Minerale der Sedimente identifizieren zu können, sei der Leser auf den Abschnitt über Minerale (S. 6 ff.) verwiesen.

Feldbeziehungen. Wenn man die Gesteine im Gelände untersucht, sollte man auch ihre Beziehungen zu angrenzenden und benachbarten Gesteinsgruppen beachten. Dadurch kann man das Milieu, in welchem sie abgelagert wurden, erkennen und feststellen, ob sie sich geändert haben. Dieses wieder sagt uns etwas über die Geographie des Gebietes zur Zeit der Bildung der Sedimente (Paläogeographie).

Eruptivgesteine

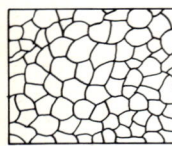

Körnige Textur

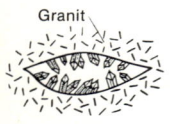

Druse mit Quarz-
kristallen

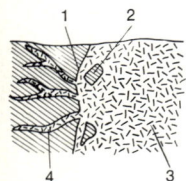

Kontakt von Granit
mit Nebengestein.
1 Intrusivkontakt;
2 Xenolith (Fremd-
gesteinseinschluß);
3 Granit; 4 Gänge
(Apophysen) von Gra-
nit im Nebengestein

Granit [1, 2, 3, 4]

Farbe: Meist in Farbtönen von weiß, grau, rosa und rot, gewöhnlich aber gesprenkelt in Kombinationen der genannten
Farben. **Farbzahl:** 0–30. **Korngröße:** Grobkörnig bis extrem
grobkörnig. Über weite Entfernungen konstant. **Textur:**
Gewöhnlich körnig, meist porphyrisch. Die Phänokristalle sind
immer Feldspäte und zeigen Kristallflächen. Sie erreichen
Durchmesser bis zu etwa 10 cm und sind bisweilen in der Fließrichtung des Magmas angeordnet. Nicht selten sind Granite dadurch schuppig ausgebildet, daß Minerale wie Glimmer oder
Hornblenden parallel angeordnet sind. **Struktur:** Die Homoge-
nität ist für Granite typisch; sie können aber bisweilen gebändert aussehen (s. Gneis, S. 190). Fremdgesteinseinschlüsse
(Granit mit Xenolith [2]) sind häufig, Drusen nicht selten. Es sind
dies unregelmäßig begrenzte Hohlräume, in welchen man häufig gut ausgebildete Kristalle von Quarz, Feldspat und anderen
Mineralen finden kann. Adern und Gänge von Mikrogranit,
Quarzporphyr und Pegmatit durchsetzen häufig den Granit.
Mineralbestand: Immer ist Alkalifeldspat mit oder ohne saue-
rem Plagioklas, meist Oligoklas, anwesend, ebenso Quarz, des-
sen Gehalt mindestens zehn Volumenprozent betragen muß.
Die Feldspäte sind weiß oder rosa. Treten beide Farben auf,
dann ist der farblose, weiße Feldspat der Plagioklas, der rosa
Feldspat der Alkalifeldspat. Ist mehr Plagioklas vorhanden als
Alkalifeldspat, dann handelt es sich um einen Granodiorit. Biotit
(Biotit-Granit [3]) und/oder Muskowit (Muskowit-Granit [1],
Biotit-Muskowit-Granit) sind meist zugegen, Hornblende
kommt auch vor [4]. Die wichtigsten akzessorischen Gemengteile sind Apatit, Titanit, Zirkon und Magnetit; aus Graniten
wurde aber noch eine ganze Reihe anderer akzessorischer
Minerale beschrieben. **Lagerungsverhältnisse:** Batholithe,
Stöcke von unregelmäßiger und von kreisförmiger Begrenzung,
Intrusivgänge, Gänge. Die meisten dieser Intrusivkörper haben
einen scharfen Kontakt zum Nebengestein, welches sie deutlich
schneiden und einer Metamorphose unterwerfen. Sind die Gra-
nitgebiete tief erodiert und sitzen sie in Gebieten von Metamorphiten, dann kann auch ein allmählicher Übergang von Granit
über gefalteten Granit, Granitgneis zum Gneis erkennbar sein.
In diesen Fällen dürfte der Granit oft metamorphen Ursprungs
sein. Bei scharfem Kontakt ist das Gestein nahe am Kontakt
feinkörniger, weil es dort schneller abkühlte als im Kern. Unregelmäßige Gänge oder *Apophysen* strahlen in das Nebengestein aus. Wenn Granit verwittert, bilden sich Tonminerale, vor
allem Kaolin und Quarz. Er ist aber auf der anderen Seite oft sehr
widerstandsfähig gegen Verwitterung und bildet gerundete
Ausbisse sowie Hügel.

Granodiorit

Farbe: Grau dominiert. **Farbzahl:** Häufig ein klein wenig höher
als bei Granit. **Korngröße und Textur:** Wie bei Granit. **Mineralbestand:** Plagioklas, ein Oligoklas bis Andesin, überwiegt den
Alkalifeldspat. Sonst wie Granit. **Lagerungsverhältnisse:** Wie
bei Granit. Innerhalb der Granite sind die Granodiorite die häufigsten Gesteine und wahrscheinlich auch die am häufigsten
vorkommenden Intrusiva.

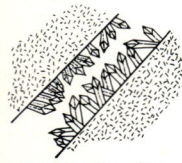
Pegmatit mit großen
Kristallen am Salband

Granitpegmatit [1, 2, 4]

Farbe: Weiß, rosa und rot, doch allgemein unregelmäßig gefärbt, da die einzelnen Kristalle sehr groß sind. **Korngröße:** Sehr grobkörnig bis riesenkörnig. Deshalb ist pegmatitisch auch als Korngrößenbezeichnung für extrem große Kristalle in Gebrauch. Aus Pegmatiten wurden riesige Kristalle beschrieben, so ein 14 Meter langer Spodumenkristall aus den Black Hills, Süd-Dakota, und Beryll-Kristalle von mehr als 6 Meter Länge vom gleichen Fundpunkt. **Textur:** Die extremen Korngrößen sind für Pegmatite auffällig; trotzdem ist die Korngröße etwas variabel, und es gibt auch feinkörnigere Partien. Die Kristalle sind häufig parallel oder nahezu parallel zueinander angeordnet und immer senkrecht zur Begrenzung des Intrusivkörpers. Nicht selten findet man schriftgranitische Verwachsungen (Schriftgranit [2]). Diese entstehen dadurch, daß in einem Alkalifeldspat längliche Quarzkristalle orientiert so eingewachsen sind, daß das Bild einer Keilschrift entsteht. **Mineralbestand:** Alkalifeldspat, Quarz und häufig Muskowit. Als akzessorische Minerale treten die gleichen auf wie im Granit. Sie sind sehr reichhaltig. Als besonders typische Beispiele seien Beryll, Biotit, Kupferkies, Korund, Fluorit, Bleiglanz, Magnetit, Oligoklas, Allanit, Pyrit, Magnetkies, Rutil, Titanit, Spodumen, Topas und Zirkon genannt (turmalinführender Pegmatit [1]). **Lagerungsverhältnisse:** Gänge, Adern und unregelmäßige Segregate, die meist nicht von sehr großen Ausmaßen sind. Gerne kommen Pegmatite in den äußeren Partien eines Plutons oder gar in seinem Nebengestein vor. Die Pegmatite entstehen erst dann, wenn der größte Teil der Schmelze auskristallisiert ist; in ihnen sind leichtflüchtige Gemengteile des Magmas sowie seltene Elemente angereichert. Sie sind daher eine sehr wichtige Quelle für manche Minerale, und werden auf diese auch abgebaut. Sehr viele verschiedene und auch schöne Kristalle kommen in Pegmatiten vor, die so eine Quelle für extrem schöne Minerale sein können.

Alkaligranit [3]

Farbe: Weiß, grau und rosa. **Farbzahl:** 0–30. **Korngröße:** Grob. **Textur:** Ähnlich wie Granit, aber selten schuppig. **Struktur:** Ähnlich wie Granit, aber Fremdgesteinseinschlüsse seltener. **Mineralbestand:** Mehr als 10 % Quarz, dazu Alkalifeldspat. Charakteristisch ist das Auftreten eines alkalireichen Pyroxens (Ägirin) und/oder eines alkalireichen Amphibols (beispielsweise Riebeckit [3]). Auch Biotit kann vorkommen. **Lagerungsverhältnisse:** Stöcke unregelmäßig und rund, Lagergänge und Gänge. Alkaligranite sind wesentlich seltener als Granite und Granodiorite und bilden auch nicht so große Intrusionen wie diese. Sie kommen auch nicht, wie die normalen Granite, in Gebirgen vor, sondern in stabileren Partien der Kontinente.

Syenit [1]

Farbe: Rot, rosa, grau oder weiß. **Farbzahl:** 0–40. **Korngröße**
Grobkörnig bis pegmatitisch. **Textur:** Gewöhnlich gleichkörnig
aber auch porphyrisch mit oder ohne Fließtextur. Im wesentli
chen ähnlich dem Granit. **Struktur:** Häufig Drusenhohlräume
Mineralbestand: Alkalifeldspat mit oder ohne Plagioklas (Alb
oder Oligoklas), dazu gewöhnlich Biotit, Amphibol oder Pyro
xen. Kann bis zu 10 % Quarz enthalten, wenn er in Granit über
geht, und bis zu 10 % Nephelin, wenn er in Nephelinsyenit über
geht. **Lagerungsverhältnisse:** Stöcke, senkrechte oder waag
rechte Gänge. Kann sowohl selbständige Intrusionen bilden al
auch in Granit übergehen. Als selbständige Intrusion ist er meis
nur wenige Kilometer groß. Syenit ist nicht sehr verbreitet.

Nephelin-Syenit [2]

Farbe: Gewöhnlich grau, doch auch Farbtöne von grün, ros
oder gelb. **Farbzahl:** 0–30. Gelegentlich reicher an dunkle
Gemengteilen. **Korngröße:** Grob, bisweilen pegmatitisch. **Tex**
tur: Gleichkörnig, porphyrisch mit oder ohne Fluidaltextur. Di
Phänokristalle sind immer Feldspat oder Nephelin. **Mineralbe**
stand: Alkalifeldspat mit oder ohne Plagioklas (Albit oder Ol
goklas), dazu oft Alkalipyroxen oder Amphibol oder/und Bioti
Akzessorisch kommen oft Cancrinit und Sodalith vor, doc
werden eine ganze Reihe seltener Minerale auch beschriebe
Lagerungsverhältnisse: Stöcke, senkrecht stehende ode
waagrecht liegende Gänge. Ist häufig mit anderen alkalireiche
Gesteinen vergesellschaftet, mit Gesteinen also, die viele, a
Natrium und Kalium reiche Minerale enthalten. Dazu gehöre
Syenite und Alkaligranite. Nephelin-Syenite sind relativ selten
Gesteine.

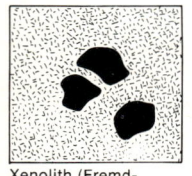

Xenolith (Fremd-
gesteinseinschluß)
in Eruptivgestein

Diorit [3, 4]

Farbe: Im Handstück schwarzweiß gesprenkelt, gelegentlic
auch Farbtöne von dunkelgrün oder rosa. Die dunklen Mineral
fallen mehr auf als im Gabbro. **Farbzahl:** 40–90, oft sehr variabe
bereits innerhalb kurzer Entfernungen. **Korngröße:** Grobkör
nig, bisweilen pegmatitisch. **Textur:** Gleichkörnig oder porphy
risch. Die Einsprenglingskristalle können Feldspäte oder Horn
blende sein. Diorite ändern über kürzeste Entfernungen ihr
Textur. So kann eine gleichkörnige Varietät innerhalb wenige
Zentimeter in eine porphyrische übergehen. Sind die Mineral
mehr oder weniger parallel angeordnet, so kann es zu eine
schuppigen Ausbildung kommen. **Struktur:** Fremdgesteinsein
schlüsse sind sehr verbreitet. **Mineralbestand:** Im wesentliche
Plagioklas (Oligoklas oder Andesin) und Hornblende. Auch Bic
tit oder Pyroxen können vorkommen. Alkalifeldspat und Quar
(Quarz-Diorite) kann man dann finden, wenn der Diorit in Gra
nodiorit übergeht. Als akzessorische Minerale treten übliche
weise Apatit, Titanit und Eisenoxide auf. **Lagerungsverhäl**
nisse: Bildet selbständige Stöcke und Gänge, kann aber auc
eine lokale Variante eines Granitmassivs sein oder auch eine
Gabbros, in welchen er unmerklich übergehen kann.

Pyroxen umschließt
Feldspatkristalle

Ophitische Textur

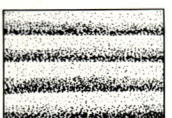

Geschichtete Struktur.
Die oberen Partien der
Schichten bestehen
überwiegend aus
leichten, die unteren
überwiegend aus
dunklen, schweren
Mineralen

Querschnitt durch
eine geschichtete
Gabbro-Intrusion

Gabbro [1, 3]

Farbe: Grau, dunkelgrün, schwarz. Kann auch bläulichen oder grünlichen Farbton haben. **Farbzahl:** 30–90; mit Zunahme der dunklen Minerale geht ein Gabbro in einen Pyroxenit und Peridotit über, mit Zunahme an hellen Mineralen in einen Anorthosit. **Korngröße:** Grobkörnig, bisweilen pegmatitisch. **Textur:** Körnig, porphyrische Textur selten. Ophitische Textur verbreitet. **Struktur:** Eine Schichtung oder Bänderung [3], bei der sich helle und dunkle Minerale abwechseln, kommt oft vor. Dabei können diese Bänder wenige Zentimeter oder mehrere Meter mächtig sein. Häufig pegmatitische Gänge oder Segregate. **Mineralbestand:** Im wesentlichen basischer Plagioklas (Labradorit oder Bytownit) und Pyroxen. Quarz (Quarz-Gabbro), Olivin (Olivin-Gabbro [1]) oder Hornblende können auch vorkommen. Verbreitete akzessorische Minerale sind Eisenoxide, Chromit und Serpentin. **Lagerungsverhältnisse:** Stöcke, senkrechte und waagrechte Gänge. Die einzelnen Intrusionen sind meist ziemlich groß, mehrere Kilometer Durchmesser sind die Regel. Selten gibt es sehr große, blattförmige Intrusionen, die man *Lopolithe* nennt und die einen Durchmesser von Hunderten von Kilometern haben können. Innerhalb solcher Intrusionen sind aber auch Gesteine wie Pyroxenite und Anorthosite von Bedeutung. Im Gelände sieht man oft eine lagenförmige Abfolge, die einem Stapel von Tellern ähnelt. Ist die Intrusion durch Bewegungen innerhalb der Erdkruste bedingt, wie Faltungen oder Verwerfungen, so beobachtet man oft, daß die einzelnen Lagen geneigt sind.

Anorthosit [2]

Farbe: Grau bis weiß. **Farbzahl:** Unter 10. **Korngröße:** Mittel- bis grobkörnig. **Textur:** Körnig. Stengelige Minerale kommen bisweilen in paralleler Anordnung vor, wodurch der Eindruck von dunklen Strichen und Flecken entsteht. **Struktur:** Ähnlich wie beim Gabbro kommt eine lagige Struktur vor. **Mineralbestand:** Enthält mindestens 90 % Plagioklas, einen Oligoklas, Andesin oder Bytownit. Akzessorische Minerale sind Pyroxene, Olivin und Eisenoxide. **Lagerungsverhältnisse:** Stöcke, Gänge, Batholithe. Bei kleineren Intrusionen ist Anorthosit gerne mit Gabbro vergesellschaftet, auch als einzelne Schicht. Es kommen aber innerhalb metamorpher Gesteine bisweilen riesige Massen vor, die eine Fläche von mehreren tausend Quadratkilometern bedecken können. Diese Massen sind in ihrer Zusammensetzung variabel und gehen durch Zunahme der dunklen Minerale in Gabbros über.

Troktolith [4]

Farbe: Grau, oft mit schwarzen, braunen oder rötlichen Flecken, daher der Name Forellenstein. **Farbzahl:** 30–90. **Korngröße:** Grobkörnig. **Textur:** Körnig. **Struktur:** Kann lagige Struktur haben oder Teil einer solchen Abfolge sein. **Mineralbestand:** Plagioklas (Labradorit bis Anorthit) und Olivin. Der Olivin ist meist zu grünlichem Serpentin umgewandelt. **Lagerungsverhältnisse:** Gewöhnlich zusammen mit Gabbro oder gebändertem Anorthosit.

Poikilitische Textur:
kleine Kristalle in
einem großen Kristall

Peridotit [1]
Farbe: Dunkelgrün bis schwarz. Dunite [1], siehe im folgenden
sind hell bis dunkelgrün mit Farbtönen von gelb oder braun
Farbzahl: Über 90. **Korngröße:** Mittel- bis grobkörnig. **Textur**
Körnig, Dunit zuckerkörnig. Poikilitische Textur ist verbreitet
und kann bei sorgfältiger Betrachtung von Spaltflächen gut be
obachtet werden. Porphyrische Textur ist selten. **Struktur:** Bis
weilen lagenförmige Anordnung. **Mineralbestand:** Enthält nu
dunkle Minerale. Feldspat fehlt oder ist nur in geringsten Men
gen anwesend. Das wesentlichste Mineral ist der Olivin. Enthä
das Gestein nur Olivin, sprechen wir von Dunit. Gewöhnlich tre
ten Pyroxene und/oder Hornblenden auf. Bisweilen komme
Biotit (Glimmer-Peridotit), Chromit und Granat vor. **Lagerungs
verhältnisse:** Unabhängige Gänge und kleine Stöcke, abe
auch Komponente geschichteter Gabbro-Intrusionen zusam
men mit Pyroxenit und Anorthosit. Man nimmt an, daß Peridot
ein *Kumulat* von Olivinen darstellt, das sich bei der Kristallisa
tion eines Gabbro-Magmas durch Schwereanreicherung bilde
Peridotit (Olivinknollen) kommt auch als Fremdgesteinseir
schluß in Basalten vor. Man nimmt an, daß es sich hierbei un
Bruchstücke des Mantels handelt oder um Bruchstücke ge
schichteter Gabbros.

Pyroxenit [4]
Farbe: Grün, dunkelgrün bis schwarz. **Farbzahl:** Über 90. **Korn
größe:** Mittelkörnig bis grobkörnig. **Textur:** Körnig. **Struktu**
Bisweilen geschichtet. **Mineralbestand:** Vorwiegend Clino
und Orthopyroxene. Auch Olivin, Hornblende, Eisenoxide
Chromit oder Biotit kommen vor. Feldspat, wenn überhaupt, nu
sehr wenig. **Lagerungsverhältnisse:** Kleine, unabhängig
Intrusionen, Stöcke oder Gänge. Als Band in geschichteter
Gabbro.

Serpentinit [2]
Farbe: Graugrün, grün bis schwarz. Oft gebändert, gestrei
oder gefleckt in Farbtönen von hellgrün oder rot. **Farbzah**
Über 90. **Korngröße:** Mittel- bis grobkörnig. **Textur:** Dicht, ma
wachsartig, glatter bis splittriger Bruch. **Struktur:** Oft gebän
dert. Gewöhnlich durchsetzt von Äderchen mit faserigem Chry
sotil. **Mineralbestand:** Serpentinminerale überwiegen. Olivi
Pyroxen, Hornblende, Glimmer, Granat und Eisenoxide kon
men auch vor. **Lagerungsverhältnisse:** Stöcke, Gänge und Lir
sen. Serpentinite sind *sekundäre* Bildungen, entstanden durc
die Serpentinisierung anderer Gesteine, vor allem von Peridot
ten. Gewöhnlich kommen sie als Spindeln oder Linsen in meta
morphen Gesteinen vor und stellen wahrscheinlich zersetz
olivinreiche Intrusionen dar.

Kimberlit [3]
Farbe: Bläulich, grünlich oder schwarz. **Korngröße:** Grobkö
nig. **Textur:** Gewöhnlich porphyrisch, wobei die Einsprenglin
verschiedener Minerale gerundet sind, vielleicht zerbroche
Struktur: Fremdgesteinseinschlüsse verbreitet. **Mineralb
stand:** Überwiegend serpentinisierter Olivin, Phlogopit un
Pyrop. Daneben kommen noch Orthopyroxene und Chron
diopsid vor. Zu den akzessorischen Mineralen gehören Ilmer
und häufig Diamant. Auch viel Kalzit kann auftreten. **Lag
rungsverhältnisse:** Steil einfallende kreisrunde oder elliptisch
Pipes, die selten mehrere hundert Meter Durchmesser habe
Bisweilen auch Gänge. Kimberlit stellt das einzige primäre Vo
kommen von Diamant dar.

Porphyrischer Mikrogranit [4]

Farbe: Hell bis dunkelgrau; gelblich oder rötlich. **Farbzahl:** 0–30. **Korngröße:** Die Grundmasse ist mittelkörnig. **Textur:** Porphyrisch. Die Einsprenglinge zeigen oft gute Kristallflächen und sind bisweilen in der Fließrichtung eingeregelt. **Mineralbestand:** Grundsätzlich der gleiche wie bei Granit. Die Phänokristalle sind Quarz oder Feldspat (weiß, grau oder rötlich); dazu kommen, seltener, Hornblende und Biotite. Die Grundmasse besteht aus den gleichen Mineralen, ist aber zu feinkörnig, um diese bestimmen zu können. **Lagerungsverhältnisse:** Gänge von verschiedenem Aussehen. Gewöhnlich in Granit oder dessen Nebengestein intrudiert.

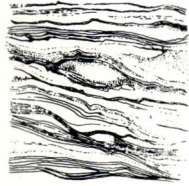

Fließbänderung in einem Rhyolith

Rhyolith [2, 5]

Farbe: Meist hell gefärbt: weiß, grau, grünlich, rötlich oder bräunlich. Die Färbung kann gleichmäßig sein oder auch bandartig angeordnet in verschiedenen Farbtönen. **Korngröße:** Feinkörnig bis extrem feinkörnig. **Textur:** Meist lagige Textur durch unterschiedliche Farbe oder Korngröße. Nicht selten Einsprenglinge (porphyrischer Rhyolith). Bisweilen erkennt man eine auffällige Fließtextur. Sie zeigt sich als Strömungslinien von verschiedenen Farben oder als Körnigkeit, aber auch durch die Einregelung der Phänokristalle. **Struktur:** Blasenhohlräume und Mandelhohlräume sind nicht selten. Bimsstein [2] ist eine sehr blasenreiche Varietät von Rhyolith. Manche Bläschen enthalten Sphärolithe, runde Hohlräume, die radialstrahlige Aggregate von Nadeln enthalten, meist Quarz oder Feldspat. Gewöhnlich sind die Sphärolithe etwa 5 mm im Durchmesser, können aber Größen bis zu einigen Metern erreichen. Sie werden durch die schnelle Abkühlung des Magmas und durch das schnelle Wachstum von Kristallen gebildet, können aber auch durch Rekristallisation von Glas entstehen. **Mineralbestand:** Der gleiche wie bei Granit, aber bedingt durch die schnelle Abkühlung nur sehr kleine Kristalle. Es kommen Phänokristalle von Quarz, Feldspat, Hornblende oder Biotit vor. **Lagerungsverhältnisse:** Ströme, Gänge und Kuppen. Rhyolith, das granitische Magma also, ist sehr viskos und fließt nur langsam. Wenn es austritt, bildet es nur sehr kurze, mächtige Ströme oder ist auf eine Quellkuppe im Kraterschlund beschränkt.

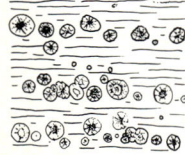

Spherulithischer Rhyolith

Obsidian und Pechstein [1, 3]

Farbe: Strahlend schwarz, auch braun oder grau. Pechstein hat einen eher matten Glanz. **Korngröße:** Keine; das Gestein ist glasig erstarrt. **Textur:** Glasig, aber Obsidian [3] kann sehr wohl auch Einsprenglinge enthalten. Pechstein [1] enthält meist viele Phänokristalle. **Struktur:** Fleckig, lagig, sphärolithisch. Da es sich um ein sehr kieselsäurereiches Glas handelt, hat das Gestein muscheligen Bruch und bildet dabei sehr scharfkantige Umrisse. Schon in der Steinzeit wurde es zur Anfertigung von Werkzeugen verwendet. **Mineralbestand:** Im wesentlichen Glas. Die seltenen Phänokristalle, sie treten im Pechstein deutlich häufiger auf, sind Quarz oder Feldspat. **Lagerungsverhältnisse:** Gänge und Ströme. Meist zusammen mit Rhyolithen vorkommend, mit denen sie die chemische Zusammensetzung gemein haben.

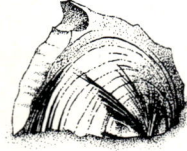

Obsidian: muscheliger Bruch

1

2

3

4

5

Mikrosyenit [1]

Farbe: Grau, rötlich, rosa oder bräunlich. **Farbzahl:** 0–40. **Korngröße:** Mittelkörnig. **Textur:** Körnig, meist porphyrisch. Häufig beobachtet man eine Fluidaltextur, bedingt durch die Anordnung der Alkalifeldspäte. **Mineralbestand:** Im wesentlichen Alkalifeldspat, daneben etwas Biotit, Hornblende, Pyroxen oder Quarz. Die Phänokristalle sind gewöhnlich Alkalifeldspat, seltener Biotit oder Hornblende. In Rhombenporphyr, einer Varietät des Mikrosyenits, sind typisch im Querschnitt rhombenförmige Alkalifeldspäte. **Lagerungsverhältnisse:** Verschiedene Gänge, gelegentlich Lavaströme. Mikrosyenite kommen zusammen mit Syenitintrusionen und solchen von Nephelinsyeniten vor, ebenfalls mit Trachyt und Phonolith.

Trachyt [4]

Farbe: Meist grau, aber auch weiß, rosa oder gelblich. **Farbzahl:** 0–40. **Korngröße:** Feinkörnig. **Textur:** Fast nur porphyrisch. Die rechteckigen Kristalle sind Sanidin. Die Fließtextur, bei diesen Gesteinen als *trachytisch* benannt, ist immer gut entwickelt, wenn auch nicht immer mit freiem Auge zu erkennen. Dazu ist die Korngröße oft zu klein. **Mineralbestand:** Sowohl bei Einsprenglingen als auch in der Grundmasse dominieren Alkalifeldspäte. Es darf auch etwas, unter 10 %, Quarz oder Oligoklas zugegen sein. Bei den dunklen Mineralen herrschen alkalireiche vor, wie Ägirin oder Alkaliamphibol; diese sind meist nur in geringen Mengen vorhanden, so daß Trachyt eine helle Farbe und ein niedriges spezifisches Gewicht hat. **Lagerungsverhältnisse:** Lavaströme und kleine Gänge. Trachytlaven kommen zusammen mit Basalten in Basaltvulkanen vor, treten aber mengenmäßig zurück. Gelegentlich bildet Trachyt Ströme von beachtlichen Ausmaßen.

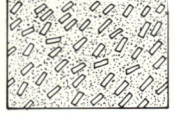

Fließ-Textur. Linear angeordnete Phänokristalle zeigen die Fließrichtung an

Phonolith [2]

Farbe: Dunkelgrün bis grau. **Farbzahl:** 0–30. **Korngröße:** Feinkörnig. **Textur:** Dicht, gewöhnlich porphyrisch. Zeigt Fettglanz. **Struktur:** Oft *plattig,* so daß er in flache Scheiben zerfällt. Schlägt man solche Platten mit dem Hammer an, gibt es einen glockenähnlichen Klang. Deshalb auch der Name Klingstein. **Mineralbestand:** Alkalifeldspat, gewöhnlich Sanidin, Nephelin und Ägirin oder Alkaliamphibole, wie Riebeckit. Die Einsprenglinge sind gewöhnlich rechteckig begrenzte Sanidine oder Nephelin. **Lagerungsverhältnisse:** Lavaströme und Gänge. Bisweilen zusammen mit Trachyt. Gewöhnlich in der Nachbarschaft von Nephelinsyeniten zu finden.

Leuzitophyr [3]

Farbe: Grau bis dunkelgrau, bisweilen helle Flecken in einer grauen oder schwarzen Grundmasse. **Farbzahl:** 20–70. **Korngröße:** Mittelkörnig bis feinkörnig. **Textur:** Immer porphyrisch. Typisch sind die achtseitigen oder gerundeten Phänokristalle von Leuzit. **Mineralbestand:** Alkalifeldspat, Leuzit und Pyroxen. Daneben können noch Nephelin, Phlogopit und Alkaliamphibol auftreten. **Lagerungsverhältnisse:** Gänge und Lavaströme. Relativ seltenes Gestein, kommt oft mit anderen Feldspatvertreter führenden Gesteinen vor.

1

2

3

4

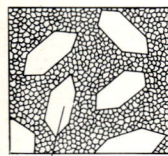

Phänokristalle

Porphyrische Textur

Mikrodiorit [2]
Farbe: Grau bis dunkelgrau, gelegentlich grünlich oder rötlich.
Farbzahl: 40–90. **Korngröße:** Mittel. **Textur:** Gewöhnlich porphyrisch, weshalb dieses Gestein bisweilen *Porphyrit* genannt wird. **Mineralbestand:** Wie bei Diorit. Die Phänokristalle sind gewöhnlich Hornblende oder Biotit, es kann aber auch Augit vorkommen. **Lagerungsverhältnisse:** Verschiedene Gänge, die häufig zu Gangschwärmen zusammentreten. In der Nachbarschaft von Granit- oder Dioritintrusionen.

Andesit [3]
Farbe: Töne von grau, purpur, braun, grün oder schwarz. **Korngröße:** Feinkörnig, seltener glasig. **Textur:** Häufig porphyrisch. **Struktur:** Fließstruktur erkennbar, bisweilen blasig oder mandelsteinartig. **Mineralbestand:** Im Handstück kann man nur die Phänokristalle erkennen; es sind dies tafelige Plagioklase, Blättchen von Biotit oder Prismen von Hornblende oder Augit. Unter dem Mikroskop kann man erkennen, daß die Grundmasse aus Plagioklas (Oligoklas bis Andesit) besteht und einem oder mehreren der Minerale Hornblende, Biotit, rhombischer Pyroxen und monokliner Pyroxen (Pyroxen-Lamprophyr [1]). **Lagerungsverhältnisse:** Lavaströme, aber auch Gänge. Nächst Basalt sind Andesite die häufigsten Effusiva. Gewöhnlich kommen sie zusammen mit Basalt und Rhyolith vor und sind in Faltengebirgen sehr verbreitet.

Glimmer-Lamprophyr [5]
Farbe: Grau bis schwarz; verwittert häufig zu bräunlichen Farbtönen. **Farbzahl:** 30–70. **Korngröße:** Mittelkörnig bis feinkörnig. **Textur:** Porphyrisch, selten körnig. Charakteristisch sind große Biotitblättchen, die dem Gestein das typische Aussehen verleihen. Biotitreiche Varietäten verhalten sich dem Hammer gegenüber sehr weich. **Mineralbestand:** Die Phänokristalle von Biotit sind im Handstück leicht zu identifizieren, seltener der rötliche Orthoklas und Prismen von Hornblenden. Unter dem Mikroskop erkennt man, daß die Grundmasse im wesentlichen Orthoklas oder natriumreichen Plagioklas enthält, dazu Biotit, Pyroxen oder Amphibol. Häufig findet man auch Karbonate; dann braust das Gestein mit verdünnter Salzsäure auf. **Lagerungsverhältnisse:** Gänge und kleine Kuppen, meist vergesellschaftet mit Granit, Syenit oder Diorit.

Hornblende-Lamprophyr [4]
Farbe: Grünlich oder grau, im frischen Zustand schwarz. Verwittert leicht unter Annahme rötlicher oder brauner Farbtöne. **Farbzahl:** 30–70. **Korngröße:** Mittel- bis feinkörnig. **Textur:** Porphyrisch: die Hornblende-Porphyroblasten bilden gewöhnlich lange, schlanke Prismen und sind oft orientiert. Seltener auch körnig. **Mineralbestand:** Phänokristalle von Hornblende sind in eine Grundmasse eingebettet, die aus Hornblende mit Orthoklas oder natriumreichem Plagioklas besteht. **Lagerungsverhältnisse:** Waagrecht und senkrecht liegende Gänge, kleine Kuppen, meist in der Nachbarschaft von Graniten, Syeniten und Dioriten.

Diabas (Dolerit) [3]

Farbe: In frischem Zustand schwarz, dunkelgrau oder grün. Kann auch schwarz-weiß gesprenkelt sein. **Korngröße:** Mittelkörnig. **Textur:** Bisweilen kann eine ophitische Textur im Handstück erkannt werden (s. bei Gabbro). Kann auch porphyrisch sein. **Struktur:** Bläschen und Mandeln kommen vor. Bisweilen findet man Segregate grobkörniger Gesteine, die vorwiegend aus Feldspat bestehen. **Mineralbestand:** Die Phänokristalle sind Olivin (Olivindiabas) und/oder Pyroxene oder Plagioklase. Die Grundmasse ist aus den gleichen Mineralen aufgebaut; dazu kommen noch Eisenoxide und bisweilen etwas Quarz, Hornblende oder Biotit. **Lagerungsverhältnisse:** Senkrechte und waagrechte Gänge, die oft Gangschwärme von Hunderten oder Tausenden einzelner Gänge bilden und nicht selten von einem einzigen vulkanischen Zentrum ausstrahlen.

Basalt [1, 2, 4, 5]

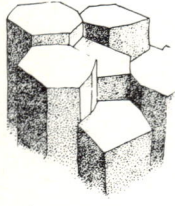

Säulige Absonderung von Basalt

Farbe: Frisch schwarz oder grünlichschwarz. Zeigt oft rötliche oder bräunliche Verwitterungskrusten. **Korngröße:** Feinkörnig. **Textur:** Gewöhnlich so dicht, daß im Handstück keine Minerale identifiziert werden können. Frische Bruchflächen haben ein stumpfes Aussehen. Auch porphyrisch. **Struktur:** Oft Bläschen (Blasiger Basalt [1]) und Mandelhohlräume (Mandelstein-Basalt [4]). Fremdgesteinseinschlüsse sind häufig und bestehen gewöhnlich aus Olivin und Pyroxen; sie sind grün gefärbt. Säulige Absonderung ist häufig und sehr attraktiv wie in Giant's Causeway, Nordirland, oder bei vielen Basalten der Rhön. Die einzelnen Säulen sind hexagonal und haben einen Durchmesser bis zu 50 cm. *Schalige* Verwitterungsstrukturen sind bisweilen gut entwickelt: Gleich Zwiebelschalen brechen die einzelnen Lagen ab und hinterlassen einen gerundeten Kern. **Mineralbestand:** Als Einsprenglingsminerale treten grüner, glasglänzender Olivin, schwarzer, glänzender Pyroxen oder tafeliger, grauweißer Plagioklas auf. Bei Olivineinsprenglingen spricht man von einem Olivinbasalt [2]. Unter dem Mikroskop sieht man, daß die Grundmasse aus einem Plagioklas (gewöhnlich einem Labradorit), Pyroxen, Olivin und Magnetit besteht. Dazu kommt noch eine ganze Reihe anderer akzessorischer Minerale. Die Mandelhohlräume sind ganz oder teilweise mit Zeolithen, Karbonaten und Kieselsäure, gewöhnlich in Form von Chalcedon, erfüllt.
Lagerungsverhältnisse: Lavaströme und enge vertikale und horizontale Gänge. Die Ränder – Salbänder – der Gänge sind oft feinkörniger als der Kern, manchmal sogar glasig; das ist durch die schnellere Abkühlung bedingt. Die meisten Basalte kommen in Form von Lavaströmen vor, sei es aus und um einen einzelnen Vulkan, sei es in Form vieler einzelner Ergüsse, die in ihrer Gesamtheit einen *Deckenerguß* bilden. Solche Deckenergüsse können sich über Tausende von Quadratkilometern erstrecken und sind aus zahlreichen Spalten erupmiert. Es gibt bei Laven zwei Arten von Oberflächenformen: Die eine, nach dem hawaiischen Vorkommen *Pahoehoe-Lava* genannt, hat eine glatte Oberfläche, die in ihrem Aussehen an Seile erinnert; man nennt sie auch *Seil-Lava* [5]. Die andere hat eine rauhe, schlackige Oberfläche, heißt *Aa-Lava*, sieht wie gebrannter Klinker aus und wird auch *Schlacken-Lava* genannt. *Kissen-Lava* oder *Pillow-Lava* besteht aus einzelnen Kissen oder Bällen von Basalt, wobei die äußeren Partien gewöhnlich feinkörniger sind, bisweilen sogar glasig. Diese Form entsteht, wenn Lava sich ins Wasser ergießt.

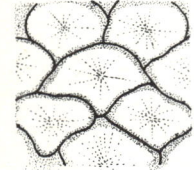

Querschnitt durch eine Kissen-Lava (pillow lava)

Agglomerat
und
Agglomerat   Asche

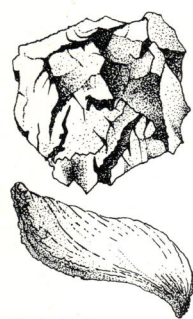

Schnitt durch einen
Vulkankegel. Agglo-
merate und Aschen-
teile ergießen sich aus
einem Vulkanschlot

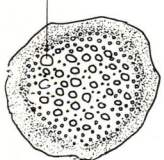

Typische Formen vul-
kanischer Bomben

große Blasen

Typisch blasiges
Inneres einer vulka-
nischen Bombe

Ignimbrit: Bimsstein-
fragmente (Flammen)

Pyroklastite

Agglomerat [1, 3, 5]

Struktur: Eckige oder etwas gerundete Fragmente von mehr als 64 mm Durchmesser in einer feinkörnigeren Grundmasse. Viele Fragmente sind unregelmäßig begrenzt und sehr blasenreich, andere wieder sind gerundet, ellipsoidisch oder spindelförmig, haben im Inneren viele Bläschen und werden vulkanische Bomben genannt. Bomben werden in Form von Lavaklumpen aus einem Vulkan herausgeworfen und erhalten ihre Formen erst während des Fluges. Bei rezenten Vulkanen sind diese Agglomerate unverfestigt und werden erst im Laufe der Zeit verfestigt. **Zusammensetzung:** Bomben haben die Zusammensetzung der aus dem Vulkan geförderten Lava, beispielsweise die eines Andesites oder des Basaltes; Blöcke können aber auch aus der Kraterumrandung gebildet werden oder von Gesteinen herrühren, die unterhalb vom Krater liegen. **Lagerungsverhältnisse:** Agglomerate reichern sich meist im Krater selbst oder aber an seinen Außenflanken an. Sie kommen mit Tuffen und Laven vor.

Asche und Tuffe [2, 4]

Struktur: Asche besteht aus unverfestigten vulkanischen Fragmenten von einer Korngröße unter 2 mm Durchmesser; wird diese Asche verfestigt, spricht man von einem Tuff. Sowohl Aschen als auch Tuffe enthalten gewöhnlich Fragmente bis zu 64 mm im Durchmesser, die man *Lapilli* nennt (Lapilli-Asche, Lapilli-Tuff). Lapilli können sehr wohl kantig sein, unregelmäßig begrenzt, sind aber gewöhnlich rund oder ellipsoidisch im Querschnitt, da sie noch in geschmolzenem Zustand ausgeworfen wurden. Aschen und Tuffe zeigen oft eine Schichtung ähnlich der von Sedimenten; gradierte Schichtung ist dann nicht selten innerhalb einer Schicht; dann liegen auch hier die gröberen Bruchstücke unten. **Zusammensetzung:** Bei den Bruchstücken oder Fragmenten kann man prinzipiell drei Typen unterscheiden: Die Bruchstücke bestehen vor allem aus kristallisierten Gesteinen, beispielsweise aus Rhyolith, Trachyt oder Andesit: Man spricht dann von einem *Brockentuff* oder *Aschentuff*[4]. Die nächste Möglichkeit ist, daß es sich um Glasfragmente handelt, dadurch entstanden, daß die noch flüssig erumpierte Lava schnell erstarrte und so noch in glasigem Zustand blieb. Die Bruchstücke bestehen dann aus Glas, welches sehr reich an Bläschen ist, häufig sogar Bimssteincharakter hat. Man spricht dann von *Glastuff* und von *Glasasche*. Schließlich können einzelne Kristalle, wie Feldspat, Augit und Hornblende, überwiegen; dann spricht man von *Kristalltuff* [2] oder seltener *Kristallasche*. Die meisten Aschen und Tuffe sind eine Mischung dieser drei Komponenten. **Lagerungsverhältnisse:** Aschen werden auch während der Eruption von Laven und der Förderung von Agglomeraten aus dem Vulkanschlot verblasen. Gewöhnlich findet man die größeren Fragmente in Kraternähe, während feinkörnigeres Material durch den Wind über weite Entfernungen verblasen werden kann. Vorkommen zusammen mit Laven, Agglomeraten und Sedimentgesteinen.

Ignimbrit [6]

Struktur: Gewöhnlich Bruchstücke von Bimsstein, also von einem blasenreichen Glas, in einer feinkörnigeren Masse von Glasfragmenten. Die Bruchstücke sind dabei meist von einem Durchmesser von unter 1 cm. Diese Fragmente sind meist, besonders an der Basis des Komplexes, gelängt und werden dann *Flammen* genannt. Gewöhnlich ist Schichtung vorhanden und säulige Absonderung bisweilen zu beobachten. **Zusammensetzung:** Glas von etwa rhyolithischer oder trachytischer Zusammensetzung. **Lagerungsverhältnisse:** Man nimmt an, daß Ignimbrite aus Aschenströmen abgelagert wurden.

Metamorphe Gesteine
Gesteine der Kontaktmetamorphose

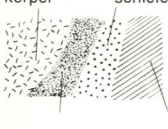

Intrusions-
körper

Fleck-
schiefer

Fleckschiefer [1]
Farbe: Schwarz, purpur, grünlich oder grau mit dunkleren Flek-ken. **Textur:** Feinkörnig, homogen. Gleiche Textur wie ein Ton-schiefer. **Struktur:** Gleiche Struktur wie ein Tonschiefer, d. h. gut ausgeprägte Schieferung, vielleicht also sedimentäre Struktur. Charakteristisch sind die meist gerundeten Flecken, die aber bisweilen auch rechteckig sein können und Durchmesser von 3–4 mm haben. Diese Flecken sind meist verschwommen und nur undeutlich mit Einschlüssen erfüllt. Sie gehen übergangslos in Hornfelse über, in welchen diese Flecken als Cordierit oder Andalusit identifiziert werden können. **Mineralbestand:** Meist zu feinkörnig, um im Handstück identifiziert werden zu können. Bisweilen kann man aber rechteckige Querschnitte von Andalusit erkennen. **Lagerungsverhältnisse:** Ist in den äußersten Partien des Kontakthofes zu finden als beginnende Metamorphose eines pelitischen Gesteins. Geht gewöhnlich in Richtung zur Intrusion in Hornfels über.

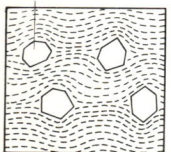

Porphyroblast

Porphyroblastische
Textur

Andalusit-Cordierit-Hornfels [2, 3, 4]
Farbe: Schwarz, grau, bläulich, grünlich, oft durch dunkel gefärbte Porphyroblasten gefleckt. **Textur:** Die feinkörnige Grundmasse ist gleichmäßig, aber doch etwas grobkörniger als Schieferton; sie enthält Porphyroblasten und Poikiloblasten von Cordierit und Andalusit, die Größen von mehreren Zentimetern erreichen können. Die gleichkörnige Textur bewirkt, daß das Gestein zäh ist und splittrig bricht. **Struktur:** Die ursprüngliche Sedimentstruktur ist meist ausgelöscht durch die Rekristallisation bei der Metamorphose, doch kann man bisweilen primäre gradierte Schichtung erkennen. **Mineralbestand:** Die Matrix ist zu feinkörnig, um die Einzelminerale erkennen zu lassen, abgesehen manchmal von einigen Glimmerblättchen, die man mit einer Lupe erkennen kann. Andalusit bildet rechteckige Prismen von quadratischem Querschnitt, gewöhnlich schwarz, jedoch rötlich, wenn es sich um größere Einzelindividuen handelt. Manchmal bildet er Poikiloblasten, in denen in der Mitte schwarze Färbungen in Kreuzform auftreten können; bisweilen sind es auch nur Streifen in der Längserstreckung; derartige Kristalle nennt man Chiastolithe [3, 4]. Cordierit ist deutlich seltener und kommt gewöhnlich in Form gerundeter Körner vor. Ist er gut ausgebildet, dann bildet er sechsseitige Querschnitte. **Lagerungsverhältnisse:** Immer im Kontakthof. Geht nach außen in niedriger metamorphe Gesteine über, wie Fleckschiefer. Andalusit-Hornfels kann auch direkt im Kontakt mit der Intrusion, die eine Metamorphose bewirkte, vorkommen; es kann aber auch sein, daß sich zwischen ihn und den Intrusivkörper höhergradig metamorphe Gesteine schieben, wie Pyroxenoder Sillimanit-Hornfels.

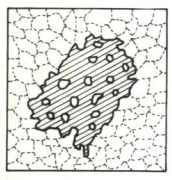

Poikiloblastische
Textur: Umwachsung
und Einschluß anderer
Minerale

Pyroxen-Hornfels [5]
Farbe: Ähnlich wie Cordierit-Andalusit-Hornfels. **Textur:** Gleichkörnig, mittel bis fein, häufig mit Porphyroblasten. **Struktur:** Durch Rekristallisation ist jede sedimentäre Struktur ausgelöscht. **Mineralbestand:** Die einzigen erkennbaren Minerale sind Porphyroblasten von Pyroxen, Cordierit oder Andalusit. **Lagerungsverhältnisse:** Bilden den innersten, also heißesten Teil des Kontakthofes.

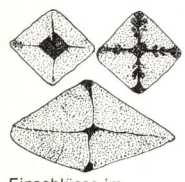

Einschlüsse im
Chiastolith

Marmor [1]
Farbe: Weiß oder grau, doch auch sonst ein weites Farbspektrum von schwarz, rot und grün, häufig fleckig. **Textur:** Mittel- bis grobkörnig, häufig zuckerkörnig. **Struktur:** Sedimentstrukturen (z. B. Schichtung) können bisweilen erhalten sein. Bei niedrigem Metamorphosegrad können Fossilien erhalten bleiben, die aber mit fortschreitender Rekristallisation verschwinden. **Mineralbestand:** Im wesentlichen Kalzit, doch kann auch mehr oder weniger Dolomit zugegen sein. Beim Übergang zu Kalksilikat-Hornfels und zu Skarn kann auch etwas Brucit, Olivin, Serpentin, Tremolit und Phlogopit auftreten. Marmor kann leicht mit dem Messer geritzt werden, ein guter Unterschied zu den bisweilen ähnlich aussehenden Quarziten. **Lagerungsverhältnisse:** Marmore werden in der Nachbarschaft von Intrusionen gefunden und es kann vorkommen, daß sedimentärer Kalk stetig in Marmor übergeht. Vergesellschaftet sind sie nicht selten mit Hornfelsen.

Kalksilikatfels [3]
Farbe: Ähnlich wie bei Marmor, aber selten weiß. **Textur:** Mittel- bis grobkörnig, nicht selten mit Einsprenglingen von Kalksilikatmineralen von bisweilen beachtlicher Größe. **Struktur:** Die ursprüngliche Schichtung des Sediments kann gelegentlich erhalten bleiben. **Mineralbestand:** Neben Kalzit eine ganze Reihe anderer Minerale, so Periklas, Olivin, Serpentin, Tremolit, Diopsid, Wollastonit, Vesuvian und Grossular. Diese sind nicht selten in Form von Flecken, Bändern oder Knollen angereichert. **Lagerungsverhältnisse:** Ähnlich wie Marmor, nur daß Kalksilikatfels durch Metamorphose unreiner Kalke, die toniges oder sandiges Material enthalten, gebildet wird. Erst diese Verunreinigungen ermöglichen die Bildung eines oder mehrerer der genannten Minerale.

Intrusions-
körper   Kalk

Skarne und
Kalksilikat-
felse   metamorphe
             Kalke

Querschnitt durch den Kontakt von Skarn an einer Intrusion

Skarn [4]
Farbe: Braun, schwarz, grün, aber gewöhnlich bereits im Handstückbereich sehr variabel. **Textur:** Fein-, mittel- oder grobkörnig. **Struktur:** Die Minerale sind oft in Schichten, Knollen, Linsen oder radialstrahligen Massen konzentriert. **Mineralbestand:** Der gleiche wie bei Kalksilikatfelsen, nur daß noch eisenreicher Pyroxen und Granat hinzutritt. Mit den genannten Silikatmineralen sind Sulfide von Eisen, Zink, Blei und Kupfer vergesellschaftet. **Lagerungsverhältnisse:** Skarne werden beim Kontakt von Granit, seltener Syenit oder Diorit, gebildet. Als Nebengestein muß Kalk auftreten. Aus dem Magma wandern Silizium, Magnesium und Eisen in den Kalk und reagieren mit ihm. Dabei entstehen die genannten Silikate, und es kann auch zur Ausbildung von Erzlagerstätten kommen. Nicht selten findet man in diesem Gestein gute Mineralstufen.

Hälleflinta [2]
Farbe: Grau, lederfarben; kann auch rosa, grün oder braun sein. **Textur:** Fein-gleichkörnig. Dadurch bricht das Gestein splittrig. **Struktur:** Eine Bänderung, die der ursprünglichen Schichtung folgt, ist meist erkennbar. **Mineralbestand:** Zu feinkörnig, um dem freien Auge Minerale zu zeigen. **Lagerungsverhältnisse:** Es handelt sich um metamorphosierte Tuffe, die von kieselsäurehaltigen Lösungen imprägniert waren. Nicht selten in Kontakthöfen.

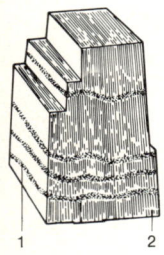

Tonschiefer: Beziehung von Schieferung zur Schichtung. 1 Die Schichtung schneidet die Schieferung; 2 Schieferung

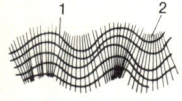

Tonschiefer: Beziehung der Schieferung zu großräumigen Falten. 1 Schichtung; 2 Schieferung

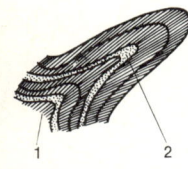

Schieferung entwickelt sich durch eine kleine Falte hindurch.
1 Schichtung;
2 Schieferung

Gesteine der Regionalmetamorphose

Tonschiefer [1]

Farbe: Schwarz mit Tönen von blau, grün, braun und lederfarben. **Textur:** Feinkörnig. **Struktur:** Laut Definition sind Tonschiefer charakterisiert durch eine einzige, vollkommene Schieferung (schieferige Spaltbarkeit); diese erlaubt es, das Gestein in parallele, begrenzte Blättchen aufzuspalten. Auf den Schieferungsflächen kann man oft sedimentäre Strukturen wie Schichtung oder gradierte Schichtung erkennen. Auch Fossilien sind bisweilen erhalten, allerdings immer deformiert. Im Gelände fallen oft Falten auf. **Mineralbestand:** Das Gestein ist zu feinkörnig, um einzelne Minerale erkennen zu können. Häufig kommen als Einsprenglinge Pyritwürfel vor. **Lagerungsverhältnisse:** Entsteht bei schwacher Regionalmetamorphose pelitischer Gesteine oder feinkörniger Tuffe. Kann mit anderen metamorphen Sedimentgesteinen oder Eruptiva vergesellschaftet sein.

Phyllit [4]

Farbe: Meist grünlich oder grau, jedoch immer mit einem charakteristischen silbrigen Schimmer. Die gut ausgeprägte Schiefrigkeit ist durch die parallele Anordnung blättriger Minerale bedingt, die den silbrigen Schimmer verursacht und es ermöglicht, daß das Gestein in kleine Blättchen aufgespalten werden kann. **Struktur:** Häufig erkennt man kleine Falten und Fältelungen. **Mineralbestand:** Chlorit und Muskowit sind die wesentlichen Minerale und geben dem Phyllit seine grüne oder graue Farbe. **Lagerungsverhältnisse:** Entsteht bei schwacher Metamorphose pelitischer Gesteine und geht meist in Glimmerschiefer über.

Chlorit-Schiefer [3]

Farbe: Meist grün, aber auch grau. **Textur:** Fein- bis mittelkörnig. Schieferung sehr deutlich. **Struktur:** Meist mehr oder weniger stark gefaltet; trotzdem können Sedimentstrukturen (z. B. Schichtung) erhalten bleiben. **Mineralbestand:** Chlorit ist das wesentlichste Mineral; es bedingt die Farbe und Schiefrigkeit; mit freiem Auge kaum zu erkennen, doch treten bisweilen gröbere Knoten und Flecken auf. Es kommen Porphyroblasten von Albit oder Chloritoid vor. **Lagerungsverhältnisse:** Entsteht unter dem gleichen Grad der Metamorphose wie Phyllit, mit welchem er zusammen vorkommt.

Glaukophan-Schiefer [2]

Farbe: Dunkel gefärbt mit charakteristischem purpurnem oder blauem Farbton. **Textur:** Fein- bis mittelkörnig. Schiefrigkeit nicht besonders deutlich entwickelt. Die Amphibolnädelchen sind oft parallel angeordnet. **Struktur:** Falten oft erkennbar. **Mineralbestand:** Charakteristisch ist die Anwesenheit des blauen Alkaliamphibols, des Glaukophans. Daneben kommen noch Quarz, Albit, Jadeit, Granat und Chlorit vor. **Lagerungsverhältnisse:** Relativ seltenes Gestein, welches etwa den gleichen Metamorphosegrad darstellt, wie Chlorit-Schiefer. Wird gewöhnlich bei der Metamorphose hoher Drücke aus vulkanischen Gesteinen, wie Basalt und Diabas, gebildet, kann aber auch aus Sedimenten abgeleitet werden.

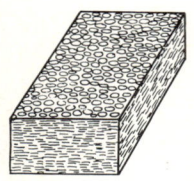

Schieferige Textur

Serizit-Schiefer [1] und Muskowit-Schiefer [2]

Farbe: Gewöhnlich grau oder weiß. In den grobkörnigeren Varietäten reflektieren die einzelnen Glimmerblättchen sehr hell. **Textur:** Fein-, mittel- oder grobkörnig. Immer gut ausgeprägte Schiefrigkeit. **Struktur:** Kleine Verfältelungen kommen vor. Bisweilen spiegeln glimmerreiche und glimmerarme Lagen die ursprüngliche Schichtung wider. **Mineralbestand:** Das dominierende Mineral ist ein heller Glimmer; ist er sehr kleinblättrig, nennt man ihn Serizit und das Gestein Serizit-Schiefer [1]. Sind es größere Glimmerblättchen, dann handelt es sich um einen Muskowit, und man spricht von Muskowit-Schiefer [2]. Die Muskowitblättchen erreichen Größen von etwa 3 mm und können mit dem Messer herausgesprengt werden. Quarz ist normalerweise zugegen; auch etwas Chlorit oder Granat mag erkennbar sein. **Lagerungsverhältnisse:** Serizit- und Muskowit-Schiefer sind Gesteine einer mäßig intensiven Metamorphose und kommen gerne zusammen mit Phyllit, Chlorit-Schiefer und granatführendem Schiefer vor. Sie entstehen aus pelitischen Sedimenten, während aus Sandsteinen, die toniges Material enthalten, Quarz-muskowit-Schiefer entsteht.

Biotit-Schiefer [3, 4]

Farbe: Gewöhnlich bräunlich oder schwarz; einzelne Glimmerblättchen reflektieren das Licht glänzend. **Textur:** Grob-, mittel-, oder feinkörnig. Immer ausgezeichnete Schiefrigkeit durch parallel oder nahezu parallel angeordnete Glimmerblättchen. **Struktur:** Manche Vorkommen haben ein lagiges oder streifenförmiges Aussehen, dadurch bedingt, daß glimmerreiche und glimmerarme Partien abwechseln. Das kann die ursprüngliche Schichtung widerspiegeln; es kann sich aber auch um metamorphe Segregation handeln, d. h., während der Metamorphose wandert Material innerhalb des Gesteins und bringt dabei Lagen verschiedener chemischer oder mineralogischer Zusammensetzung hervor. Kleinere Faltungen sind verbreitet [4]. **Mineralbestand:** Das typische Mineral dieses Gesteins ist der Biotit. Die grünen oder braunen Blättchen sind biegsam, lassen sich leicht erkennen und mit dem Messer herauspräparieren. Biotit bildet sich manchmal auf Kosten des Chlorits oder Muskowits; es können alle möglichen Mengenverhältnisse von Biotit, Muskowit und Chlorit vorkommen. Quarz ist häufig in glimmerarmen Partien angereichert. Feldspat kommt bisweilen als weißer, auffallender Einsprengling vor. **Lagerungsverhältnisse:** Biotit ist ein „Index-Mineral", welches beweist, daß der Grad der Regionalmetamorphose ein höherer war als bei der Bildung von Chlorit-Schiefer. Bei schwächerer Metamorphose bildet sich aus Biotit-Schiefer Chlorit-Schiefer oder Phyllit. Steigt die Intensität der Metamorphose, bilden sich granatführende Schiefer. Biotit-Schiefer sind in Gebieten der Regionalmetamorphose sehr verbreitet. Ausgangsgesteine sind pelitische Sedimente.

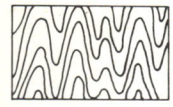

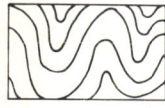

Verschiedene Arten der Faltung

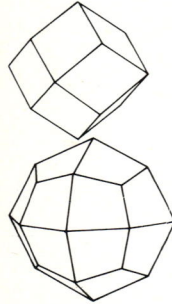

Typische Granat-
kristalle

Granat-Glimmer-Schiefer [4]

Farbe: Schwarz, grau, rötlich oder rosa. **Textur:** Mittel- bis grobkörnig. Die Schieferung ist immer gut ausgeprägt. Porphyroblasten von Granat sind im Zentimeterbereich vorhanden. Die Schieferung legt sich um diese Einsprenglingskristalle. **Struktur:** Faltungen sind immer zu erkennen und bisweilen ein lagenartiges Aussehen, bedingt dadurch, daß Glimmer und Granate in den verschiedenen Lagen verschiedene Konzentrationen aufweisen. **Mineralbestand:** Zusammen mit dem für dieses Gestein typischen Granat treten Biotit, Muskowit und Quarz auf. Der Granat ist rötlich und wird Almandin genannt. Er bildet oft gut entwickelte Kristalle und ist leicht aus dem Gestein herauszulösen. **Lagerungsverhältnisse:** In Gegenden, die einer Regionalmetamorphose unterworfen waren, findet man granathaltige Schiefer sehr häufig. Granat ist ein Indexmineral für Gesteine, die einer intensiveren Metamorphose unterworfen worden sind. Als Ausgangsgesteine nimmt man im allgemeinen pelitische Sedimente an.

Staurolith-Schiefer [1, 3]

Farbe: Schwarz, braun, rötlich. **Textur:** Mittel- bis grobkörnig. Im allgemeinen ist die Schiefrigkeit gut ausgeprägt, wird aber von Staurolith- und Granat-Porphyroblasten unterbrochen. Die Staurolithe sind oft statistisch orientiert und durchsetzen die Faltung. Derartige Gesteine sind oft grobkörnig und gebändert, was durch die metamorphe Segregation (s. unter Biotit-Schiefer) hervorgerufen wird. Besonders klar sind derartige Lagen dann ausgebildet, wenn der Schiefer in Gneis übergeht. **Struktur:** Häufig gefaltet. **Mineralbestand:** Staurolith mit seinen charakteristischen Prismen und Kreuzzwillingen bildet die Porphyroblasten. Gewöhnlich treten noch Granat, Biotit [1], Muskowit [3], Feldspat und Quarz hinzu. **Lagerungsverhältnisse:** Staurolithführende Schiefer sind das Produkt einer relativ hochgradigen Metamorphose und sind gerne mit anderen Gesteinen höherer Metamorphose vergesellschaftet, wie beispielsweise Kyanit- und Sillimanit-Schiefer, die ebenfalls den inneren oder zentralen Teil metamorpher Gürtel bilden. Ausgangsgesteine waren pelitische Sedimente.

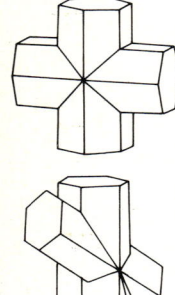

Typische Durch-
kreuzungszwillinge
von Staurolith-
kristallen

Albit-Schiefer [2]

Farbe: Grau, grünlich, bräunlich. **Textur:** Fein-, mittel- bis grobkörnig. Kann wie ein Phyllit oder Schiefer aussehen, aber auch dicht vorkommen. Die Porphyroblasten von Albit fallen meist ins Auge. **Struktur:** Bisweilen gefaltet. **Mineralbestand:** Neben weißen Porphyroblasten von Albit kommen Chlorit, Epidot, Biotit oder Granat vor. **Lagerungsverhältnisse:** Gesteine mit auffälligen Albit-Porphyroblasten findet man neben Phylliten und Schiefern mit Chlorit, Biotit und Granat. Albit-Schiefer resultieren wahrscheinlich aus Metamorphiten, die ursprünglich schon viel Albit enthielten, vor allem Feldspatsande oder Sandsteine. Man kann auch daran denken, daß die Albitbildung das Resultat einer Metasomatose ist, bei welcher in erster Linie Material zugeführt wurde.

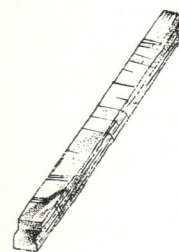

Plattstengeliger
Kyanitkristall

Kyanit-Schiefer [1]
Farbe: Grau, braun, rötlich mit deutlichen blauen Kristallen. **Textur:** Mittel- bis grobkörnig, schiefrig aber auch gneisartig. Kyanit bildet oft Einsprenglinge von beachtlicher Größe. **Struktur:** Nicht selten gefaltet. **Mineralbestand:** Meist bilden die Kyanitkristalle einfache, plattstengelige Kristalle, die parallel der Schieferung eingeregelt sind; bisweilen kommen Kristallgruppen vor, oder der Kyanit tritt zusammen mit Quarz in Äderchen im Gestein auf. Auch Granat, Staurolith, der auch Porphyroblasten bilden kann, Biotit, Muskowit, Quarz und Feldspäte kommen vor. **Lagerungsverhältnisse:** Wird zusammen mit Sillimanit- und Staurolith-Schiefern im zentralen Teil eines metamorphen Gürtels gefunden, was auf eine sehr intensive Metamorphose hinweist.

Sillimanit-Schiefer [3]
Farbe: Braun, grau, rötlichbraun. **Textur:** Mittel- bis grobkörnig. Schiefrigkeit nicht sehr ausgeprägt, bisweilen schon gneisartig. **Struktur:** Faltungen nicht selten. **Mineralbestand:** Sillimanit bildet sehr dünne Nädelchen und glänzende Prismen. Gewöhnlich kommen daneben noch Biotit, Muskowit, Granat, Feldspat und Quarz vor; alle diese Minerale bilden bisweilen deutliche Lagen. **Lagerungsverhältnisse:** Beim höchsten Grad der Metamorphose ersetzt Sillimanit den Kyanit als Indexmineral; daher werden Sillimanit-Schiefer und Gneise im zentralen Teil metamorpher Gürtel zusammen mit Kyanit-Schiefer, Staurolith-Schiefer, ja sogar mit Granit, Gneis und Migmatiten gefunden.

Pyroxen-Granulit [2]
Farbe: Dunkle Farben, grau, braun. **Textur:** Mittel- bis grobkörnig. Hart. Dichte Varietäten können Schichtung oder Bänderung zeigen, aber gewöhnlich keine Schieferung. **Mineralbestand:** Man nimmt an, daß sich Granulite unter sehr hohen Temperaturen und Drücken gebildet haben; sie müssen daher in große Krustentiefen versenkt worden sein. Sie werden auch in Gebieten sehr alter kontinentaler Schilde gefunden, die einer tiefreichenden Erosion anheimgefallen sind. Dadurch werden auch Gesteine freigelegt, die sich in sehr großen Tiefen gebildet haben.

Eklogit [4]
Farbe: Grünlich, rötlich; bisweilen grün bis dunkelgrün mit bräunlichen oder rötlichen Flecken. **Textur:** Mittel- bis grobkörnig. Derb, gebändert. Manchmal findet man große Porphyroblasten von Granat oder Pyroxen. **Mineralbestand:** Die Hauptminerale sind ein grüner Pyroxen, Omphazit genannt, und rötlicher Granat. Auch Kyanit und als Seltenheit Diamant können vorkommen. Die Paragenese Granat-Pyroxen ist einmalig und ein entscheidendes Erkennungsmerkmal. **Lagerungsverhältnisse:** Das Vorkommen des Eklogits ist auf Linsen und Blöcke in metamorphen Gesteinen oder in Eruptiva beschränkt. Besonders typisch ist sein Zusammenvorkommen mit Peridotiten und Serpentiniten in Gegenden großer Faltungen; auch als Fremdgesteinseinschluß in Serpentiniten und Kimberliten wird er gefunden. Das führt zu der Annahme, daß Eklogit aus großen Tiefen, wahrscheinlich sogar aus den obersten Teilen des Erdmantels, emportransportiert wird. Diese Annahme wird auch durch die sehr hohe Dichte des Gesteins unterstützt, denn Eklogit gehört zu den Gesteinen mit der höchsten Dichte.

Aktinolith-Chlorit-Schiefer [2]

Farbe: Grün. **Textur:** Fein- bis mittelkörnig, Schiefrigkeit gut entwickelt. **Struktur:** Bisweilen kann man primäre Eigenheiten von Eruptivgesteinen, wie Mandelräume, erkennen. **Mineralbestand:** Charakteristisch sind fleckig grüner Chlorit sowie grüne Nädelchen von Aktinolith, die manchmal nesterförmig angeordnet sind. Auch Feldspat, Epidot und Kalzit lassen sich bisweilen erkennen. **Lagerungsverhältnisse:** Das Gestein entsteht durch Metamorphose basischer Eruptiva wie Basalte oder Diabase. Es kommt in Phylliten und Chlorit-Schiefern vor, wo es häufig die Schieferungsebene schneidet; dies zeigt an, daß es sich früher um verschieden gelagerte basische Gänge und Lavaströme handelte.

Amphibolit [5] und Hornblende-Schiefer [3, 4]

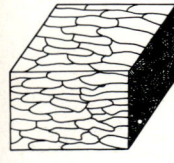

Amphibolit: Gefüge aus nahezu parallelen Prismen

Farbe: Schwarz, dunkelgrün, bisweilen auch weiß, grau oder rot gefleckt. **Textur:** Mittel- bis grobkörnig. Faltung und Schiefrigkeit können sehr deutlich erkennbar sein. Das liegt daran, daß die gedrungenen Prismen von Hornblende in einer Ebene liegen und in dieser eingeregelt sind. Blättrige Minerale wie Glimmer spielen dabei keine Rolle. Das Gestein ist nicht so leicht zu zertrümmern wie ein Schiefer. Manche Varietäten sind dicht, und die Einsprenglinge zeigen keine merkliche Einregelung. Sie sehen dann wie Intrusiva aus und werden *Epidiorite* [1] genannt. Gelegentlich treten Porphyroblasten von Granat auf. **Struktur:** Bisweilen ist eine Bänderung oder Schichtung zu erkennen, bei welcher Lagen heller mit solchen dunkler Minerale abwechseln. Das Gestein ist massiv und relativ hart, so daß es sehr selten zu kleinen Falten kommt. **Mineralbestand:** Hornblenden, über 50 %, manchmal bis zu 100 % reichend, sind der wichtigste Bestandteil des Gesteins. Außer Hornblenden kommen von den Amphibolen noch Aktinolith und Tremolit vor. Diese bilden lange, prismatische Nadeln, während Hornblende in Form gedrungener, schwarz schimmernder Prismen vorkommt. Daneben kommen noch Feldspat, besonders in Hornblende-Schiefern, Chlorit, Epidot, Pyroxen und Granat (Granat-Hornblende-Schiefer [3]) vor, welcher oft dunkelrote Porphyroblasten bildet. Ein Gestein, das fast völlig aus einem Amphibol aufgebaut, dazu noch dicht ist, nennt man Amphibolit. Von Hornblende-Schiefer spricht man dann, wenn auch größere Mengen anderer Minerale, beispielsweise Feldspat, vorkommen; diese zeigen eine ausgeprägte Schiefrigkeit. **Lagerungsverhältnisse:** Als Ausgangsgestein kann man meist Eruptiva wie Diabas oder Basalt annehmen; die Metamorphose ist hier aber weiter fortgeschritten als beim Aktinolith-Chlorit-Schiefer. Da die Ausgangsgesteine nicht selten in Form waagrechter oder senkrecht stehender Gänge vorkommen, treten die beiden hier genannten Gesteine entweder in Form konkordanter Lager oder senkrecht stehender Gänge in anderen metamorphen Gesteinen auf. So findet man sie in Schiefern, Marmoren und Quarziten. Die Amphibolite sind harte Gesteine, der Scherung sehr starken

kristalliner Schiefer

Amphibolit

Zerbrochene Lagen von Amphibolit innerhalb eines Schiefers

Widerstand entgegensetzen. Deshalb kommen sie oft als abgebrochene Linsen und in Fragmenten innerhalb von Schiefern und Gneisen vor. Sie sind in allen Gegenden, wo metamorphe Gesteine auftreten, weit verbreitet.

Amphibolite waren in der gesamten Steinzeit das gängige Material zur Anfertigung von Faustkeil und Beil. Das liegt vor allem daran, daß bei Transportbeanspruchung in Flüssen Formen entstehen, die den gewünschten schon sehr ähnlich sind.

1

2

3

4

5

Marmor [1, 4]

Farbe: Weiß (der beste Marmor für Statuen), gelblich, rot, schwarz oder grün, entweder gleichfarbig oder gebändert bzw. gefleckt; auch von Adern verschiedener Farbe durchzogen. **Textur:** Mittel- bis grobkörnig, nicht selten gleichkörnig und im Aussehen zuckerkörnig. **Struktur:** Gewöhnlich massiv, aber auch lagig oder schichtenweise, was auf die ursprüngliche Schichtung des Sediments hinweist. Schieferung oder Spaltbarkeit selten entwickelt; wird aber unter hohen Drücken plastisch, so daß Faltungen und Fältelungen auftreten können. **Mineralbestand:** Hauptminerale sind Kalzit und, deutlich untergeordnet, Dolomit. Beide sind so weich, daß sie mit einer Messerklinge geritzt werden können. Kalzit braust mit verdünnter Salzsäure auf. Quarzite, die ähnlich aussehen können, sind härter und reagieren nicht auf Salzsäure. Wenn der ursprüngliche Kalk Sand, Silt oder Ton enthielt, dann findet man in den daraus resultierenden Marmoren Minerale wie Phlogopit, Diopsid, Tremolit, Grossular, Olivin, Serpentin (nach Olivin) und viele andere (Serpentin-Marmor [1]). Die Anwesenheit der genannten Minerale bedingt Art und Tatsache der Färbungen. **Lagerungsverhältnisse:** Marmore entstehen durch die Metamorphose sedimentärer Kalke; man findet sie daher in Gebieten, die der Metamorphose unterworfen wurden, zusammen mit anderen metamorphen Sedimenten wie Quarzit, Phyllit und viele Arten von Schiefer. Marmor kann auch bei der Kontaktmetamorphose gebildet werden (s. S. 176).

Granoblastische Textur

Quarzit [3]

Farbe: Weiß, grau, rötlich. **Textur:** Mittelkörnig, gewöhnlich granoblastische Textur. **Struktur:** Gewöhnlich massiv; es kann aber sehr wohl vorkommen, daß ursprüngliche Eigenheiten des Sediments, nämlich Schichtung, gradierte Schichtung und Schrägschichtung, erhalten bleiben. **Mineralbestand:** Im wesentlichen aus Quarzkörnern bestehend. Auch etwas Feldspat oder Glimmer kann man antreffen. Weiße Varietäten sind von Marmor durch die höhere Härte zu unterscheiden. **Lagerungsverhältnisse:** Quarzite sind metamorphosierte Quarz-Sandsteine und werden zusammen mit anderen metamorphen Sedimenten, wie Phyllit, Schiefer und Marmor, gefunden.

Quarz-Feldspat-Schiefer [2]

Farbe: Weiß, grau, rötlich, bräunlich. **Textur:** Mittel- bis grobkörnig. Die Schieferung ist schlecht entwickelt, bewirkt aber, daß das Gestein in kleine Blättchen zerfällt. **Struktur:** Faltungen können auftreten. **Mineralbestand:** Der Hauptbestandteil ist Quarz mit Feldspat. Glimmer, und zwar sowohl Biotit als auch Muskowit, kommen meist lagenweise angereichert vor. **Lagerungsverhältnisse:** Geht mit Zunahme des Quarzgehaltes in einen Quarzit, mit dessen Abnahme in Schiefer und Phyllit über. Er ist das metamorphe Äquivalent von Kiesen und Quarzsanden, die schon ursprünglich einen relativ hohen Anteil an Glimmern oder Tonmineralen enthielten. Kommt zusammen mit anderen metamorphen Sedimenten vor, wie Quarzit, Schiefer und Marmor.

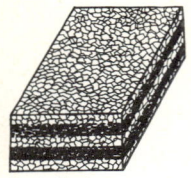

Gneis-Textur

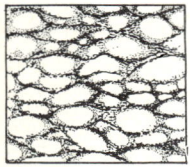

Augen-Textur

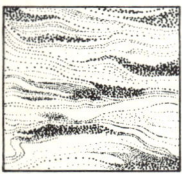

Schichtung in Gneis

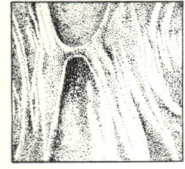

Schattenhafte Struktur in einem Migmatit

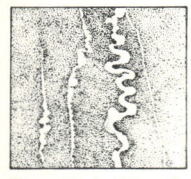

Ptygmatische Gänge in einem Migmatit

Gneis [1, 2, 4] und Augengneis [3]

Farbe: Grau oder rosa, aber immer mit dunklen Schichten oder Flecken. **Textur:** Mittel- bis grobkörnig. Charakteristisch sind die alternierenden hellen und dunklen Partien, wobei die helleren meist grobkörniger, die dunklen, die oft Glimmer enthalten, gefaltet sind. Augengneise [3] enthalten große Porphyroblasten von Feldspat oder Aggregate von Quarz und Feldspat; diese haben einen Durchmesser von mehreren Zentimetern und ein augenförmiges Aussehen. Daher resultiert die Bezeichnung. **Struktur:** Zusätzlich zu der oben beschriebenen gneisartigen Textur ist Gneis häufig in weitem Ausmaß gebändert, wobei Schichten und Flecke hellerer und dunklerer Gneispartien abwechseln. Adern von Granit, von Quarz oder Pegmatiten kommen häufig vor. Nicht selten gefaltet [1]. **Mineralbestand:** Feldspat überwiegt und bildet zusammen mit Quarz die körnigen, heller gefärbten Partien. Muskowit, Biotit und Hornblende sind häufig, während Minerale, die auf eine höhergradige Metamorphose hinweisen, seltener vorkommen. **Lagerungsverhältnisse:** Bei den höchsten Graden der Metamorphose können Gesteine in Temperaturbereiche kommen, bei denen sie rekristallisieren und die typischen Gneis-Texturen bilden. So kommt Gneis zusammen mit Graniten und Migmatiten im innersten Teil metamorpher Gürtel vor.

Migmatit

Farbe: Eine Mischung von dunkel gefärbtem „Wirtsgestein" mit heller gefärbten (weiß, rosa, grau) granitischen Gesteinen. **Textur:** Mittel- bis grobkörnig. Die verschiedenen Komponenten eines Migmatites können schiefrige, gneisartige oder Augen-Texturen bewirken. **Struktur:** Migmatite sind Mischgesteine, die ein *Wirtsgestein,* gewöhnlich einen Schiefer oder Gneis, und eine granitische Komponente enthalten. Diese kann Lagen bilden, Einschlüsse, Adern, oder aber sie kann mehr oder weniger regelmäßig verteilt sein, sei es in Form von Porphyroblasten eines Feldspates, sei es in Form von Aggregaten von Feldspat und Quarz. Man spricht dann von einer *Granitisation.* Wenn die Granitisation sehr weit fortgeschritten ist, kann praktisch eine granitische Zusammensetzung erreicht werden, obzwar noch stellenweise die ursprüngliche Struktur, wie Schichtung, Faltung usw., gerade noch erkennbar bleiben. Man spricht dann von *Phantom-* oder *Geisterstruktur.* Quarzite, Amphibolite und Marmore pflegen dieser Granitisation zu widerstehen und bilden individuelle Schichten und Lagen in einem Migmatit. Oft kann man erkennen, daß diese Gesteine „plastisch" waren; man findet wirbelförmige Falten und komplex gefaltete granitische Adern, die man *ptygmatische Gänge* (granitischer Gneis mit ptygmatischen Falten [4]) nennt. **Mineralbestand:** Das Wirtsgestein hat die Zusammensetzung eines Schiefers oder hochmetamorphen Gneises. Der granitische Anteil enthält im wesentlichen Alkalifeldspat und Quarz. **Lagerungsverhältnisse:** Wird gelegentlich im innersten Teil des Kontakthofes großer granitischer Intrusionen gefunden; in größerem Ausmaß in Gebieten mittlerer bis starker Metamorphose, besonders in alten archaischen Kontinentalschilden, bei welchen durch starke Erosion Partien freigelegt wurden, die ursprünglich in großen Tiefen lagen.

Sedimentgesteine

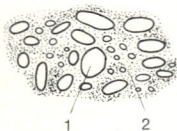

Konglomerat. 1 große, gerundete Kiese und Blöcke; 2 feine körnige Matrix

Konglomerat oberhalb einer Diskordanz

Konglomerat [1, 2]

Farbe: Variabel. **Textur:** Besteht aus gerundeten Geröllen von über 2 mm Durchmesser, aus Kies und Blöcken, die alle in einer fein- bis mittelkörnigen Grundmasse eingebettet sind. **Struktur:** Meist keine Schichtung, wenn, so nur angedeutet. Aussehen ist nach Art der Fragmente sehr unterschiedlich, Fossilien sehr selten. **Mineralbestand:** Gerölle und Blöcke können aus Quarz, Feuerstein, Hornstein oder den meisten sedimentären, metamorphen und vulkanischen Gesteinen bestehen, doch dominieren meist Gesteine wie Quarzite. Die Grundmasse oder Matrix besteht aus Sand oder Silt, der durch Kieselsäure oder Kalzit zementiert ist. **Lagerungsverhältnisse:** Konglomerate sind verfestigte Gerölle, Kiese oder Blöcke, die sich entlang von Flußläufen, Seeufern oder Meeresküsten abgelagert haben. Sie beweisen, daß das Sediment aus einem seichten Wasser sedimentierte und daß starke Strömungen herrschten, welche die schweren Blöcke transportieren konnten.

Brekzie [4]

Farbe: Veränderlich. **Textur:** Scharfkantige Felsbrocken mit einer Korngröße von über 2 mm bis zu mehreren Metern liegen in einer fein- bis mittelkörnigen Grundmasse. Bei manchen Brekzien sind die Bruchstücke so gelagert, daß man erkennen kann, daß sie durch Zerbrechen eines Fragments in kleinere entstanden sind. Das bedeutet, daß es bei der Ablagerung nur wenig Störungen gegeben haben kann. **Struktur:** Meist keinerlei Schichtung. Fossilien sehr selten. **Mineralbestand:** Die Bruchstücke können aus jedem beliebigen Gestein bestehen, Sediment, Metamorphit oder Eruptivgestein. Die Grundmasse besteht aus Silt oder Sand, der durch Kalzit oder Kieselsäure verkittet ist. **Lagerungsverhältnisse:** Viele Brekzien repräsentieren verfestigten Gehängeschutt oder eine verfestigte Schutthalde, d. h. ein Material, das am Fuße von Riffen oder am Fuße von Berghängen liegt. Oft werden Brekzien über einer Diskordanz gefunden und sind mit Konglomeraten, Arkosen und Sandsteinen vergesellschaftet. Andere Brekzien wieder sind durch das Zerbrechen von Gesteinen während Faltungsvorgängen oder Verwerfungen entstanden.

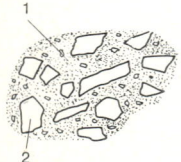

Brekzie. 1 feine körnige Matrix; 2 große, eckige Fragmente

Till und Tillit (Blocklehm und Geschiebemergel) [3]

Farbe: Till ist rötlich, braun oder grau; Tillit dunkelgrau bis grünlichschwarz. **Textur:** Kantige und gerundete Gerölle, Kiese und Blöcke in einer fein- bis mittelkörnigen Grundmasse. Typisch ist der schlechte Sortierungsgrad. Sind sie unverfestigt, spricht man von einem Geschiebelehm, verfestigt spricht man von Geschiebemergel. Die einzelnen Gerölle, hier besser Geschiebe genannt, sind nicht selten gekritzt, sind also während des Transportes durch das Eis von anderen Fragmenten geschrammt worden. **Struktur:** Ungeschichtet. **Mineralbestand:** Die Fragmente können von jedem beliebigen Gestein herrühren; im Till ist die Grundmasse tonig oder sandig, während sie beim Tillit in Schieferton oder gar Tonschiefer übergehen kann. **Lagerungsverhältnisse:** Till, auch als Blocklehm bekannt, wird von Gletschern in Form ausgedehnter oberflächlicher Ablagerungen gebildet. Die Erkennung von Tilliten, die nichts sind als fossile Tills, ist gerade innerhalb alter Sedimente oder Metamorphite ein Beweis, daß es damals schon Eiszeiten gab.

Gerölle mit durch Eis geschrammter Oberfläche

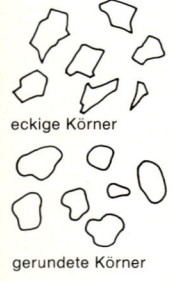

eckige Körner

gerundete Körner

Sandkörner

Strömungsrichtung

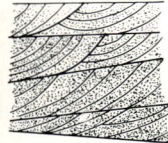

Strömungsschichtung

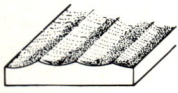

Rippelmarken

Siltstein oder
Schieferton (oben)

Sandstein (unten)

Gradierte Schichtung
(graded bedding) in
einer Grauwacke

Sandstein [4], Grit (Grober Sandstein) [1] und Orthoquarzit [3]

Farbe: Sehr variabel; häufig rot, braun, grünlich, gelblich, grau oder weiß. **Textur:** Mittelkörnig. Gewöhnlich gut sortiert, d. h. alle Körner haben in etwa den gleichen Durchmesser. Beim Grit (im Deutschen kaum gebräuchlicher Name) sind die Körner scharfkantig, beim Sandstein gerundet bis rund. Schrägschichtung und Rippelmarken sind häufig, gradierte Schichtung kommt vor. Man kann Konkretionen und Fossilien finden. **Mineralbestand:** Quarz ist der Hauptbestandteil, jedoch häufig von Feldspat, Glimmer oder anderen Mineralen begleitet. Die Körner sind durch Kieselsäure, Kalzit oder Eisenoxide verfestigt. Gesteine, die fast ausschließlich aus Quarz bestehen und durch Kieselsäure verfestigt sind, nennt man reine Quarzite oder Orthoquarzite. Bei der Varietät *Grünsand* kommt reichlich Glaukonit vor. Gelegentlich findet man Sande und Sandsteine, in welchen Olivin, Rutil, Magnetit und andere Minerale gefunden werden. Man spricht dann von Seifen, wenn sie wirtschaftlich genutzt werden können. **Lagerungsverhältnisse:** Sandsteine kommen zusammen mit den meisten anderen Sedimentgesteinen vor. Meist werden Sande im Wasser, gewöhnlich im Meer, angereichert; in ariden Klimagebieten kommen auch Anreicherungen durch den Wind vor. Der Wüstensand ist im allgemeinen rot, und die einzelnen Quarzkörner sind nahezu kugelig mit polierter Oberfläche.

Arkose [2]

Farbe: Rot, rosa oder grau. **Textur:** Mittelkörnig, meist nahe dem grobkörnigen Teil dieses Bereiches. Körner kantig. **Struktur:** Schichtung kann mehr oder weniger deutlich sein; oft Strömungsschichtung. Fossilien selten. **Mineralbestand:** Enthält 25 % oder mehr Feldspat, aber nur selten mehr als 50 %. Der Rest besteht vor allem aus Quarz, doch kommt auch etwas Muskowit oder Biotit manchmal vor. Als Kittmasse dominieren Kalzit oder Eisenoxide. **Lagerungsverhältnisse:** Arkosen stammen gewöhnlich von Graniten oder Gneisen her und ähneln daher in ihrem Mineralbestand den Graniten. Man kann sie aber daran erkennen, daß die Körner gewöhnlich Fragmente sind. Arkosen kommen gerne über Diskordanzen in unmittelbarer Nähe von Graniten vor oder aber in mächtigen Ablagerungen zusammen mit Konglomeraten, die von Graniten oder Gneisen abzuleiten sind.

Grauwacke [5]

Farbe: Grau bis schwarz, bisweilen grünlich; dunkle Farbtöne herrschen vor. **Textur:** Typisch ist, daß in einer feinerkörnigen Grundmasse bis zu 2 mm große, scharf umgrenzte Körner vorkommen. **Struktur:** Meist massiv; typisch ist hier eine gradierte Schichtung. Die einzelnen gradiert geschichteten Lagen liegen an der Basis mit Sand und etwas Geröll. Nach oben hin gehen sie in Silt oder Ton über. Fossilien sind selten. Verbreitet sind schuppenförmige Strukturen. **Mineralbestand:** Die gröberen Körner bestehen aus Quarz, Feldspat und Gesteinsbruchstücken. Die Grundmasse ist zu feinkörnig, um sie mit freiem Auge erkennen zu können. Die grüne Farbe rührt von Chlorit her. **Lagerungsverhältnisse:** Grauwacken sind typische Sedimente von *Geosynklinalen;* das sind rasch absinkende marine Becken, in welchen sie durch Schlammströme (turbidity currents) abgelagert wurden. Dabei ergießen sich Ströme von Sedimenten zusammen mit Wasser hangabwärts zum Meeresboden und lagern in tiefen Meeresteilen ihre Sedimentfracht ab.

Siltstein [4]

Farbe: Grau bis schwarz, braun, lederfarben, gelb. **Textur:** Korngröße von 1/16 bis 1/256 mm; nur selten kann man die einzelnen Körner mit freiem Auge erkennen. Dicht, gleichmäßig texturiert, kann auch erdig sein. **Struktur:** Oft feine laminare Schichtung, die durch Farbdiskrepanzen betont ist. Kann homogen oder dicht sein. In kleinem Ausmaß kommt Strömungsschichtung und Bildung von Rippelmarken vor. Fossilien häufig, ebenso Knollen und Konkretionen. **Mineralbestand:** Das Gestein ist zu feinkörnig, als daß man einzelne Mineralkörner erkennen könnte. Nur selten kommen größere Körner von Quarz oder Feldspat vor. Auf manchen Schichtflächen kann man den Schimmer kleinster Glimmerblättchen erkennen. **Lagerungsverhältnisse:** Siltsteine entstehen, wenn in Wasser abgelagerter Silt angereichert und verdichtet wird; dabei tritt das Wasser aus. Auch bei Gletschertätigkeit kann man Silt und Siltsteine erwarten.

Schlammstein (Tonstein) [1], Schieferton [2, 3] und Ton

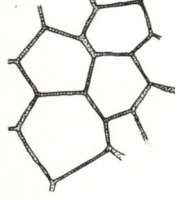

Trockenrisse in einem Schlammstein

Farbe: Schwarz, grau, weiß, braun, rot, dunkelgrün oder blau. **Textur:** Korngröße unter 1/256 mm. Mit freiem Auge kann man kein Mineralkorn erkennen. Tonstein und Schieferton fühlen sich glatt an. Wenn man Ton zwischen den Fingern verschmiert, fühlt er sich nicht sandig an. Tone sind plastisch und mit Wasser benetzt oft klebrig. **Struktur:** Ist Ton verfestigt und relativ fest, so spricht man von einem Schlammstein oder Tonstein; ist er fein geschichtet, so daß er leicht in dünne Blättchen bricht, spricht man von einem Schieferton. Ist er weich und unverfestigt, dann spricht man von Ton. Schwundrisse, Abdrücke von Regentropfen, Schichtflächen, Fossilien und Konkretionen sind sehr verbreitet. **Mineralbestand:** Diese Gesteine sind so feinkörnig, daß man weder mit freiem Auge noch mit dem Mikroskop einzelne Mineralkörner erkennen kann. Ton besteht aus einem Gemenge von Tonmineralen, weit überwiegend Schichtsilikate, zusammen mit detritischem Quarz, Feldspat und Glimmer. Die gewöhnlich reichlich vorkommenden Eisenoxide verleihen ihm eine rote oder gelbe Farbe. Schwarze Schiefertone sind reich an organischem Material; in ihnen findet sich nicht selten Pyrit oder Gips in Form gut begrenzter Kristalle. **Lagerungsverhältnisse:** Tone kommen nur in jüngsten geologischen Formationen vor. Im Laufe der Zeit werden sie zu Tonsteinen und Schiefertonen verfestigt. Da sie sehr feinkörnig sind, werden Tone leicht durch Flüsse in das Meer und in Seen transportiert, wo sie zusammen mit Silt, Sand und Kalkorganismen angereichert werden und die typischen Abfolgen von Schiefertonen, Siltsteinen, Sandsteinen und Kalken bilden. Manche Tone sind *Rückstandsbildungen;* sie wurden *in situ* als Böden gebildet. Ein Beispiel dafür ist Bauxit (s. im Abschnitt über Minerale).

Schuppenförmige Schichtung

Löß [5]

Farbe: Gelb, braun, lederfarben, grau. **Textur:** Feinkörnig, leicht mit den Fingern zu zerreiben; auch kompakt, erdig porös. **Struktur:** Schlechte Schichtung, Fossilien selten. **Mineralbestand:** Zu feinkörnig, um mit freiem Auge einzelne Minerale erkennen zu können. **Lagerungsverhältnisse:** Löß wird durch den Wind transportiert und ist wahrscheinlich glazialen Ursprungs. Er ist weit verbreitet und erreicht beispielsweise in China ganz erhebliche Mächtigkeiten.

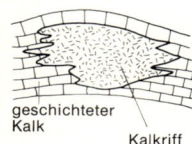

geschichteter Kalk

Kalkriff

Querschnitt durch ein Kalkriff

Kalk (biogen) [1, 3, 4]

Farbe: Weiß, grau, kremfarben oder gelb, wenn rein. In unreinem Zustand auch braun, rot oder schwarz. **Textur:** Sehr variabel. Neben sehr feinkörnigen, porzellanartig aussehenden Kalken kommen auch grobkristalline von zuckerkörniger Beschaffenheit vor. Findet man in den Kalken Fossilien, so bedingt ihre Art und Häufigkeit auch zum Teil die Textur des Kalkes. **Struktur:** Meist geschichtet, fast immer Fossilien zu finden, nur ganz selten findet man keine Hinweise auf organisches Leben. Die Fossilien können ganz erhalten, aber auch teilweise oder ganz durch die Rekristallisation zerstört worden sein. Bei besonders reicher Fossilführung sind diese in einer feinkörnigeren Zwischenmasse eingelagert. Bei großen Aufschlüssen im Gelände kann man auch große Strukturen, wie Korallenriffe, erkennen, so wie sie früher einmal ausgesehen haben. Kalke werden oft von Äderchen durchsetzt, in welchen man Kalzit oder andere Minerale finden kann. **Mineralbestand:** Im wesentlichen besteht Kalk aus feinverteiltem Kalzit (Kalkschlamm) oder aus größeren Kristallen, die von tierischen Skeletteilen, wie Crinoidenstengeln (Crinoidenkalk [1]), hergeleitet werden können. Besonders entlang von Adern kann auch Rekristallisation Platz greifen. Bisweilen kommt fein verteilte Kieselsäure in Form von Hornstein, Kieselknollen in feinen Lagen vor. Mit Zunahme dieser Anteile geht Kalk in Kalksandstein, Tonsteine und Schiefertone über. **Geländebeziehungen:** Biogene Kalke werden in erster Linie durch die Anreicherung von Kalkskeletten mancher Organismen gebildet und sind weit verbreitet. Im Prinzip gibt es drei Bildungsmöglichkeiten: die eine ist die, daß es sich um Riffe handelt, die Korallen, Algenkolonien und Reste ähnlicher Tiere enthalten, die auf und um dieses Riff herum lebten, wie Crinoiden und Brachiopoden. Die zweite Möglichkeit ist gegeben, wenn es sich um weit verbreitete, geschichtete Kalke handelt, die aus den Skeletten am Boden lebender Organismen (benthonische Organismen) bestehen wie manche Gastropoden, Lamellibranchiaten und Brachiopoden (Schalenkalk [3]). Die letzte Möglichkeit schließlich ist die, daß es sich um Anreicherung schwimmender, pelagischer Organismen handelt. Die ersten beiden Möglichkeiten sind typisch für seichtes Wasser, während pelagische Kalke in tiefem Wasser abgelagert wurden. Viele Kalke, die man nach der Art der dort vorkommenden Fossilien bestimmen kann, wurden aus frischem Wasser ausgeschieden (fossilführender Frischwasserkalk [4]).

Kreide [2]

Farbe: Weiß, gelblich, grau. **Textur:** Feinkörnig, porös, kompakt oder zerreiblich. **Struktur:** Meist keine Schichtung zu erkennen. Feuerstein und Markasitknollen sind sehr verbreitet. Meist fossilführend. **Mineralbestand:** Kreide ist ein sehr reiner Kalk, der aus Kalzit mit nur geringen Mengen Silt oder Schlamm gebildet wurde. Sekundäre Bildungen von Feuerstein und Markasit sind verbreitet. **Lagerungsverhältnisse:** Kreide ist ein pelagischer Kalk, der im wesentlichen aus den Schalen von Coccolithen, Foraminiferen und anderen freischwimmenden Organismen in einem feinkörnigen Kalkschlamm besteht. Er bildete sich auf dem freien Meer, wo wenig oder keine anderen Sedimente sich ablagerten. Die meisten Kreidevorkommen stammen aus der Kreidezeit; es kommt aber heute noch in den Ozeanen zur Abscheidung von Kreide.

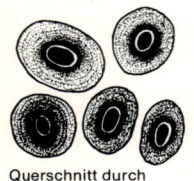

Querschnitt durch
einige Ooide unter
dem Mikroskop

Oolithische [4] und Pisolithische [1] Kalke

Farbe: Weiß, gelb, braun, rot. **Textur:** Ooide haben kugelige oder ellipsoidische Strukturen; sie sind aus konzentrischen Lagen aufgebaut und haben Durchmesser bis zu 2 mm, im allgemeinen um 1 mm. Gesteine mit unregelmäßigen Strukturen bis zu Erbsengröße nennt man Pisolithe. Gesteine, die im wesentlichen aus Ooiden aufgebaut sind, ähneln Fischrogen und werden Oolithe genannt. Die einzelnen Ooide können auch in einer feinerkörnigen Grundmasse liegen. **Struktur:** Oft Strömungsschichtung, Fragmente von Fossilien kommen vor. **Mineralbestand:** Gewöhnlich sind die Ooide aus Kalzit gebildet, doch kommen auch solche aus Dolomit, Kieselsäure und Hämatit (s. S. 202) vor. Die Grundmasse besteht auch aus Kalzit, doch können da auch detritische Minerale wie Quarz vorkommen. **Lagerungsverhältnisse:** Ooide bilden sich durch Ausfällung von Kalzit, der um Quarzkörner oder Schalenfragmente anwächst und durch das Rollen über den Seeboden gerundet wird. Oolithische Kalke gehen oft in andere Kalke oder in Sandsteine über.

Kalk-Tonstein (Mergel) [2]

Farbe: Weiß, grau, gelblich. **Textur:** Feinkörnig, nahezu muscheliger Bruch, homogen. **Struktur:** Bisweilen geschichtet, Fossilien selten. **Mineralbestand:** Kalzit, daneben detritisches Material, welches aber sehr feinkörnig ist. **Lagerungsverhältnisse:** Wahrscheinlich in relativ großen Wassertiefen gebildet, teilweise als Anreicherungsprodukt von Skeletten freischwimmender Mikroorganismen, teilweise als chemische Fällung.

Dolomit [5]

Farbe: Weiß, kremfarben oder grau. Oft mit Verwitterungsfarben in rot. **Textur:** Grob-, mittel- oder feinkörnig. **Struktur:** Schichtung nur in großem Maßstab. Gewöhnlich massiv, aber auch komplexe Konkretionen und knollige Wachstumsformen, die manchmal sehr auffällig sind. Organische Reste werden gewöhnlich durch Rekristallisation zerstört. **Mineralbestand:** Enthält viel Dolomit – Mineral und Gestein haben den gleichen Namen –, daneben können noch detritische Minerale sowie Flint vorkommen. **Lagerungsverhältnisse:** Dolomit bildet oft Wechsellagerung mit anderen Kalken und kommt häufig zusammen mit Salz- und Gipslagerstätten vor. Von den meisten Dolomitgesteinen nimmt man an, daß sie sekundären Ursprungs sind; der Kalzit des Ausgangsgesteins wurde *in situ* durch Dolomit verdrängt. Das entscheidende Agens dabei waren Porenlösungen.

Travertin und Kalktuff [3]

Farbe: Weiß, gelb, rot, braun. **Textur:** Dicht bis erdig; zerreiblich. **Struktur:** Kalktuff ist ein poröses, schwammähnliches Gestein, während Travertin dichter ist und oft Bänderung zeigt. Stalaktite sind Formen, die von einem Höhlendach hinunterwachsen, während Stalagmiten vom Höhlenboden hinaufwachsen. Im Inneren beider kann man konzentrische Wachstumsringe erkennen. **Mineralbestand:** Vor allem Kalzit; Verunreinigungen von Eisenoxiden sind für die gelbe und rote Färbung verantwortlich. **Lagerungsverhältnisse:** Diese Gesteine entstehen durch Ausfällung von Kalk aus Lösungen, die um Quellen und in Höhlen austreten. Sie bilden dabei geringmächtige Lagerstätten von kleinen Ausmaßen.

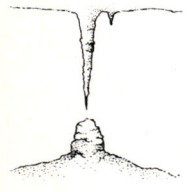

Stalaktite (oben);
Stalagmite (unten)

Eisenstein [1, 4]
Farbe: Braun, rot, grün, gelb. **Textur:** Fein-, mittel- oder grobkörnig. Bisweilen oolithisch. **Struktur:** Fein und grob geschichtet, auch Strömungsschichtung. Gewöhnlich knollig. Die organischen Reste, die man hier finden kann, sind meist nur Fragmente. **Mineralbestand:** Mindestens 15 % Eisen in den vorhandenen Eisenmineralen, deren häufigste der Siderit, Hämatit, Magnetit, Pyrit, Limonit, Chamosit (Chamositischer Eisenstein [1]) und Glaukonit sind. Detritische Minerale treten ebenfalls auf. Gewöhnlich ist das Gestein durch Dolomit oder Kalzit verfestigt. **Lagerungsverhältnisse:** Eisensteine haben oft Zwischenlagerungen von Flint, Kalken und Sandstein. Man unterteilt sie nach Ausbildung und Korngröße: Tonstein, Oolith (Oolithisches Eisenerz [4]), Kalk, Sandstein. Den Mineralbestand läßt man durch Voransetzen des entsprechenden Mineralnamens ansprechen: Chamositischer Tonstein; Limonitischer Oolith, um nur zwei Beispiele zu nennen.

Evaporite

durch den Salzdom emporgehobene Gesteine

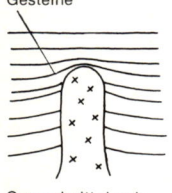

Querschnitt durch einen Salzdom

Steinsalz [2]
Farbe: Farblos, weiß, orange, rot, gelb oder, sehr selten, purpur. **Textur:** Dicht, körnig, kristallin, glasähnlich, zuckerkörnig. Auch deutlich erkennbare kubische Kristalle. **Struktur:** Kommt in mächtigen, strukturlosen, massiven Lagern vor, oft mit Zwischenschichten von Tonschiefer. Durch Fließvorgänge oft verfaltet. Sehr selten Fossilien. **Mineralbestand:** Im wesentlichen Steinsalz, Halit, das man leicht an dem salzigen Geschmack erkennen kann. Als Verunreinigungen kommen begleitende Salzminerale (Chloride, Karbonate, Sulfate), Tonminerale und Eisenoxide vor. **Lagerungsverhältnisse:** Bildet sich durch Eindunsten von salzhaltigen Wässern in Lagunen, Meeren und Festlandseen; daher der Name Evaporite. Sehr häufig mit Schiefertonen und Dolomiten vergesellschaftet; ebenso mit roten Schichten, „red beds" genannt (Mergel und Sandsteine), die auf eine Bildung unter Wüstenklima hinweisen.

Massiger Gips [5]
Farbe: Weiß, rosa, rot, grün oder braun. **Textur:** Grob- bis feinspätig. Dicht, zuckerkörnig, faserig, erdig, zerreiblich. **Struktur:** Zeigt nicht selten eine Schichtung, die sehr verkrümmt ist. Allgemein Zwischenlagen von Sandstein, Tonstein oder Kalken; in diesen können große Gipskristalle vorkommen. Fossilien selten. **Mineralbestand:** Neben Gips kommen gerne Anhydrit, Steinsalz, Kalzit, Dolomit, Tonminerale und Eisenoxide vor. **Lagerungsverhältnisse:** Von den meisten Gipsvorkommen nimmt man an, daß sie sich durch Wasseraufnahme, Hydratation, von Anhydrit gebildet haben.

Phosphatgestein [3]
Farbe: Schwarz, braun, gelb, weiß. **Textur:** Gebändertes Phosphat ist fein- bis grobkörnig. Auch dicht, erdig, körnig, bisweilen oolithisch. Guano ist erdig und zerreiblich. **Struktur:** Geschichtete Phosphatgesteine sind meist knollig ausgebildet und enthalten organische Reste, die oft durch Phosphatminerale verdrängt sind. Guano ist meist geschichtet. **Mineralbestand:** Im wesentlichen Phosphate von Kalzium, Eisen und Aluminium, bisweilen sehr komplex. Vergesellschaftet mit den üblichen detritischen Mineralen. **Lagerungsverhältnisse:** Die ausgedehntesten Vorkommen von Phosphatgesteinen sind mit marinen Sedimenten, vor allem glaukonitführenden Sandsteinen (Grünsand), Kalken und Schiefertonen verknüpft.

Knollen und Konkretionen

Pyritknollen [1, 2, 3]
Farbe: Bronzegelb im frischen Zustand, jedoch braun, gelb oder schwarz, wenn verwittert. **Textur:** Bricht man die Knollen auf, dann sieht man strahlenförmige, spitzprismatische Kristalle. **Struktur:** Kugelig, knollig, warzenförmig, zylindrisch. Die Oberfläche kann glatt, rauh oder mit warzenförmigen Knoten bedeckt sein. **Mineralbestand:** Pyrit. **Lagerungsverhältnisse:** Pyritknollen sind in den verschiedensten Sedimenten weit verbreitet vor allem in pelitischen Sedimenten, die von schwarzer oder schwarzgrauer Farbe sind. Auch in Kalken kommen sie vor; dort des öfteren auch wohlausgebildete Kristalle von Pyrit.

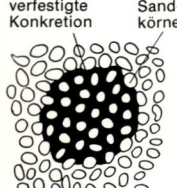

verfestigte Konkretion Sand-körner

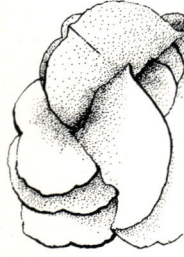

Konkretion

Feuerstein- [4] **und Hornsteinknollen**
Farbe: Blaugrau, grau bis nahezu schwarz in frischem Zustand. Bei der Verwitterung überzieht er sich mit einer weißen, pulverigen Schicht, der Patina. **Textur:** Sehr feinkörnig und glatt, muscheliger Bruch. Rauh an verwitterten Oberflächen. **Struktur:** Feuerstein und Hornstein bilden gerundete Knollen sehr unterschiedlicher Form. Hornstein kann auch massive Lagen bilden. Feuerstein ist nicht selten hohl und enthalten im Kern bisweilen ein Fossil wie einen Schwamm oder einen Seeigel. **Mineralbestand:** Besteht aus Kieselsäure in der Varietät Chalcedon. Manche Autoren unterscheiden Feuerstein und Hornstein auch in ihrer chemischen Zusammensetzung. Wenn überhaupt ein Unterschied besteht, dann ist er sehr gering. **Lagerungsverhältnisse:** Hornstein- und Feuersteinknollen kommen typisch nur in Kalken und Kreide vor. Im allgemeinen sind sie unregelmäßig im Gestein verteilt, doch kommen auch Konzentrationen entlang Schichtflächen vor.

Konkretionen [5, 6, 7, 8]
Farbe: Ähnlich dem Wirtsgestein. **Textur:** Ähnlich dem Wirtsgestein. **Struktur:** Kugelig, ellipsoidisch, scheibenförmig usw. Die Form der Kristalle, die Sand enthalten, ist bedingt durch die Form des Minerals, das als Zementationsmittel auftritt. Die Schichtung des Wirtsgesteins geht durch die Konkretion. Die Größe von Konkretionen reicht von wenigen Millimetern bis zu vielen Metern. **Mineralbestand:** Konkretionen enthalten im wesentlichen das gleiche Material wie das Wirtsgestein; sie sind nur durch andere Minerale verfestigt, so durch Kieselsäure, Karbonate, Eisenoxide, Gips oder Baryt. Diese Zementierung durch ein anderes Mineral gibt den Konkretionen eine größere Festigkeit als dem Wirtsgestein. Sie wittern daher gerne heraus. **Lagerungsverhältnisse:** Wird in vielerlei Sedimentgesteinen gefunden, vor allem in Schiefertonen, Silt- und Ton- sowie Sandsteinen [5]. Sie werden an Ort und Stelle im Sediment, wahrscheinlich durch zirkulierende Lösungen gebildet, die das zementierende Material gelöst enthalten. Sandkristalle entstehen dadurch, daß Minerale in unverfestigtem Sand kristallisieren und die Sandkörner einschließen. Schöne Beispiele dafür sind Baryt, Kalzit und Gips (s. Wüstenrose, S. 76).

Wüstenrose, verfestigt durch Gips

Wüstenrose, verfestigt durch Baryt

Karbonatgänge

Querschnitt durch eine Septarie

Septaria [6]
Farbe: Schwarz bis dunkelbraun oder gelb. **Textur:** Ähnlich der des Wirtssediments. **Struktur:** Kugelig oder ellipsoidisch. Erkennbar durch ein strahlenförmiges, polygonales Muster von Adern und Gängen. Am besten zu sehen, wenn sie herauswittern und so eine Kombination wallförmig hervorstehender Rükken bilden. **Mineralbestand:** Pelitische Sedimente, die durch Karbonat verkittet sind; auch die Adern bestehen normalerweise aus Kalzit. **Lagerungsverhältnisse:** Wird in pelitischen Sedimenten gefunden.

Meteorite
[1–4 S. 207 und 1–4 S. 209]

Tag für Tag treten Tausende von festen Körpern, die irgendwo aus dem Weltraum kommen, in die Erdatmosphäre ein. Die meisten von ihnen verglühen; man hat jedoch berechnet, daß im Jahr durchschnittlich etwa 500 Objekte den Durchgang durch die Erdatmosphäre überleben und die Erde erreichen. Diese Objekte sind bekannt als Meteorite. Im Jahresdurchschnitt werden etwa 10 Meteorite, deren Fall man beobachtete, auch gefunden. Insgesamt kennt man bisher etwa 2000 gesicherte Meteoritenfunde.

Mineralbestand. In Meteoriten kommen im wesentlichen zwei Mineralgruppen vor: Silikate, nämlich vor allem Olivin, Pyroxen und Plagioklas, und Nickel-Eisen-Verbindungen, nämlich Kamazit mit 4–7 % Nickel und Taenit mit 30–60 % Nickel. Gerade die Anwesenheit von Taenit und Kamazit ist für das Vorliegen meteoritischen Eisens beweisend, denn das auf der Erde selten vorkommende gediegene Eisen ist praktisch nickelfrei. Neben diesen beiden Gruppen kommt relativ häufig in Meteoriten das Eisensulfid (FeS) Troilit vor. Insgesamt kennt man heute etwa 80 verschiedene Minerale in Meteoriten.

Klassifikation. Nach ihrem Mineralbestand werden die Meteorite in drei Hauptklassen unterteilt: Eisenmeteorite, Eisen-Stein-Meteorite und Steinmeteorite. Die Steinmeteorite werden, wenn kleine, kugelige Gebilde, die *Chondren,* in ihnen auftreten, Chondrite [1, 2, S. 207] genannt, sonst Achondrite [3, S. 207].

Eisenmeteorite [2, 3, 4, S. 209]
Sie sind gewöhnlich von sehr unregelmäßigem Umriß. Sie können in der Oberfläche tiefe Hohlräume enthalten, wenn beim Flug durch die Erdatmosphäre der Troilit ausgebrannt wurde, und weisen nicht selten Schmelzkrusten und andere Phänomene auf, die entweder bei einem Zusammenstoß im Weltraum, beim Zerbrechen während des Fluges, beim Einschlag auf die Erde oder aber auch erst bei der Verwitterung [3, S. 209] auf der Erdoberfläche entstanden. Die Oberfläche kann glatt sein, zerfurcht oder bedeckt von flachen Vertiefungen. Frisch gefallene Eisenmeteorite haben eine schwarze *Schmelzkruste.* Sie entsteht dadurch, daß infolge der Reibung beim Flug durch die Atmosphäre ein Schmelzen einsetzt. Diese Kruste ist sehr dünn, unter 1 mm, und meist nur auf einer Seite, der der Flugrichtung zugewandten, entwickelt. Die Oberflächenfarbe ist aber durch die Oxidation des Eisens gewöhnlich braun.

Eisenmeteorite bestehen in erster Linie aus Nickel-Eisen-Legierungen. Wenn man manche Eisenmeteorite durchschneidet und mit verdünnter Salpetersäure ätzt, zeigen sie Taenit- und Kamazitlamellen in einer Anordnung, die man *Widmannstättsche Strukturen* [4, S. 209] nennt.

Stein-Eisen-Meteorite [1, S. 209]
Die Meteorite dieser Gruppe haben neben Nickeleisen in etwa gleichen Mengen Silikate. Diese sind entweder schön begrenzte Kristalle von Olivin in einer durchgehenden Grundmasse von Nickeleisen (Pallasite) oder sie sind ungleichmäßig verteilte Plagioklase und Pyroxene (Mesosiderite). Nur etwa 4 % aller bekannten Meteorite gehören dieser Gruppe an. Ihre Oberfläche sieht etwa so aus, wie die der Eisenmeteorite; doch wittern die Silikate gerne heraus und so bekommt die Oberfläche ein rauhes, zernarbtes Aussehen.

Steinmeteorite [1, 2, 3, 4, S. 207]
Etwa 90 % der Meteorite, deren Fall beobachtet wurde, gehören dieser Gruppe an; von ihr wiederum sind mehr als 90 % Chondrite [1, 2]. Die meisten Chondrite haben in etwa eine Zusammensetzung von 30 % Pyroxen, 40 % Olivin, 10 % Plagioklas, 5–20 % Nickeleisen und etwa 6 % Troilit. Die Chondren [vgl. 2] bestehen gewöhnlich aus Olivin oder Orthopyroxen; es kann ihrer sehr viele, oder auch sehr wenige in den verschiedenen Chondriten geben. Die Achondrite [3] sind grobkörniger als die Chondrite; in ihrem Mineralbestand und ihrer Textur ähneln sie manchen irdischen Gesteinen. In ihrer Zusammensetzung sind sie variabler als die Chondrite; immer bestehen sie aus einem oder mehreren der Minerale Plagioklas, Pyroxen und Olivin.

Manche Steinmeteorite nähern sich der Kugelform. Andere wieder haben durch Zusammenstoß mit anderen Meteoriten oder mit der Erde eine sehr unregelmäßige Umgrenzung. Bisweilen sind sie konisch oder kegelförmig – ähnlich der Apollo-Kommandokapsel; das ist dann der Fall, wenn sie während ihres Fluges durch die Atmosphäre immer die gleiche Orientierung hatten, so daß eine Seite besonders stark erhitzt wurde und daher einen besonders starken Materialverlust erlitt. Die Schmelzkruste der Steinmeteorite ist dicker als die der Eisenmeteorite, gewöhnlich schwarz und kann glänzend oder matt sein. Sie kann Rillen oder Furchen aufweisen, die dadurch entstanden,

daß während des Passierens der Atmosphäre geschmolzenes Material von der Stirnseite nach rückwärts floß.

Das Innere der Steinmeteorite ist grau oder dunkelgrau, die Textur ist körnig; meist finden sich runde Chondren. In dieser Masse sind einige Flitter bis Bröckchen von Nickeleisen verstreut. Im Gelände sind Steinmeteorite schwer zu erkennen, da sie durchaus manchen irdischen Gesteinen auf den ersten Blick ähneln können [4].

Zusammenfassung über Erkennungsmerkmale von Meteoriten. Meteorite fallen so selten, daß es sinnlos ist, sie zu suchen. Wenn sie aber glauben, Sie hätten einen gefunden, so gibt es folgende Kennzeichen im Handstück: Erstens, die Anwesenheit von Chondren; zweitens, das Vorhandensein einer Schmelzkruste; und drittens, das Auftreten einer Nickel-Eisen-Legierung, aus der entweder der ganze Körper aufgebaut ist oder die sich auf einer frisch angebrochenen Oberfläche in Flittern und schimmernden Butzen und Körnern verteilt zeigt. Treffen diese Kennzeichen zu, dann kann das Objekt tatsächlich ein Meteorit sein, den Sie am besten zu einem Museum oder, noch besser, zu einem Mineralogischen Institut zur genauen Überprüfung bringen.

Tektite [5, S. 209]

Tektite sind kleine Objekte aus Glas, die, im Gegensatz zu Meteoriten, nur in einigen wenigen, relativ eng umgrenzten Gebieten der Erdoberfläche auftreten. Ihren Namen haben sie nach der Gegend, in welcher sie gefunden wurden: *Australite* werden in Südaustralien, Tasmanien und den vorgelagerten Inseln gefunden; *Philippinite* stammen von den Philippinen und aus Südchina; *Javaite* von Java; *Malaysianite* aus Malaysia; *Indochinite* aus Thailand und Indochina; *Elfenbeinküste-Tektite* stammen von der westafrikanischen Elfenbeinküste; *Bediasite* werden in Texas gefunden und *Georgiaite* in Georgia. Schließlich kennen wir noch die *Moldawite,* die in Südböhmen und Südmähren vorkommen.

Man nimmt an, daß bisher etwa 650 000 Tektite gefunden wurden, von denen etwa 500 000 aus dem Raum der Philippinen und aus Indochina stammen.

Im allgemeinen sind Tektite ziemlich klein, immer wohl unter 300 g und etwa 1 bis 3 cm im Durchmesser. Es wurde jedoch aus Indochina auch ein Tektik mit einem Gewicht von etwa 12 kg beschrieben. Die Formen der Tektite sind sehr variabel: scheibenförmige, linsenförmige, knopfförmige, tropfenförmige, hantelähnliche, kugelige und bootähnliche Formen kommen neben völlig unregelmäßigen vor.

Manche Tektite sind glatt und glänzend, andere wieder haben eine rauhe, stark geätzte und korrodierte Oberfläche mit einer Reihe von Rillen, die das Fließgefüge im Inneren des Glases widerspiegeln. Die meisten Tektite sind pechschwarz, in dünnen Splittern aber durchsichtig oder durchscheinend in Tönen von braun. Nur bei den Moldawiten findet man viele, die dunkelgrün sind und in dünnen Schichten flaschengrüne Farben zeigen.

Chemisch sind die Tektite ein kieselsäurereiches Glas, welches gleichzeitig relativ reich an Aluminium, Kalium und Kalzium ist. Man kann sich einige Eruptiva und besonders Sedimente vorstellen, aus deren Schmelzen die Tektite entstanden sein könnten. Man nimmt heute an, daß die Tektite dadurch entstanden, daß beim Einschlag großer Meteorite oder auch Kometen auf der Erdoberfläche terrestrische Gesteine geschmolzen wurden und die Tektite bildeten. Der für Deutschland interessanteste Fall ist das Nördlinger Ries als Meteoritenkrater und die Moldawite als seine Auswürflinge. Die Ansicht, daß Tektite extraterrestrischen Ursprungs sind, hat nur noch wenig Anhänger.

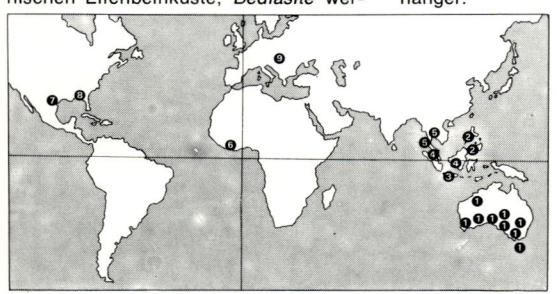

Verbreitung der Tektite auf der Erde:
1 Australite;
2 Philippinite;
3 Javaite;
4 Malaysianite;
5 Indochinite;
6 Elfenbeinküste-Tektite;
7 Bediasite;
8 Georgia-Tektite,
9 Moldawite

Fossilien

Fossilien sind die Überreste von Tieren oder Pflanzen, die sich im Gestein erhalten haben. Kaum je bleiben vollständige Organismen erhalten, vielmehr handelt es sich bei Fossilien im allgemeinen um Hartteile wie Knochen, Schalen oder Panzer von Tieren, Samen oder holzige Teile von Pflanzen. Bei Fossilien gibt es „interne Formen" – Steinkernerhaltung – (z. B. die meisten auf den Seiten 250–259 abgebildeten Ammoniten) und „externe Formen" – Schalenerhaltung, auch Abdrücke – (z. B. die Brachiopoden auf den Seiten 270–279), oder es geschieht, daß das ursprüngliche Material von Lösungen aus dem umgebenden Gestein imprägniert wird (z. B. bei Wirbeltieren auf den Seiten 302–309). Andere Möglichkeiten, indirekt Leben aus der Vergangenheit zu beweisen, sind Tierfährten, Tierbaue oder Bohrlöcher. Diese nennt man „fossile Spuren". Mit Ausnahme der Bohrlöcher von Teredo (Seite 262) werden sie in diesem Buch aber nicht behandelt. Die meisten fossilen Spuren sind jedoch leicht zu identifizieren, indem man sie mit ähnlichen Phänomenen der heutigen Umwelt vergleicht.

Fossilien findet man in fast allen Sedimentgesteinen, vor allem verbreitet in Kalken und manchen Schiefertonen. Bei dem größten Teil der Fossilien handelt es sich um in Wasser lebende Tiere, da im Wasser die Voraussetzungen für die Erhaltung eher gegeben sind als auf festem Land. Terrestrische Tiere und Pflanzen haben sich in vielen Fällen nur in aquatischen Ablagerungen erhalten, so im Meer, in Flüssen oder Seen oder in Flußmündungen. Man findet z. B. fossile Landsäugetiere an denselben Stellen und unter den gleichen Ablagerungsbedingungen wie die Überreste von Fischen, Krokodilen und Schildkröten. Dies läßt darauf schließen, daß zur Zeit der Ablagerung an diesen Stellen aquatische Bedingungen herrschten.

Wie sich Fossilien bilden. Man kennt filigranartig gebaute Organismen als Fossilien, und sogar Quallen, die nur aus Weichteilen bestehen, wurden unter ganz speziellen Bedingungen fossilisiert. Die Mehrzahl der Fossilien besteht jedoch nur aus den harten Teilen der Organismen, und im allgemeinen ist die Existenz solcher harter Teile eine wesentliche Voraussetzung für die Fossilisation. Selbst die härtesten Teile eines Organismus brechen aber auseinander, wenn sie aasfressenden Tieren, Bakterien oder ungünstigen Witterungsverhältnissen ausgesetzt sind. Eine Versteinerung setzt den Ausschluß solcher Faktoren voraus; im allgemeinen genügt eine schnelle Bedeckung des Organismus nach dem Tod. Das Medium, in welchem und durch welches die Überreste zugedeckt werden können, kann weitgehend variieren. Die am häufigsten vorkommenden Materialien sind jedoch Schlamm, Sand und vulkanische Asche. Viele der spektakulärsten Fossilien wurden unter ganz besonderen Bedingungen konserviert. Beispielsweise überdauerten Insekten in Bernstein (S. 292), der selbst ein fossiles Harz ist; vollständige Mammuts haben sich im Dauerfrostboden Sibiriens erhalten, oder Hunderttausende von Säugetierknochen haben in den Teergruben von Kalifornien die Zeit überdauert.

Viele Überreste von känozoischen Invertebraten (Wirbellosen) und Vertebraten (Wirbeltieren) haben sich materialmäßig unverändert erhalten. Oft sind keine chemischen Veränderungen der betreffenden Teile eingetreten, oder das Material wurde einfach mit Kieselsäure oder Kalzit imprägniert, die aus den umgebenden Schichten kamen, und zwar in Lösungen der entsprechenden Zusammensetzung. Dieser Prozeß führt dazu, daß sich Gewicht und Härtegrad des Fossils erhöhen, und ist unter dem Begriff *Versteinerung* bekannt.

Neben chemischen Prozessen kann auch eine Rekristallisation der Überreste eintreten. Diese beeinflußt zwar kaum die äußere Erscheinung des Fossils, kann jedoch die Feinstruktur völlig verwischen. In vielen Fällen, besonders bei paläozoischen oder mesozoischen Fossilien ist es vorgekommen, daß nach der Einbettung das ursprünglich vorhandene Material des Organismus oder seiner Hartteile aufgelöst und weggeführt worden ist. Damit entstand häufig im bereits verfestigten Gestein ein Hohlraum, der sich dann mit Mineralen aus dem umgebenden Sediment füllen konnte. Dieser Prozeß wird als *Verdrängung* bezeichnet. Geht die Auflösung der ursprünglichen Bausteine stufenweise allmählich vor sich, und synchron dazu die Verdrängung, kann sogar die Feinstruktur des Organismus erhalten bleiben. Löst sich jedoch das ursprüngliche Material schnell auf und wird nicht sofort ersetzt, dann geht die ursprüngliche Struktur verloren, obwohl die äußere Form durchaus erhalten bleiben mag. Einige der so entstandenen Fossilien sind sehr schön, vor allem wenn es sich bei dem Verdrängungsmaterial um Kieselsäure oder um Eisenverbindungen wie Pyrit (Eisensulfid) handelt. In manchen

Fällen wird das Gewebe des Organismus in einen Kohlenstoff-Film umgewandelt; diesen Prozeß nennt man *Inkohlung*. Die Ergebnisse dieses Vorganges sind in diesem Buch gut bei einigen Pflanzen (S. 214 ff.) und bei Graptolithen (S. 280) veranschaulicht.

Nomenklatur. Beinahe alle lebenden Tiere und Pflanzen haben bekannte, leicht verständliche Namen, die oft relativ präzise sind, da sie sich nur auf eine bestimmte Tier- oder Pflanzenart beziehen. Auf der anderen Seite sind Fossilien selten so allgemein bekannt, daß sie einen bestimmten Namen bekommen hätten, wenn man von manchen großen Gruppen absieht wie den Ammoniten und Dinosauriern. Man benützt hier keine volkstümlichen Namen. Dafür gibt es drei Gründe. Erstens sind nicht wissenschaftliche Namen zu ungenau und können sich auf sehr unterschiedliche Tiere oder Pflanzen beziehen, je nachdem in welcher Gegend man den Namen gebraucht; zweitens sind sie nicht international und lauten in jeder Sprache anders; drittens schließlich haben manche seltenere Tiere und Pflanzen und die Mehrzahl der Fossilien erst recht nie einen populären Namen bekommen. Um diese Schwierigkeiten zu überwinden, haben jede zeitgenössische Pflanze und jedes Tier, ebenso wie jedes Fossil, einen wissenschaftlichen Namen, der im allgemeinen der lateinischen Sprache entnommen ist oder durch Latinisierung eines Wortes aus einer anderen Sprache entstand. Die Schwierigkeit bei dieser wissenschaftlichen Nomenklatur ist die, daß manche Namen sehr lang, schwer auszusprechen und schwer im Gedächtnis zu behalten sind. Das ist aber ein geringer Nachteil, wenn man die vielen Vorteile berücksichtigt: Wissenschaftliche Namen sind international und sind daher für Wissenschaftler verschiedener Nationen die gleichen; sie sind exakt und definieren genau die Art des Organismus, auf welchen sie sich beziehen; schließlich gibt es für jeden bekanntgewordenen Organismus auch einen Namen. Wird eine neue Form gefunden, dann gibt ihr der Entdecker bei der ersten Beschreibung auch einen international verbindlichen Namen.

Tiere und Pflanzen werden in verschiedene Klassen zusammengestellt und diese zueinander in Beziehung gesetzt; manche dieser Klassen werden in diesem Buch gebraucht oder erwähnt. Jedes Tier und jede Pflanze gehört zu einer Art (Spezies). Dies ist eine Gruppe von sehr ähnlichen Individuen; diese können sich kreuzen und fruchtbare Nachkommen zeugen, sind aber nicht imstande, dasselbe mit Angehörigen einer anderen Art zu tun. Es gibt einige wenige Beispiele bei den Tieren, mehr bei den Pflanzen, bei welchen die Grenzen der Art zu verschwimmen scheinen und es die Möglichkeit einer erfolgreichen Kreuzung zwischen Angehörigen verschiedener Arten gibt. Das sind aber Ausnahmen, und eine erfolgreiche Fortpflanzung zwischen Individuen verschiedener Arten ist in der überwiegenden Mehrzahl der Fälle nicht möglich. Der wissenschaftliche Name einer Art besteht aus zwei Teilen, dem *Gattungsnamen* und dem *Trivialnamen* oder *Artnamen*, dem Namen der Spezies also. Als Beispiel sei *Homo sapiens* genannt. Der Artname wird immer zusammen mit dem Gattungsnamen gebraucht und ist allein benützt ohne Bedeutung. Der Gattungsname bezieht sich auf die *Gattung*, das ist eine Gruppe von Arten, die sich im wesentlichen ähneln und die in enger Beziehung zueinander stehen. Beispielsweise beinhaltet die Gattung *Equus* (Pferde) eine ganze Anzahl von Arten, so das Hauspferd, *Equus caballus*, den Wildesel, *Equus asinus*, und das Zebra, *Equus zebra*. Angehörige dieser drei Arten sind offensichtlich sehr ähnlich in ihrem Aussehen, ihrer Anatomie, ihrer Lebensweise und in ihrem Verhalten, doch sie unterscheiden sich in kleineren Eigenheiten wie ihrer Farbe und Einzelheiten ihrer Anatomie. Der Gattungsname beginnt immer mit einem großen Buchstaben und kann auch allein benützt werden, um die Gattung zu bezeichnen.

Gattungen werden zu Familien zusammengefaßt, das sind größere Gruppen im wesentlichen ähnlicher Organismen, beispielsweise die *Felidae*, zu denen man alle katzenähnlichen Tiere rechnet, wie die Hauskatze, den Luchs, den Tiger, den Löwen, den Berglöwen, den Leopard und den Jaguar. Die Namen der Familien können daran leicht erkannt werden, daß sie auf ,,ae" enden. Familien werden zu Ordnungen zusammengefaßt; Glieder verschiedener Ordnungen unterscheiden sich in manchen wesentlichen Merkmalen voneinander. So umfaßt die Ordnung der Carnivora alle fleischfressenden Säugetiere wie Katzen, Wiesel, Hyänen, Hunde und Waschbären. Angehörige der Ordnung der Carnivora unterscheiden sich in manchen auffälligen Eigenheiten von solchen der größeren Ordnung der pflanzenfressenden Säugetiere, wie es die Artiodactyla sind, der Schweine, Rotwild, Giraffen und Antilopen angehören. Die Namen der Ordnungen ist nicht immer leicht erkennbar. Immer beginnen sie mit einem Großbuchstaben, und viele von ihnen enden mit ,,a". Doch ist dies nicht immer der Fall, und manche Namen höherer Ordnungen haben die gleiche Endung. Auf Grundlage der Ordnungen werden hier im Buch an manchen Stellen die behandelten Objekte zusammengestellt, so unter Bryozoen (S. 232–238) die vier Ordnungen Cryptostomata, Trepostomata, Cyclostomata und Cheilostomata. Ordnungen werden zu Klassen zusammengestellt und letztere auch als Einteilungsprinzip benützt. Beispielsweise werden vier Klassen der Mollusken beschrieben: Es sind dies die Gastropoden, Cephalopoden, Pelecypoden (auch als zweischalige Mollusken bezeichnet) und Scaphopoden. In manchen Fällen wurden die Namen der Ordnungen und Klassen durch eine kleine Änderung der Endung dem Sprachgefühl angepaßt, wenn beispielsweise hier Gastropoden geschrieben wird anstelle von Gastropoda. Angehörige verschiedener Klassen sind voneinander schon sehr unterschiedlich, aber doch noch nicht so grundsätzlich wie die verschiedener Stämme; diese sind die großen Unterteilungen im Tierreich, und der größte Teil des Fossilienkapitels ist danach angeordnet. Die hier beschriebenen Stämme sind die Arthropoden, Mollusken, Bryozoen und Echinodermen. Es gibt über eine Million Arten von Tieren und Pflanzen; daher ist es natürlich völlig aussichtslos, auf Basis der einzelnen Arten eine Beschreibung auch nur zu versuchen, auch dann, wenn man Familien vollständig behandeln will. Es wurde daher versucht, solche Arten zu beschreiben, die weit verbreitet und innerhalb eines Stammes gut durch Fossilien belegt sind. Formale Namen wurden für die Stämme nicht gebraucht, wenn ein üblicherer Name als gleich gut angesehen wurde und auf dieser Basis keine Verwechslung zu befürchten war. Tiere sind als Fossilien wesentlich wichtiger als Pflanzen; deshalb ist der größere Teil dieses Abschnittes den fossilen Tieren gewidmet. Einige wichtige Gruppen von Tieren wurden nicht behandelt, sei es, daß sie als Fossilien zu selten sind, wie beispielsweise die Würmer (Anneliden), sei es, daß sie zu klein sind, wie beispielsweise die Foraminiferen. Diese kann man nur mit besonderen Techniken sammeln, und zu ihrer Identifikation bedarf es eines Spezialwissens. Die meisten Objekte werden mit ihrem Gattungsnamen bezeichnet und in Abschnitten zusammengefaßt, als welche Ordnungen oder Klassen gewählt wurden. Die Mollusken sind die wichtigsten größeren fossilen Tiere; daher wurde ihnen wesentlich mehr Raum gewidmet als anderen Gruppen. Manche Gruppen wieder, wie Insekten und Fische, sind sehr schwer zu bestimmen; in diesen Fällen wurden nur einige wenige Beispiele gegeben und nicht versucht zu erklären, in welche spezielle Gruppe sie gehören.

Warum man Fossilien untersucht: Paläontologie, oder das Studium der Fossilien, ist ein wichtiger Zweig der Geologie. Die Funde der Paläontologen haben ebenso eine große und immer noch wachsende Bedeutung bei zoologischen und botanischen Forschungen und werden auch bei der Suche nach Mineralen gebraucht. Fossilien sind der einzige direkte Beweis früheren Lebens; die Untersuchung ihrer Anatomie zeigt wichtige Beziehungen zu lebenden Organismen auf. So wurden die Entwicklungsgeschichten der Pflanzen und Tiere durch die Untersuchung von Fossilien sehr eingehend abgeleitet und gesichert. Sie gehören zu dem Interessantesten, was die Naturgeschichte zu bieten hat.

Fossilien können uns Hinweise über das Alter der Gesteine geben, in welchen sie vorkommen, und sie können uns Beziehungen zwischen Gesteinen des gleichen Alters bieten, die geographisch weit voneinander entfernt sind. Bis vor kurzer Zeit konnte man über das Alter von Gesteinen nur relative Angaben machen, die alle auf den Fossilien beruhten, die diese Gesteine enthielten. Zu diesem Zweck werden auch heute noch Fossilien weitgehend verwendet, so zur Lokalisierung ölhöffiger Horizonte oder bei der Suche nach anderen fossilen Brennstoffen, wie Kohle und Erdgas. Die Bestimmung des Alters von Gesteinen – sachbedingt nur Sedimentgesteine – beruht darauf, daß man ihre Flora und Fauna mit ähnlichen Vergesellschaftungen aus Gesteinen bekannten Alters vergleicht. Deshalb ist es notwendig, Fossilien zu identifizieren; die genaue Erkennung und Interpretation von Fossilien gehört zum Aufgabenbereich vieler Geologen, die in Museen, Geologischen Landesämtern, an der Universität und in der Industrie tätig sind. Damit soll nicht gesagt werden, daß ein Liebhabergeologe diese Fossilien nicht bestimmen könnte; die meisten Fossilien, die man findet, können von einem erfahrenen Sammler auch bestimmt werden.

Während dieses Jahrhunderts wurden Methoden zur Bestimmung des absoluten Alters eines Gesteins entwickelt; d. h. man kann sagen, vor wieviel Millionen Jahren das Gestein sich gebildet hat. Diese Methoden beruhen darauf, daß man die Änderung radioaktiver Elemente bestimmt, die in einem Gestein oder in einem Mineral bei dessen Bildung eingebaut wurden.

Bei känozoischen Gesteinen ist wohl die brauchbarste Methode diejenige, die sich des Zerfalls von radioaktivem Kalium zu Argon bedient. Sie wird Kalium-Argon-Methode genannt und ist sehr wohl auch auf ältere Gesteine anwendbar. Bei älteren Gesteinen werden noch verschiedene andere Methoden angewandt, so die der Umwandlung von Rubidium in Strontium; bei ganz jungen Gesteinen kann das in ihnen eingeschlossene Holz oder aber es können Knochen zur absoluten Altersbestimmung nach der C^{14}-Methode herangezogen werden. Diese Methoden haben keineswegs die Bestimmung und den Gebrauch von Fossilien zu Altersbestimmungen überflüssig gemacht; sie haben es aber ermöglicht, die geologische Zeitskala in absoluten Zahlen und mit größerer Genauigkeit aufzustellen. Beide Methoden, absolute Datierung und Bestimmung des Alters anhand von Fossilien, werden gemeinsam benützt; die Fossilien dienen zur Bestimmung der Sedimente, die absoluten Altersbestimmungsmethoden zur Datierung von Eruptivgesteinen. Ein schönes Beispiel des Zusammenspiels dieser beiden Methoden ist eine Lagerstätte untermiozäner Säugetiere in Ostafrika. Manche dieser Säugerreste liegen in vulkanischen Sedimenten oder in Schichten, die zwischen vulkanische Aschen eingeschaltet sind. Das vulkanische Material kann nach seinem Gehalt an radioaktiven Elementen genau datiert werden und gibt so absolute Alterswerte für die Säugetiere. Diese Fauna kann dann mit entsprechenden Säugetierfaunen in Afrika, Europa und Asien verglichen werden, so daß auch für jene, obzwar kein vulkanisches Material vorliegt, absolute Altersangaben gemacht werden können. Natürlich ergeben sich daraus weitere Rückschlüsse.

Fossilien, die zur Datierung verwendet werden sollen, müssen sehr weit verbreitet sein und sich im Laufe der Zeit schnell ändern. Man nennt sie Leitfossilien. Ammoniten und andere Mollusken, Brachiopoden, Trilobiten und Echinodermen erfüllen diese beiden Bedingungen und sind so zur Datierung vieler Gesteine sehr nützlich. In dieser Beziehung sind die Ammoniten ganz besonders wichtig, und sie werden in sehr enge Zeitintervalle untergliedert. Beim Liebhabersammler ist eher das Gegenteil der Fall. Er will, sei es aus der geologischen Karte heraus, sei es aus einem geologischen Führer, das Alter des Gebietes kennen, in welchem er sammelt, damit er die gesammelten Fossilien leichter bestimmen kann. Wenn man das geologische Alter weiß, sind die Grenzen bei der Bestimmung eines Fossils viel enger gesteckt. In diesem Abschnitt wird die Zeit des Vorkommens jeder Gattung hinreichend genau angegeben; auch wird die geographische Verbreitung mitgeteilt, wobei folgende Abkürzungen gebraucht werden: E: Europa; NA: Nordamerika; SA: Südamerika; Aust: Australien; Af: Afrika; weltweit bedeutet, daß die genannte Gattung in all diesen Gegenden, und dazu Asien, vorkommt.

Fossile Pflanzen

Diese sind relativ weniger bedeutend als die fossilen Tiere, wenngleich Pollen und Algen bisweilen zur Datierung von Gesteinen sehr wichtig werden können. Es gibt im Pflanzenreich weniger Arten als im Tierreich; auch war die größere Zahl der Pflanzen terrestrisch, während die meisten fossilen Tiere unter aquatischen Bedingungen lebten. Hier werden nur einige Repräsentanten der größeren Gruppen von Landpflanzen behandelt.

Psilophyten. Silur bis Devon; NA, E, Asien, Aust. Die ältesten bekannten Landpflanzen. Sehr primitiv, keine Blätter, Wurzeln oder Samen.

Psilophyton. Devon; NA [1]. Gabelförmige Wachstumsformen, Stämme mit Dornen, junge Triebe mit gewundener Spitze.

Pflanzen aus Kohleablagerungen

Das Karbon ist die größte Quelle fossiler Pflanzen, und Kohlenhalden sind der beste Ort zum Sammeln. Zu dieser Zeit gab es schon einige weit entwickelte Pflanzen auf der Erde.

Licopodiinen. Devon – Neuzeit; weltweit. Die noch lebenden Glieder gehören zu den Bärlappgewächsen; kleine Pflanzen tropischer Wälder; es gibt heute etwa 900 Arten; Fortpflanzung durch Sporen. Im Karbon waren sie sehr wichtig. Ihr Stamm war, bevor er sich gabelte, bis zu 30 Meter hoch. Stämme und Äste tragen Blätter in spiraliger Anordnung.
Lepidodendron. Karbon; E [3]. Die Astenden haben kurze, sehr eng gestellte Blätter; immer nur ein einzelner Ast. Astwachstum durch wiederholte Gabelung. An älteren Stammteilen spiralig angeordnete Blattnarben.

Sphenophyllen. Devon – Neuzeit; weltweit. Zu den noch lebenden Formen gehört *Equisetum* (Schachtelhalm). Im Karbon sehr wichtig. Manche Formen erreichten Größen von 40 m. Der gegliederte Stamm zeigt innen Abdrücke senkrechter Wülste. Die Triebe und Äste zweigen bei den Knoten des Stammes ab.

Calamites [4]. Abdruck des Stamminneren mit Wülsten und Knoten.

Annularia. [2]. Die abgefallenen Blätter von einer Pflanze, die ähnlich oder identisch mit *Calamites* ist.

Farnähnliche Pflanzen, Devon – Neuzeit; weltweit. Manche dieser karbonzeitlichen Pflanzen sind wahrscheinlich echte Farne, andere jedoch vermehrten sich durch Samen und nicht durch Sporen; sie werden Samenfarne genannt.

Pecopteris [5]. Wahrscheinlich ein echter Farn. Er hat zahlreiche kleine Blätter, die eine deutliche Mittelrippe aufweisen. Sie sitzen am Stamm mit ihrer vollen Grundfläche auf.

Ptychocarpus [6]. Im wesentlichen ähnlich Pecopteris [5]; verbreitet in E und NA.

Neuropteris [7]. Ein Samenfarn, der keine engen Beziehungen zu den beiden obengenannten Gattungen hat. Die Wachstumsformen der echten und der Samenfarne sind nahezu identisch; die Samen dieser Pflanze sind klein und zeigen an den Seiten drei oder vier Wülste.

Cordaiten. Devon – Trias; weltweit. Diese ausgestorbene Pflanzengruppe stellt die Vorläufer der heutigen Nadelhölzer dar. Im Karbon ist sie durch große Bäume mit bandähnlichen Blättern und lose gebauten Zapfen vertreten.

Cordaites [1]. Man sieht das Bruchstück eines Blattes. Beachten Sie die schmalen, riemenähnlichen Formen mit nahezu parallelen Kanten. Die Adern sind parallel zur Längsachse des Blattes angeordnet.

Cordaianthus [2]. Der offen gebaute Zapfen stellt den weiblichen Fruchtstand dieser frühen Pflanzen dar. Vergleichen Sie deren Struktur mit dem deutlich kompakteren Zapfen von *Araucaria* [3].

Mesozoische und tertiäre Pflanzen
Ginkgoales. Devon – Neuzeit; weltweit. Heute nur noch eine lebende Art: *Ginkgo biloba.* Im Erdmittelalter eine wichtige Pflanzengruppe. Die Bäume sind den Koniferen ähnlich, haben aber Blätter, die abfallen und eine charakteristische Form und Äderung besitzen.

Ginkgo [4]. Jura. Man sieht die Blätter.

Coniferales. Karbon – Neuzeit; weltweit. Eine wichtige Gruppe heute noch lebender Bäume, zu welcher die Pinien und die kalifornischen Rothölzer gehören. Die Blätter sind gewöhnlich lang und schmal, die Samen stecken in den Zapfen.

Araucaria. Kreide; SA [3]. Dichter, rundlicher Zapfen mit Schuppen in spiraliger Anordnung. Im polierten Längsschnitt (rechts) ist der dichte Bau gut zu sehen.

Sequoiadendron. Oligozän [5]. Nahe verwandt dem noch lebenden Rotholz, *Sequoia,* aus Kalifornien. Die Zapfen sind klein mit relativ wenigen Schuppen.

Bennettitales, Karbon – Kreide; weltweit. In den meisten jurassischen Floren wichtig; blütenähnliche Fortpflanzungsorgane.

Williamsonia. Trias – Kreide [6]. Die „Blüten" bestehen aus einer kreisförmigen Basis. Von ihr gehen lange, blumenblattähnliche Staubfäden aus, die nach innen und oben reichen.

Pterophyllum. Trias – Jura [7]. Die Blätter von Bennettitales sind farnähnlich; bei *Pterophyllum* sitzen die Blättchen an einem breiten Hauptstamm und zeigen parallele Äderung.

Nilssoniales. Trias – Kreide; NA, E, Asien. Eine kleine Gruppe, die den Bennettitales nahesteht. Die Fortpflanzung erfolgt durch Samen, die in dicht gebündelten Blättern sitzen. Sie bildeten aber keine Zapfen.

Nilssonia. Jura [1]. Die kleinen Blätter sind entlang einem zentralen Stengel angeordnet, haben feine, parallele Äderchen und sitzen mit der ganzen Grundfläche auf.

Angiospermen. Kreide – Neuzeit, weltweit. Angiospermen sind die bei weitem wichtigsten und am besten bekannten fossilen Pflanzen. Die Gruppe umfaßt alle Blütenpflanzen und wird in die Dicotyledonen und Monocotyledonen unterteilt. Cotyledonen, Keimblätter, sind eine besondere Art von Blättern, die zur Ernährung des Samens dienen und die fleischige Hauptmasse der meisten Samen bilden. Bei den Dicotyledonen gibt es zwei Keimblätter im Samen, der sich normalerweise gut aufspalten läßt, da die beiden Keimblätter nicht fest miteinander verwachsen sind. Beispiele dafür sind Erbsen und Bohnen. Die Blätter der Dicotyledonen haben ein Netzwerk von Äderchen, und die Gefäßbündel in Stamm oder Stengel sind auf einen einzigen Außenring beschränkt. Bei den Monocotyledonen gibt es nur ein einziges Keimblatt; der Samen ist schwer auseinanderzuspalten, wie beim Mais oder Weizen. Die Blätter haben parallele Äderchen, und die Gefäßbündel sind über den ganzen Stammquerschnitt verteilt.

Dicotyledonen
Die Angiospermen erreichten während des Erdmittelalters Bedeutung; manche heute noch lebenden Gattungen sind seit der Kreide bekannt.

Laurus (Lorbeer) [2]. Repräsentant der Familie der Lauraceae, die im Kreidezeitalter eine sehr wichtige Familie darstellten. Die Blattränder sind nicht zerteilt, die Adern sind hier gut entwickelt; sekundäre Äderchen zweigen von einer zentralen Ader ab.

Platanus (Platane) [4]. Repräsentant der Familie der Platanaceae, die in verschiedenen Gruppen während der Kreide und der nördlichen Hemisphäre sehr häufig waren. Die einzige überlebende Gattung, *Platanus,* war schon im Känozoikum sehr verbreitet und ist es heute noch. Der Blattrand ist unterteilt, das Netzwerk der Aderung ist gut zu sehen.

Tertiäre Dicotyledonen
Während des Tertiärs waren die Angiospermen die dominierenden Landpflanzen, und seit dem mittleren Tertiär sah die Flora der nördlichen Hemisphäre wahrscheinlich sehr modern aus. Vier fossile Blätter werden hier gezeigt; drei davon [3, 6, 7] gibt es auch als rezente Gattungen. Die Mehrzahl der tertiären fossilen Pflanzen kann durch Vergleich mit den heutigen Pflanzen bestimmt werden.

Planera. Miozän [5]. Nahe verwandt der Ulme, *Ulmus.*

Rhus. Paleozän – Neuzeit [6]. Lebende Formen dieser Gattung enthalten das Gift des Efeus und des Färberbaumes.

Acer. Paleozän – Neuzeit [3]. Lebende Formen dieser Gattung sind die Sykomore und der Feldahorn.

Populus. Kreide – Neuzeit [7]. Die Pappel ist eine heute noch lebende Form.

Fossiles Holz

Fossiles Holz ist in manchen Teilen der Welt sehr verbreitet; es wird häufig in Trockengebieten oder Wüsten gefunden. Stark silifiziertes Holz kann man schneiden und polieren, doch braucht man dazu eine spezielle Einrichtung. Man kann aber auch polierte Anschliffe von versteinertem Holz kaufen, beispielsweise in Mineralienhandlungen und Andenkenläden.

Quercus (Eiche), Eozän – Neuzeit [1]. Beachten Sie das Auftreten von Wachstumsringen mit Gefäßbündeln, die als dunkle Flecken hervortreten und rings um den Stamm angeordnet sind. Das ist der typische Querschnitt von Holz eines Dicotyledon; vergleichen Sie es mit *Palmoxylon* [6].

Fossile Früchte.

Sie kommen häufig vor und können ebenso zur Identifizierung einer Pflanze dienen wie deren Blätter. Die Tafel zeigt z. B. die Früchte von Ficus [3]. Die Hülsenfrüchte (Leguminosae) sind seit dem Känozoikum bis heute wichtig; zu dieser Familie gehören Bohnen und Erbsen.

Prosopis, Oligozän [2]. Die Fruchtstände mit 6 Samen sind zeilenförmig angeordnet.

Monocotyledonen

Gräser sind die wichtigsten lebenden Monocotyledonen, die mit Ausnahme ihrer Pollen unter den fossilen Floren nur sehr spärlich vertreten sind. Bei weitem am häufigsten treten unter fossilen Monocotyledonen Palmen auf. Sie kommen in der fossilen Flora der ganzen Welt vor und zeigen in manchen Fällen an, daß in Gebieten mit heute kaltem oder gemäßigtem Klima früher tropische Bedingungen herrschten. So kommt beispielsweise *Nipa,* eine Palme, ganz allgemein im eozänen Londoner Ton vor; die gleiche Gattung finden wir heute in den Tropenwäldern Malaysias.

Palmblatt. Kreide – Neuzeit [5]. Dieses Bruchstück zeigt die parallelen Adern, die für Monocotyledonen typisch sind; sie verlaufen entlang der erhabenen Teile des Blattes.

Nipadites. Eozän [4]. Palmfrüchte sind als Fossilien sehr verbreitet; besonders in solchen Palmen, die an Flußläufen oder auf Bänken im seichten Wasser wuchsen.

Palmoxylon. Kreide – Neuzeit [6]. Der Stamm oder das Holz dieser Palme ist typisch für Monocotyledonen. Im polierten Anschliff sieht man hier die Gefäßbündel als dunkle Flecken, die über den Querschnitt verteilt sind. Im Gegensatz zu *Quercus* [1] sind keine Wachstumsringe zu erkennen.

Korallen

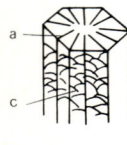

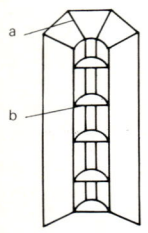

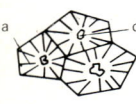

Typische Struktur versteinerter Korallen; Seitenansicht (oben) und zwei Schnittbilder

Einfache, häufig fossilisierte Tiere mit einem Kalzitskelett. Ihre Klassifikation basiert im wesentlichen auf mikroskopischen Untersuchungen. Einige Formen kann man jedoch aufgrund ihrer makroskopischen Anatomie identifizieren; und wenn man das Alter des Vorkommens kennt, ist es gemeinhin leicht, sie ihrer größeren Gruppe zuzuordnen. Korallen bilden entweder *Kolonien* (Hexagonaria), oder sie leben als Einzelindividuen (Caninia). Wichtige Hilfsmittel für die Bestimmung sind die Gestalt und bei den koloniebildenden Korallen die Ausbildung des Korallenstocks. Korallen können massiv oder dicht sein, Klumpen bilden (Hexagonaria) oder verästelte Formen (Coenites). Auch krustenförmige Überzüge kommen vor (Echinopora). Das Einzeltier ist der *Polyp* (Corallit), eine Gruppe von Einzelpolypen bildet *Stöcke*. Wichtige Kennzeichen der Einzelkoralle: Die *Septa* (a) sind radialstrahlig angeordnete, senkrecht stehende Scheidewände; die *Tabulae* (b) sind größere horizontale Unterteilungen nahe der Mitte des Einzeltiers (Corallit); und die *Dissepimente* sind kleine horizontale, schräge Unterteilungen nahe der Außenwand. Die axiale Struktur (d) kann ein stäbchenähnliches Gebilde oder aber eine diffuse vertikale Struktur im Zentrum einer Koralle sein.

Scleractinia
Nachpaläozoisch, Einzelkorallen und Kolonien, Septa ausgeprägt, auch Tabulae und Dissepimente vorhanden.

Parasamilia. Kreide – Neuzeit; weltweit [1]. Gewöhnlich klein, zylindrisch. Solitär oder in Kolonien. Querschnitt kreisförmig. Zahlreiche Septa verschiedener Länge mit körniger Oberfläche. Axiale Struktur groß und schwammig. Auf der Oberfläche vertikale Wülste.

Favia. Kreide – Neuzeit; weltweit [2]. Koloniebildend. Die einzelnen Coralliten sind klein bis mittelgroß; sie berühren einander mit den Außenwänden, in die die Septa einschneiden. Favia tritt dicht auf, bildet Krusten und säulenförmige Anhäufungen; keine Verästelung. Zahlreiche Septa von verschiedener Länge mit gezackten Rändern. Die axiale Struktur ist weit und schwammig. Innerhalb und außerhalb der Coralitenwandung sind die Dissepimente gut entwickelt. *Favia* [2], *Porites* [3] und *Acropora* [4] sind vom Miozän bis heute wichtige Riffbildner.

Septa von Porites

Porites. Eozän – Neuzeit; weltweit [3]. Seit dem Miozän bis heute allgemein verbreitet. Kommt in Kolonien vor, die verästelte, dichte oder krustige Formen zeigen. Die Einzeltiere sind klein, Kelchwände fehlen, Septa meist gezackt und perforiert (Abb.). Axiale Struktur kann auftreten, und der innere Teil der Septa kann gertenförmig ausgebildet sein.

Acropora. Eozän – Neuzeit; weltweit [4]. Kolonien, gewöhnlich verästelt. Die Einzelkoralle ist klein, wächst auf der Oberfläche und hat eine wulstige Umrandung. Das Material zwischen den Einzelkorallen ist schwammig, körnig und stachelig. Die Septa sind kurz, axiale Struktur und Dissepimente fehlen.

Stylophora. Eozän – Neuzeit; NA, SA, E, Asien [5]. In Kolonien lebende, astbildende Koralle. Die einzelnen Korallen sind sehr klein und durch dicke Wülste getrennt. Wenig Septa, die größeren mit der Axialstruktur verbunden. Dissepimente vorhanden.

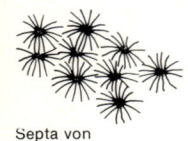

Septa von
Thamnasteria

Thamnasteria. Trias – Kreide; NA, SA, Asien, E [1]. Lebt in Kolonien, bildet Äste, dichte Massen oder, wie hier zu sehen, Krusten. Die Einzelkoralle ist mittelgroß, deutliche Kelchumrandungen fehlen. Das Zentrum der Einzelkoralle wird von den Septa erreicht, welche die Umrandung schneiden. Die axialen Strukturen sind schlank. Ziemlich verbreitet und wahrscheinlich Riffbildner.

Isastraea. Jura – Kreide; NA, E, Af [2]. Kolonien, massig. Die Einzelkorallen sind groß, gewöhnlich mit fünfseitigem oder sechsseitigem Querschnitt. Septa zahlreich und von variabler Größe. Die oberen Ränder der Septa sind perlenförmig aufgelöst. Dissepimente vorhanden.

Cyclolites. Kreide – Eozän; E, Asien, Af, Westindien [4, 5]. Einzelkorallen; Durchmesser gewöhnlich 2–10 cm, scheibenförmig mit tiefer, zentraler Einkerbung. Sehr viele radialstrahlig angeordnete Septa mit gezackten Rändern und kleinen Perforationen, die man nur bei zerbrochenen Stücken sieht. Die Unterseite von Cyclolites zeigt konzentrische Wülste und Furchen, welche für diese Gattung typisch sind.

Montlivaltia. Trias – Kreide; weltweit [3]. Einzelkorallen; große zylindrische Formen, längliche oder gedrungene Kegel, kreisrunder Querschnitt. Viele lange Septa, die von einer länglichen zentralen Grube ausstrahlen und an der Oberseite gezackt sind. Axiale Strukturen nur angedeutet oder fehlend. Die zahlreichen Dissepimente sind in der Abbildung nicht zu sehen. Bei der hier gezeigten Art erkennt man an der Kelchwand die Spuren der Septen als zahlreiche vertikale Wülste. Die Septa können auch von der Oberfläche ausgehen und scheinen dann die Außenwände zu überlappen (gut zu sehen bei *Thecosmilia* [6]).

Thecosmilia. Trias – Kreide; weltweit [6]. Kolonien aus großen Einzelkorallen ähnlich *Montlivaltia*. Der Körper jeder Einzelkoralle ist gewöhnlich ziemlich dick und hat einen kreisförmigen Querschnitt. Sehr viele Septa, deren Oberseite wie bei *Montlivaltia* eingekerbt ist. Nur schwach ausgeprägte Axialstrukturen oder ganz fehlend. Die Aufnahme zeigt deutlich die Septa an der Außenseite des Kelches. Normalerweise keine Querrillen.

Placosmilia. Kreide – Eozän; E [7]. Ähnlich wie *Montlivaltia* [3], doch gestreckter im Querschnitt. Kelchkörper kurz und kegelförmig. Die Außenwand zeigt deutliche horizontale Furchen und senkrechte Rippen, die den Austritt der Septa darstellen. Diese sind zahlreich und ziemlich dick. Axialstruktur lang und abgeflacht. Diese Gattung kann mit *Caryophyllia* (Jura – Neuzeit; weltweit) verwechselt werden. Caryophyllia hat einen mehr kreisförmigen Querschnitt und eine runde Axialstruktur.

Meandrina. Eozän – Neuzeit; SA, E, Westindien [1]. Vertreterin der Hirnkorallen. Koloniebildend, dicht, aus zahlreichen länglichen einzelnen Coralliten, in denen kurze Septa nach innen geneigt sind, in Richtung der länglichen axialen Struktur. Es bilden sich so zahlreiche mäandrierende Furchen, die gewöhnlich durch hohe Wälle getrennt sind, die aber auch ineinander übergreifen können.

Echinopora. Miozän – Neuzeit; Af, Pazifik [2]. Blattförmige oder krustenförmige Kolonien. Die Coralliten haben einen Durchmesser von etwa 5 mm und sind durch Wände voneinander getrennt; wulstige, stachelige Ränder. Die Wand zwischen den Einzelkorallen zeigt kleine Stacheln oder Körnchen. Die Axialstrukturen sind groß und schwammähnlich. Dissepimente zahlreich. Die sehr ähnliche Form *Montastrea* (Jura – Neuzeit) ist in der Karibik sehr verbreitet und kommt auch in Europa vor. Die Ränder der Coralliten sind weniger ausgeprägt als bei Echinopora.

Rugosa Paläozoische Einzelkorallen oder Kolonien, Septa stark entwickelt, auch Tabulae und Dissepimente vorhanden. Sehr ähnlich den *Scleractinia* (S. 222), von welchen sie am einfachsten durch das Alter unterschieden werden kann.

Palaeosmilia. Karbon; weltweit [3]. Gewöhnlich einzeln lebende Korallen, mittelgroß bis sehr groß, mit zahlreichen Septa, deren größere bis in die Mitte hineinreichen und so eine axiale Struktur bilden. Die äußere Wand hat quer verlaufende, gut entwickelte Wülste. Dieses Exemplar zeigt auch eine senkrechte Streifung, die den Verlauf der Septa anzeigt.

Caninia. Karbon bis Perm; NA, E, Asien, Aust [4]. Einzelkorallen, bisweilen auch koloniebildend; groß, zylindrisch oder langgestreckt kegelig. Septa kurz. Im Zentrum der Einzelkoralle zahlreiche, gewöhnlich flache Tabulae. Dissepimente in den Außenpartien. Das abgebildete Beispiel ist verwittert und läßt die Tabulae gut erkennen. Das Wabenmuster auf der Vertikalfläche ist durch die Verwitterung bedingt, welche die Dissepimente klar hervortreten läßt.

Lithostrotion. Karbon; weltweit [5]. Koloniebildend; die Coralliten erreichen Durchmesser bis zu 8 mm. Verschiedene Wachstumsformen; hier wurzelähnlich, wobei die benachbarten Coralliten durch Fortsätze miteinander verbunden sind. Andere Arten haben eine ähnliche Form wie Lonsdaleia [6], und in wieder anderen ist die Wand zwischen den einzelnen Tieren durchbrochen. Große axiale Struktur, Septa kurz. Charakteristisch die Tabulae, die konisch und entlang der axialen Struktur angeordnet sind.

Lonsdaleia, Querschnitt

Lonsdaleia. Karbon; NA, E, Asien, Aust [6]. Dichte Kolonien. Die Einzeltierchen sind entweder eng aneinandergereiht, wie im Bild, oder aber sie stehen etwas auseinander; begrenzt werden sie durch kräftige Wände. Die Septa sind lang und bilden eine zentrale Grube oben auf der Oberfläche. Lonsdaleia ähnelt *Hexagonaria* (Seite 227) im Aussehen, kann aber leicht unterschieden werden, wenn man die Querschnitte der Coralliten vergleicht.

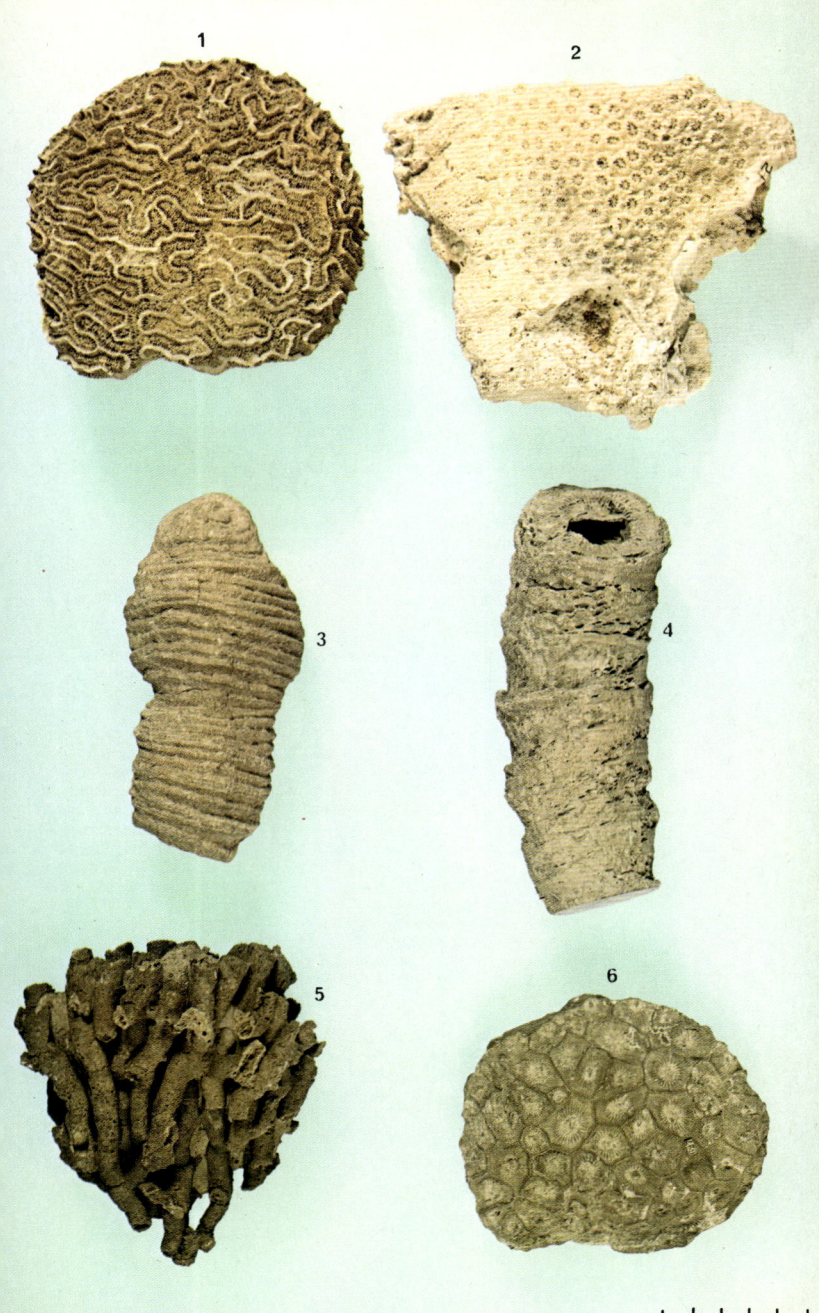

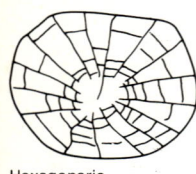

Hexagonaria,
Querschnitt

Hexagonaria. Devon; weltweit [1]. Bildet dichte, konisch ge-
formte Kolonien. Die einzelnen Coralliten sind durch Wände
deutlich voneinander getrennt. Keine axialen Strukturen; lange
Septen und Vertiefungen an der Oberseite der Oberfläche. Der
Korallenstock zeigt außen deutliche horizontale Runzeln und
vertikale Furchen, welche die Einzeltierchen voneinander trennen. Es lassen sich auch eine feine vertikale Streifung als
Widerspiegelung der Septa und zarte horizontale Linien erkennen, welche die Dissepimente anzeigen. Der Querschnitt der
Einzelkoralle unterscheidet sich markant von dem von *Lonsdaleia* (Seite 226).

Tabulata

Ausgestorben; fast nur paläozoische Korallen, bei denen die
Tabulae, die horizontalen Trennwände, hervortreten und die
Septa klein sind oder ganz fehlen.

Favosites. Silur – Devon; weltweit [2, 3]. Massiv. Die Coralliten
sind prismatisch, stehen dicht beieinander und sind durch
dünne Wände getrennt. Kleine, meist als Wülste oder kurze Dornen ausgebildete Septa. Zahlreiche Tabulae, gelängt oder
schwach konvex, sind innerhalb der Einzeltiere verteilt. Die
Wände sind durch kleine Löcher perforiert (Wandporen).

Syringopora. Silur – Karbon; weltweit [4]. Große Kolonien aus
zylindrischen, wurzelähnlichen Coralliten, die häufig untereinander verwachsen sind. Die Septa sind, wenn überhaupt sichtbar, klein, meist nur als Dornen oder Wülste. Die zahlreichen
Tabulae kann man auf der Abbildung nicht sehen.

Halysites, Querschnitt

Coenites. Silur – Devon; NA, E, Aust [6]. Blattähnlich, dicht oder
verästelt, wie im Bild. Die Wände sind dick, die Öffnungen der
einzelnen Korallen klein und halbmondförmig, da sie zur Oberfläche schräg gestellt sind. Wandporen fehlen gewöhnlich.

Halysites. Ordoviz – Silur; weltweit [5]. Längliche Coralliten,
mehr oder weniger parallel angeordnet und an den anliegenden
Seiten zusammengewachsen; sie sind in Reihen angeordnet,
die die Breite einer Corallite haben und sich so im Querschnitt
zu kettenähnlichen Formen zusammenschließen. Keine Wandporen in den Kelchwänden. Bisweilen sind Septa zu erkennen.
Der Querschnitt der Einzelkoralle ist kreisförmig; nicht selten
sieht man zwischen einem Paar größerer Coralliten einen
kleineren. Zur Familie der Halysitidae gehören nur noch zwei
weitere Formen, beide aus dem Silur von Nordamerika. Beide
haben einen ähnlich kettenförmigen Aufbau, aber *Labyrinthites*
zeigt eckigere Querschnitte bei den Einzelkorallen; auch fehlen
kleinere Einzeltierchen neben großen, und bei *Arcturia* sind die
Einzelkorallen mehr durch Röhren miteinander verknüpft, als
entlang der Wände.

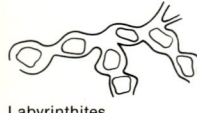

Labyrinthites,
Querschnitt

Aulopora. Devon; weltweit [7]. Der Korallenstock besteht aus
einem Netzwerk dünner Röhren, die flach auf dem Untergrund
liegen. Von diesen Röhrchen aus zweigen kleine, senkrecht stehende Coralliten ab. Sie sind konisch oder trompetenförmig
und haben stark ausgeprägte, quer verlaufende Runzeln.

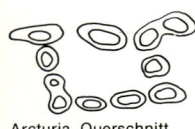

Arcturia, Querschnitt

Spongien (Schwämme)

Es sind dies die einfachsten mehrzelligen Tiere. Gewöhnlich haben sie eine radiale Struktur mit einer zentralen Kloake; die Oberfläche ist mit Poren bedeckt. Hier werden einige Formen vorgestellt, die besonders charakteristisch sind. Eine genauere Identifikation der Schwämme ist aber nur im Dünnschliff möglich.

Chenendopora. Kreide; E [1]. Mittelgroß bis groß, gewöhnlich 5–10 cm hoch. Ein becherförmiger Schwamm mit einer großen, weiten Öffnung; außen und innen Poren, deutlicher zu sehen im Becherinneren. An der Basis erkennt man den Ansatz des Stiels.

Siphonia. Kreide; E [2]. Rundlich, nach unten zu sich erweiternd. Die Öffnung ist eng, weniger als 1 cm weit. Die glatte Oberfläche hat kleine Poren. Der Stiel ist lang und schlank.

Ventriculites. Kreide; E [3, 4]. Dünnwandig, vasenförmig, spitz [4] bis flach wie eine Untertasse (beide Formen sind hier abgebildet). Mit ausgeprägten senkrechten Falten auf der äußeren Oberfläche, die die Abfolge großer Poren auf der Außenfläche widerspiegeln. Die Gestalt des inneren Hohlraums wechselt mit der Größe und Form des Tieres.

Peronidella. Trias – Kreide; E [6]. Eine mittelgroße Form, die aus zahlreichen zylindrischen Röhren besteht, von denen jede einen Durchmesser kleiner als 1 cm hat. Diese strahlen von einer gemeinsamen Basis aus. An der Spitze hat jede eine kleine Öffnung.

Doryderma. Karbon – Kreide; E [5]. Ein relativ großer, verästelter, pflanzenähnlicher Schwamm. Die Äste haben Durchmesser bis zu 1 cm.

Hydnoceras. Devon – Karbon; NA, E [8]. Kleine und große (wie hier) vasenartige Formen. Die Oberfläche zeigt ein Netzwerk aus langen horizontalen und vertikalen Fäden, die noch feinere Fäden überlagern. Man sieht regelmäßig angeordnete Wülste, die sich meist an den Kreuzungspunkten der größeren Fäden befinden. Diese Wölbungen verleihen dem Schwamm eine achtseitige Umrißform. Die Gattung Hydnoceras ist eine Gruppe, die besonders im Devon von New York verbreitet war.

Cliona. Devon – Neuzeit; weltweit [7]. Ein kleiner Bohrschwamm, der knollige Wölbungen auf Schalen oder Felsen bildet. Diese Wölbungen sind durch schlanke Strahlen miteinander verknüpft.

Bryozoen (Moostierchen)

Moosähnliche, koloniebildende Tiere, die fast ausschließlich im Meer leben; sie sind wichtige Fossilien in den meisten Kalken ordovizischen oder späteren Alters. Man kann diese zierlichen Fossilien von verwitterten Kalkoberflächen sammeln oder aus tonigen Sedimenten herauswaschen. Auch mit verdünnter Salzsäure (etwa 3prozentig) lassen sich aus Kalken schöne Proben isolieren.

Jedes einzelne Tier einer Kolonie wohnt in einer Röhre, die man *Zooecium* nennt. Die Kolonie in ihrer Gesamtheit wird *Zoarium* genannt. Die Öffnung jedes Zooeciums wird auch Mündung oder *Apertur* genannt.

Leider kann man die meisten Bryozoen nur aufgrund ihrer mikroskopisch erkennbaren Anatomie identifizieren und klassifizieren; das kann aber nur im Dünnschliff geschehen. Wenn diese Kennzeichen sehr wichtig sind, werden sie hier erwähnt. Wichtige mit dem Mikroskop feststellbare Eigenarten sind die Dicke der Wände der Zooecien und das Vorhandensein oder Fehlen von kreuzartigen Trennwänden oder *Diaphragmen*. Obzwar die mehr filigranen Bryozoen leicht von Korallen zu unterscheiden sind, sind die derben oder inkrustierenden Formen den Korallen sehr ähnlich; manche Gruppen wurden auch lange als Korallen angesehen. Die Benennung der Wachstumsformen ist die gleiche wie bei den Korallen (S. 222). Hier werden vier Untergruppen der Bryozoen erwähnt: Cryptostomata, Trepostomata, Cyclostomata und Cheilostomata. Die beiden ersten sind ausschließlich paläozoisch, die dritte kommt vom Ordoviz bis in die Neuzeit vor, und die Cheilostomata sind ausschließlich mesozoisch und känozoisch. Deshalb ist die Kenntnis des Alters eines Vorkommens eine wichtige Hilfe bei der Identifikation der Bryozoen.

Cryptostomata
Die Öffnung ist rund, die Zooecial-Röhren sind sehr kurz. Scheidewände vorhanden. Die äußeren und inneren Bereiche werden durch die Dicke der Wandungen unterschieden. Die dickeren Wände liegen außen, sie umschließen die *reifen* Bereiche, die dünneren innen, sie umschließen die *unreifen* Bereiche.

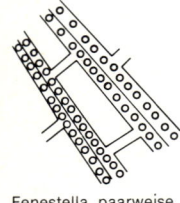

Fenestella, paarweise Porenreihen

Fenestella. Ordoviz – Perm; E [1]. Netz- oder spitzenähnlich; die radialen Elemente sind wesentlich dicker als die quer verlaufenden. Das Zoarium ist fächerförmig ausgebreitet oder bildet Trichter. Die Poren sind in Doppelreihen entlang den radialen Elementen angeordnet und durch einen zentralen Kiel getrennt. Die Poren finden sich nur an den Oberflächen.

Archimedes. Karbon – Perm; NA, E, Asien [3]. Diese Bryozoe läßt sich am leichtesten identifizieren. Sie besteht, wie die Abbildung zeigt, aus einer zentralen Achse mit spiralig angeordneten Kämmen. Gewöhnlich ist nur die Achse erhalten, Poren fehlen. Die Achse trägt ein spitzenähnliches Zoarium, das, läßt man die Achse weg, von *Fenestella* [1] nicht zu unterscheiden ist.

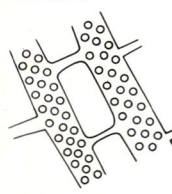

Polypora, Porenreihen

Polypora. Ordoviz – Perm; NA, E [2]. Sehr ähnlich *Fenestella* [1]; durch die Poren zu unterscheiden, die zwei bis acht Reihen bilden. Ein zentraler Wulst ist nicht entwickelt, jedoch können Knötchen- oder Höckerreihen auftreten.

Ptylodictya. Ordoviz – Devon; NA, E [4]. Sichelförmige Wedel; einfach und schmal (s. Abb.), oder aber auch breit. Der Querschnitt der bandähnlichen Wedel ist flach. Die ovalen Öffnungen sind in Zeilen angeordnet.

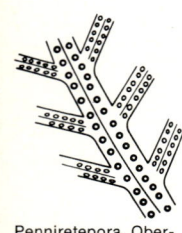

Penniretepora, Oberflächenstruktur

Penniretepora. Devon – Perm; NA, E [1]. Zart gebaut und farnähnlich, mit einem dünnen Stamm und kurzen, regelmäßig abgesetzten Ästen. Die Öffnungen sind auf eine Seite des Wedels beschränkt, in zwei Reihen angeordnet, die durch einen Kiel getrennt sind.

Trepostomata
Eine größere Gruppe; massive, verästelte und plattenartige Wachstumsformen; reife und unreife Zonen entwickelt.

Monticulipora. Ordoviz; NA [2]. Auf der Abbildung sieht man die dichten, massiven Wachstumsformen. Seltener sind verästelte und blattähnliche Formen. Die Oberfläche ist bedeckt mit kleinen Knötchen, die man *Monticuli* nennt; es sind Zooecien mit kleineren Öffnungen als sonst, umgeben von solchen mit größeren. Die dünnen Wände der einzelnen Zooecien sind miteinander verschmolzen. Monticuliporiden wurden lange Zeit als Korallen betrachtet.

Constellaria. Ordoviz; NA [3]. Verästelte und blattähnliche Wachstumsformen. Repräsentant einer Gruppe – der Familie Constellaridae –, die dadurch charakterisiert ist, daß sternförmige Vertiefungen auftreten, in welchen die Zooecien sitzen, die kleinere Öffnungen haben als üblich. Der Raum zwischen den einzelnen Strahlen der Sterne ist aufgewölbt und zeigt größere Öffnungen als sonst.

Cyclostomata
Die Zooecien sind einfache Kalkröhrchen, einzeln oder in Gruppen. Gewöhnlich kein Diaphragma. Öffnungen nicht zusammengezogen. Wände dünn, zarte Wachstumsformen, fadenförmig (zu sehen bei *Stomatopora* auf S. 235) bis breit, massiv, wie hier bei *Alveolaria* [7] zu sehen.

Meliceritites. Kreide; E [4]. Besteht aus breiten, verästelten Stämmen, die zahlreiche Facetten mit kleinen, dreieckigen Öffnungen erkennen lassen.

Fistulipora. Silur – Perm; NA, E [6]. Variable Wachstumsformen; Krusten, Äste oder große Schichten (Abbildung) bis zu 30 cm Durchmesser. Unterseite gerunzelt. Große Öffnungen, gerundet, umgeben von kleineren Poren. Eine der häufigsten paläozoischen Cyclostomaten.

Meandropora. Pliozän; E [5]. Massig; besteht aus zylindrischen Röhren, die durch plattenähnliche Wachstumsformen um jedes Röhrchen miteinander verknüpft sind, wie hier zu sehen. Öffnungen rund und klein, beschränkt auf die Enden der Röhrchen. Aufwölbungen an den Wänden der Röhrchen.

Alveolaria. Oligozän – Pliozän; NA, E, Asien [7]. Im wesentlichen ähnlich *Meandropora* [5], die Zoarien sind jedoch kegelig bis pyramidenförmig und nicht tafelig. Wachstumsform ist die Lamelle. Diese bilden Knollen, indem die Lamellen übereinander wachsen, wie am Bruch der abgebildeten *Alveolaria* zu sehen ist. An der Oberfläche eine komplexe Anordnung von Dreiecken. Die Öffnungen sind sehr klein und befinden sich an der Seite oder am Ende der Zoarien.

Stomatopora. Ordoviz – Neuzeit; NA, E [1]. Sehr klein; der Durchmesser liegt unter 1 mm, die Länge kann aber mehrere Zentimeter betragen. Krusten, fadenähnliche, verästelte Zoarien von der Dicke eines Zooecium mit runden Öffnungen in nahezu regelmäßigen Abständen.

Berenicea. Ordoviz – Neuzeit; NA, E, Af [2]. Klein, Durchmesser gewöhnlich unter 1 cm. Besteht aus dünnen, krustenförmigen Schichten, die nur ein Zooecium dick und ziemlich kreisförmig sind. Die Zooecien mit runden Öffnungen gehen in unregelmäßigen Zeilen strahlenförmig vom Mittelpunkt des Zoarium aus. Das hier gezeigte Beispiel sitzt auf einem Seeigel.

Reticrissina. Kreide; E [4]. Das krustenbildende Zoarium besteht aus einem Netzwerk bandähnlicher Äste. Die Öffnungen sind kreisförmig und in wulstigen Reihen auf der Vorderseite der Äste angeordnet.

Cheilostomata

Nachpaläozoisch. Zu dieser Gruppe gehören die verbreitetsten lebenden Bryozoen. Die Wachstumsformen sind unterschiedlich, gewöhnlich feine Verästelungen, Netzwerke, flache Schichten oder Krusten. Die Zooecien sind kurz und die Öffnungen eingeschnürt: sie haben einen kleineren Durchmesser als das Zooecium. Die für gewöhnlich nicht runden Öffnungen verschließt bei den lebenden Formen ein Deckel *(Operculum)*. Bei einigen abweichenden Formen besteht dieses Operculum aus einem besonderen muskelartigen Zooid oder *Avicularium*, welches eine kleine Öffnung hat.

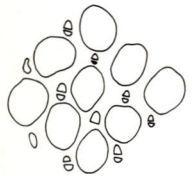

Membranipora, Mündungen und Deckel

Membranipora. Miozän – Neuzeit; NA, E [3]. Krustenförmige Zooarien von unregelmäßigem Umriß; die Zooecien sind aber in regelmäßigen Reihen angeordnet. Die Öffnungen haben unterschiedliche Form. Avicularien kommen vor; man sieht sie als kleine, rautenförmige Öffnungen mit Querbalken, wenn die Probe gut erhalten ist. Das hier gezeigte Stück sitzt auf einem Seeigel. Membranipora ist eine der verbreitetsten Bryozoen in kreidigen Sedimenten.

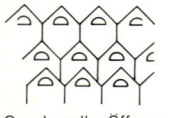

Onychocella, Öffnungen und Zooecien

Onychocella. Kreide – Neuzeit; NA, E [6]. Die krustenartigen oder aufrechtstehenden Formen bilden Schichten verschiedener Dicke. Die kleinen Öffnungen liegen im Zentrum einer flachen Vertiefung; sie haben auf der einen Seite eine gerade und auf der anderen Seite eine gerundete Begrenzung. Das hier gezeigte Fossil sitzt auf einer zweiklappigen Molluskenschale.

Lunulites. Kreide – Eozän; NA, E [5]. Das kleine Zoarium mißt gewöhnlich weniger als 1 cm im Durchmesser. Die in regelmäßigen radialen Reihen angeordneten Öffnungen sind durch Kanäle getrennt. Das Aussehen der Öffnungen ist ähnlich denen von *Onychocella*, nur etwas länglicher. Die Avicularien sind die kleineren Öffnungen zwischen der Reihe der größeren, der Zooecialöffnungen.

Mollusken (Weichtiere)

Diese wichtigste Klasse fossiler Tiere umfaßt folgende drei größere Gruppen: Gastropoden (Schnecken), Cephalopoden (Tintenfische) und Bivalvia (Bivalven oder Muscheln).

Gastropoden (Schnecken)

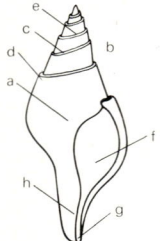

Die Schale der Gastropoden kann aufgerollt sein (Schnecken), nicht aufgerollt (Napfschnecken) oder teilweise aufgerollt (Wegschnecken). Die Gastropoden mit aufgerollter Schale sind bei weitem die wichtigsten und gleichzeitig die einzige Gruppe, die man mit den Ammoniten oder Schalencephalopoden verwechseln kann. Wichtige Charakteristika der Gastropoden sind: die Art der Windung, die Art der Öffnung bzw. Schalenmündung, die Ausbildung der Columella oder Spindel, und die Schalenskulptur.

Eine *Windung* ist ein vollständiger Umlauf der Schale; die letzte Windung (a) ist die größte, und das *Gewinde* (b) ist die gesamte Schale außer der letzten Windung. Die *Sutur* oder *Naht* (c) ist die Linie, an der eine Windung an die andere stößt. Wenn die Windungen eckig sind, dann wird der mittlere Winkel, den die Schale zu und von der Sutur her macht, *Kiel* (d) und der Teil darüber *Rampe* (e) genannt.

Die *Apertur* (f) ist die Schalenmündung nach außen. Form und Eigenart der Lippen sind wichtig. Manchmal ist die Mündung rund, doch sie kann auch nach unten ausgezogen sein und verfaltet; sie bildet dann einen *vorderen Kanal*, auch *Sipho* (g) genannt. Seltener ist ein rückwärtiger Kanal entwickelt.

Die *Columella*, auch *Spindel* genannt (h), ist der zentrale Pfeiler der Schale, besonders gut zu sehen bei Clavilithes auf Seite 246. Bisweilen hat sie Wülste, die man dann *Falten* nennt. Ist die Columella hohl, so wird sie *Umbilicus* oder *Nabel* genannt. In diesem Bereich wird oft eine Schwiele von *Callus* gebildet.

Die *Skulptur* (Verzierung) einer Gastropodenschale kann *spiralig* sein, sie folgt dann den Windungen der Schale, oder *axial* (senkrecht zu den Windungen), wenn sie den Wachstumslinien parallel geht.

Typische Struktur eines Gastropoden (Schnecke) am Beispiel von Clavilithes (Seite 246)

Bellerophon. Silur – Trias; weltweit [1]. Gewöhnlich 2–8 cm groß; Schale breit, Erweiterung nahe der Mündung (a). Symmetrieebene; die letzte Windung verdeckt die anderen, die nur bei großen Öffnungen oder an der Seite sichtbar sind. Die Vorderseite der Mündung zeigt tiefe Schlitze (s). Deutlicher Wulst (r) um den mittleren Wirbel, entlang diesem starke Wachstumslinien.

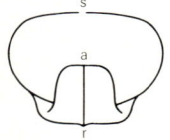

Bellerophon, Mündung

Poleumita. Silur; NA, E [2]. Gewöhnlich 5–9 cm breit; obere Begrenzung flach. Am Kiel Ornamente feiner Lamellen und leicht hervortretende Dornen. Eine ähnliche Form aber eine andere Mündung hat *Straparollus* (Silur – Perm; weltweit).

Poleumita, Mündung

Trepospira. Devon – Perm; NA, SA, E, Af [3]. Gewöhnlich 2–4 cm lang, konisch; tiefe Schlitze (s) an der Vorderseite der Mündung. Schwach gewölbte Windungen mit scharfer äußerer Begrenzung; Mündung wie abgebildet. Die Oberfläche ist glatt mit einer Reihe von Knötchen gerade unter der Naht, diese unterscheiden *Trepospira* von *Liospira* (Ordoviz – Silur; NA, E, Asien), die eine völlig glatte Oberfläche hat.

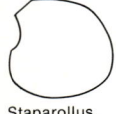

Staparollus, Mündung

Mourlonia. Ordoviz – Perm; NA, E, Asien, Aust [4]. Gewöhnlich 3–7 cm lang, konisch; die Naht ist tiefer ausgeprägt als bei *Trepospira*. Zwei bis drei Wülste entlang dem Kiel und gerade oberhalb der Sutur an den frühen Windungen. Scharfer Schlitz an der Vorderkante der Mündung (hier nicht zu sehen).

Trepospira, Mündung

Worthenia, Mündung

Worthenia. Karbon – Trias, weltweit [2]. Mittelgroß, gewöhnlich 3–5 cm hoch. Schalen sind relativ höher als bei *Mourlonia* (S. 238 [4]). Windungen eckig mit abgeflachten Seiten und starkem Kiel, der kleine Knötchen trägt. Unterseite der Endwindung mit Spiralstreifen, die von kräftigen Anwachsstreifen gekreuzt werden, wodurch ein Netzmuster entsteht. Mündung fast quadratisch mit verdicktem Spindelrand und einem kleinen oder mehreren Schlitzen (s) am Außenrand. Nabel fehlend.

Pleurotomaria. Trias – Kreide; weltweit [1]. Gewöhnlich bis 9 cm im Durchmesser und/oder 7 cm hoch; Gewinde niedrig (wie abgebildet) bis ebenso hoch wie bei *Bathrotomaria* [3]. Nabel vorhanden; Mündung gerundet mit langem Schlitz am oberen Außenrand (beim abgebildeten Exemplar genau unter dem grünen Fleck). Kräftige Ornamentierung aus breiten Knoten auf dem Kiel und nahe der Naht. Zwischen den beiden Knotenreihen liegt ein Spiralband mit abweichender Skulptur. Außerdem kommen Spiralfurchen und kräftige Anwachsstreifen vor.

Bathrotomaria. Jura – Kreide; weltweit [3]. Mittelgroß bis groß, bis 7 cm hoch. Nahe mit *Pleurotomaria* [2] verwandt und abgeflachten oder hohen Formen jener Gattung ähnlich. Tiefer Schlitz am Außenrand der Mündung (wie abgebildet), von einer kräftigen Spiralkante begleitet, die bis zum Apex (Spitze) zu verfolgen ist. Daneben besteht die Ornamentierung aus zahlreichen Spiralkanten und -furchen und schwächeren Anwachsstreifen.

Platyceras. Silur – Perm; weltweit [4]. Vertreter einer Gruppe (Platyceracea), bei der die letzte Windung wesentlich größer ist als die vorhergehenden. Das abgebildete Exemplar ist ein Extremfall; die anderen Vertreter der Gruppe können in ihrer äußeren Form ähnlich *Mourlonia* (S. 238 [4]) werden. Der Mündungsrand kann wellig oder gerade sein. Die Ornamentierung besteht aus Anwachsstreifen. Ohne Schlitz am Mündungsaußenrand.

Calliostoma, Mündung

Calliostoma. Kreide – Neuzeit; weltweit [5]. Mittelgroß, meist 1–4 cm hoch; konisch mit zugespitztem, ebenflächigem Gewinde. Mündung wie abgebildet. Nabel fehlend. Innere Schalenschicht gewöhnlich perlmuttartig (wie abgebildet). Nähte tief oder weniger tief eingeschnitten. Ornamentierung aus verschiedenen kräftigen Spiralkanten, die auf den Nahtbereich beschränkt bleiben oder die gesamte Windungsoberfläche bedecken können. Ohne Schlitz am Mündungsrand.

Cirrus. Trias – Jura; SA, E [6]. Mittelgroß bis groß, 2–6 cm im Durchmesser bzw. hoch. Abgeflacht bis hochkonisch (wie abgebildet). Nabel groß, abhängig von der Größe des Gehäuses. Ohne Schlitz am Mündungsrand; Mündung fast kreisförmig, Skulptur aus kräftigen senkrechten und schwächeren Spiralkanten. Suturen (Nähte) schwach eingesenkt. Linksgewunden (ungewöhnlich bei Gastropoden).

Ooliticia. Jura – Kreide; weltweit [1]. Klein bis mittelgroß, meist 0,5–4 cm hoch. Hochkonisch mit rundgewölbten Windungen. Ohne Nabel; Mündung rhombisch bis gerundet. Skulptur aus kräftigen Spiralkanten, die Knötchen tragen und von feinen, senkrechten Kanten gequert werden. Ohne Schlitz am Mündungsrand.

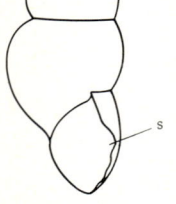

Loxonema, Öffnung

Loxonema. Silur; NA, E [3]. Mittelgroß, bis etwa 8 cm hoch. Gewinde hoch, spitz, rundgewölbt; Nähte tief; Nabel fehlend. Mündungsrand ohne Schlitz, jedoch mit einer tiefen, welligen Ausbuchtung, bekannt als *Sinus*. Keine Ornamentierung.

Microptychia. Karbon; NA, E [2]. Mittelgroß, bis 6 cm hoch, spitzkonisch, Nähte eingesenkt. Skulptur aus kurzen vertikalen Kanten, die nach oben stärker werden und die Anfangswindungen vollständig bedecken können. Endwindungen flach. Mündung fast kreisförmig, ohne Sinus. Windungen gewölbt, gegen die untere Naht hin stärker konvex.

Natica. Trias – Neuzeit; weltweit [5]. Mittelgroß, meist 1–5 cm hoch. Die Form schwankt von fast kugelig (wie abgebildet) bis konisch; Windungen gerundet mit meist tiefen Nähten. Oberfläche glatt, manchmal glänzend, mit wenigen lamellösen Anwachsstreifen nahe der Mündung. Nabel im allgemeinen vorhanden, kann jedoch von einem Spindel-Kallus verdeckt sein. Letzte Windung sehr groß. Mündung oval bis kreisförmig. Innenlippe verdickt, Außenlippe dünn.

Xenophora, Querschnitt; die Basis ist abgeflacht

Xenophora. Kreide – Neuzeit; weltweit [4, 6]. Mittelgroß, bis 8 cm im Durchmesser. Kegelförmig mit abgeflachter Basis. Letzte Windung mit scharfem Außenrand. Nabel weit, Mündung von charakteristischer Form (wie abgebildet). Innenrand verdickt. Oberfläche rauh, mit Vertiefungen, in denen Schalenfragmente und andere Fremdkörper wie Kieselsteine während des Lebens angeheftet waren. Auf der rechten Seite des abgebildeten Exemplars sind noch einige Schalenfragmente zu erkennen; Vertiefungen der Oberseite [4] zeigen die Form der ursprünglich angehefteten Fremdkörper. Einige Arten von *Xenophora* haben eine schwach ornamentierte Oberfläche.

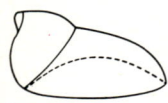

Calyptraea, Querschnitt; man kann die konkave Unterseite erkennen

Calyptraea. Kreide – Neuzeit; NA, SA, E [7]. Mittelgroß, bis 7 cm im Durchmesser. Das abgeflachte bis hoch-kegelförmige Gehäuse besteht aus wenigen breiten Windungen. Die letzte Windung ist sehr groß, mit stark konkaver Basis und einem kleinen internen Septum, das einen gewundenen Rand (Columella) und am oberen Ende einen kleinen Nabel aufweist. Skulptur aus undeutlichen Anwachsstreifen und vereinzelten Knötchen, die nahe der unteren Kante kräftiger werden.

Crepidula, Querschnitt

Crepidula *(Pantoffelschnecke)*. Kreide – Neuzeit; NA, E [1]. Mittelgroß, meist 2–6 cm lang. Abgeflacht, konvex, pantoffelförmig. Das gesamte Gehäuse besteht aus einer einzigen Windung. Die charakteristische Unterseite ist stark konkav (wie abgebildet) und weist ein breites konkaves Septum (oder mehrere Septen) auf, dem ein verdickter Spindelrand wie bei *Calyptraea* (S. 242 [6]) fehlt. Die Außenseite kann mit Kanten, Dornen und Anwachsstreifen verziert sein.

Architectonica. Eozän – Neuzeit; NA, E, Asien [2]. Klein bis mittelgroß, bis 3 cm im Durchmesser. Flach oder schwach gewölbt; mit breitem Nabel, der kräftig skulptiert und oft deutlich radial gefurcht ist. Außenrand der letzten Windung scharf, mit Spiralkante. Skulptur aus wenigen Spiralkanten unter und über der Naht. Mündung annähernd dreieckig, an den beiden äußeren Ecken verdickt.

Aporrhais. Jura – Kreide; weltweit [3]. Gegenwärtig auf den Nordatlantik beschränkt. Groß bis mittelgroß, bis 12 cm hoch. Turmförmig, vorne mit einem dornförmigen Fortsatz oder einem lang ausgezogenen Sipho. Mündungsaußenrand fingerförmig zerlappt mit einer unterschiedlichen Anzahl von Dornen. Skulptur aus kräftigen axial verlaufenden Kanten und Knoten; eine Spiralskulptur ist ebenfalls ausgebildet, deren Rippen in die Dornen der Außenlippe übergehen.

Cypraea *(Kaurischnecke)*. Kreide – Neuzeit; weltweit [4]. Klein bis groß, 0,5 bis 15 cm hoch. Äußerst charakteristisch eiförmig, mit stark vergrößerter letzter Windung, die das übrige Gehäuse völlig überdeckt. Mündung länglich, die gesamte Länge des Gehäuses einnehmend, mit gerieften Rändern und verdickter Außenlippe. Oberfläche glatt und meist glänzend.

Ficus *(Feigenschnecke)*. Eozän – Neuzeit; NA, E, Asien [5]. Klein bis groß, meist 1–12 cm hoch. Gewinde niedrig, Gehäuse spindelförmig (fusiform), mit sehr großer letzter Windung, deren Hinterende als breiter, etwas gewundener Sipho ausgebildet ist. Umgänge des Gewindes gerundet oder gekielt. Mündung groß, breit, länglich. Schale dünn, mit kleinem Spindelkallus. Skulptur aus spiral und axial verlaufenden Rippen.

Hippochrenes. Eozän; E, Asien [6]. Mittelgroß bis groß, mit hohem Gewinde, das etwa ebensohoch ist wie die letzte Windung. Hinterende der letzten Windung in länglichen Sipho auslaufend. Außenlippe lappenförmig verbreitert und mit dem Gewinde verschmolzen. Ihre Unterseite weist längs der Verbindung mit dem Gewinde eine tiefe Furche auf. Die Schale darunter kann ausgestülpt sein, so daß sie die Furche überdeckt. Bei dem abgebildeten Exemplar ist der Mündungslappen besonders stark entwickelt, aber einige Formen können ähnlich *Apporhais* [3] werden.

Galeodea, Gesamt-
darstellung

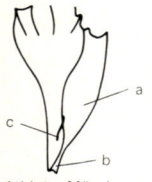

Athleta, Mündungs-
bereich

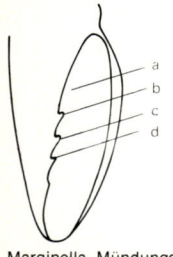

Marginella, Mündungs-
bereich

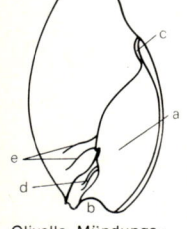

Olivella, Mündungs-
bereich

Galeodea. Eozän; NA, E, Asien [3]. Es gibt ähnliche, noch lebende Gattungen, aber Galeodea ist ausgestorben. Mittelgroß,
meist 2–8 cm hoch. Wie *Ficus* (S. 244 [5]), aber mit höherem,
kegelförmigem Gewinde. Windungen eckig, mit kräftigen,
dornförmigen Fortsätzen am Kiel; verschieden starke Höcker
und Spiralkanten auf der letzten Windung. Mündung (a) länglich mit verdicktem, gezähntem Außenrand. Kräftiger Spindel-
kallus (c) mit mehreren starken Falten am Innenrand (b), besonders am Hinterende.

Athleta. Kreide – Oligozän; NA, E, Af, Asien [2]. Mittelgroß, meist
2–10 cm hoch. Vertreter einer Gruppe, bei der das Gewinde von
mittlerer Höhe ist. Die Windungen sind eckig und mit Rippen
verziert, die am Kiel in Dornen auslaufen. Mündung (a) schmal,
mit kurzem Sipho (b). Spindelfalten vorhanden (c).

Marginella. Eozän – Neuzeit; weltweit [1]. Klein bis mittelgroß.
Weniger als 0,5–3 cm hoch, oval oder länglich, oft an beiden
Enden gleichmäßig spitz zulaufend; Oberfläche glatt, unskulp-
tiert. Mündung (a) länglich (wie abgebildet), Außenrand verdickt
und manchmal gezähnt. Mehrere Spindelfalten vorhanden (b, c,
d). Nähte leicht eingetieft.

Clavilithes. Eozän – Pliozän; NA, E, Asien [4]. Mittelgroß bis
groß, meist 10–15 cm hoch. Gehäuse länglich, konisch, mit tief
eingeschnittenen Nähten. Gewinde kurz, spitz und am Apex oft
stark skulptiert; unterer Abschnitt des Gehäuses glatt. Über dem
Kiel eine breite, fast ebene Stufe, die übrige Windungsoberfläche verläuft fast senkrecht dazu (abgetreppte Windungen). Die
Umgänge nehmen gleichmäßig an Größe zu. Sipho lang, keine
Spindelfalten. Ein Längsschnitt durch das Gehäuse zeigt die
abgetreppten Windungen, den Sipho, die Mündung und die
Spindel.

Murex. Kreide – Neuzeit; weltweit [5]. Meist 3–8 cm hoch. Die
auffälligste Skulptur besteht aus drei kräftigen axialen Rippen
pro Umgang, die meist Dornen tragen; außerdem kommen gewöhnlich Spiralstreifen vor. Mündung klein; Außenlippe in eine
Rippe auslaufend (s. Abb.) und mit gekieltem Innenrand; Innenlippe verdickt. Sipho mittellang bis lang; Spindelfalten fehlen.

Buccinum *(Wellhornschnecke).* Pliozän – Neuzeit; NA, E [6].
Mittelgroß bis groß, meist 3–15 cm hoch. Gehäuse spindelförmig mit gleichmäßig an Größe zunehmenden Windungen. Mündung groß, oval, mit kurzem Sipho. Skulptur bestehend aus Spi-
ral- und/oder Axialrippen. Außenlippe scharf, manchmal
zurückgebogen. Spindelkallus relativ schwach entwickelt.

Olivella. Kreide – Neuzeit; weltweit [7]. Meist weniger als 4 cm
hoch. Letzte Windung im Verhältnis zum übrigen Gehäuse sehr
hoch. Höhe des Gewindes unterschiedlich. Mündung (a) länglich, mit kurzem, offenem Sipho (b) und Kerbe am oberen Ende
(c). Spindelfalten vorhanden (d). Außenlippe dünn und scharf.
Es können sehr schwache, axial verlaufende Furchen auftreten;
am Hinterende der letzten Windung sind meist einige Spiralfurchen ausgebildet (e).

Conus. Kreide – Neuzeit; weltweit [1]. Klein bis groß, meist 2–10 cm hoch. Umgekehrt hochkegelförmig mit niedrigem oder flach konischem Gewinde. Lange, enge Mündung mit parallelen Seiten (s. Abb.) mit einer Kerbe am oberen Ende; Sipho kurz, Außenlippe dünn. Skulptur aus Spiralfurchen, Streifen oder Knötchen. Spiralstreifen von unterschiedlicher Stärke auf dem Gewinde.

Bathytoma. Kreide – Neuzeit; weltweit [3]. Klein bis mittelgroß, meist 1–8 cm hoch. Gehäuse schmal, doppelt kegelförmig. Die letzte Windung nimmt etwa die Hälfte der gesamten Höhe ein. Mündung länglich, fast parallel begrenzt. Spindelfalten fehlend; Nähte tief. Anwachsstreifen am Kiel zurückgebogen; Kiel mit einer Reihe kräftiger Knoten besetzt. Spiralrippen vorhanden.

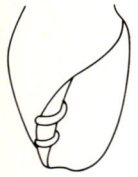

Tornatellaea,
Mündungsbereich

Tornatellaea. Jura bis Oligozän; weltweit [2]. Klein, meist weniger als 0,5–2 cm hoch. Windungen gewölbt; Mündung wie abgebildet, mit zwei kräftigen Spindelfalten; Außenlippe auf der Innenseite gerieft. Skulptur aus zahlreichen kräftigen Spiralfurchen.

Trochactaeon,
Mündungsbereich

Trochactaeon. Kreide; weltweit [4]. Groß bis mittelgroß, meist 3–8 cm hoch. Gewinde niedrig, konkav zugespitzt, letzte Windung groß. Mündung länglich, parallel begrenzt; Spindel mit zwei oder drei kräftigen Falten am unteren Ende. Schale glatt und dick. Bei der nahe verwandten Gattung *Actaeonella* (Kreide; NA) ist die letzte Windung stark erweitert und überdeckt das Gewinde, wodurch eine oberflächliche Ähnlichkeit mit *Cypraea* (S. 244) hervorgerufen wird.

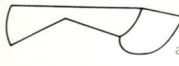

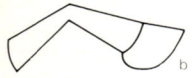

Planorbis, die Querschnitte zeigen die Wuchsformen

Planorbis. Oligozän – Neuzeit; E, Af, Asien [5]. Klein bis mittelgroß, meist weniger als 0,5–5 cm im Durchmesser. Gehäuse planspiral, Oberseite flach (wie abgebildet), Unterseite konkav (a) oder mit einem breiten offenen Nabel und eingetieften Nähten (wie abgebildet). Manchmal ist ein niedriges Gewinde ausgebildet (b), oder beide Seiten können konkav sein (c). Mündung oval bis breit, halbmondförmig. Außenrand scharf. Skulptur nur aus feinen Anwachsstreifen bestehend.

Scaphopoden

Eine größere Klasse der Mollusken im gleichen Rang wie die Gastropoden, Cephalopoden oder Bivalven; aber fossil und rezent weniger häufig und einförmiger im Habitus. Gehäuse länglich, konisch, an beiden Enden offen und meist leicht gebogen wie ein Elefantenzahn. In Lebensstellung liegen die konkave Seite und die kleinere Öffnung oben; die größere Öffnung, die Mündung, ist tief im Sand eingegraben.

Fissidentalium. Kreide – Neuzeit; weltweit [6]. Hat den typischen Scaphopoden-Habitus und wird von dem häufigeren *Dentalium* durch den langen Schlitz am oberen Ende (s. Abb.) und durch die Ausbildung der Kanten unterschieden. Bei dieser Gattung sind sie unsymmetrisch, wobei dicke und dünne Kanten ohne besondere Ordnung aufeinanderfolgen. Bei *Dentalium* dagegen sind die dünnen Kanten symmetrisch zwischen den dicken angeordnet.

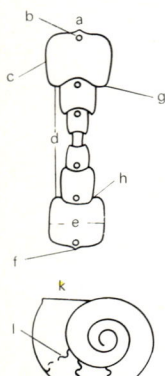

Typische Struktur
eines Ammoniten.
Querschnitt (oben)
und Seitenansicht

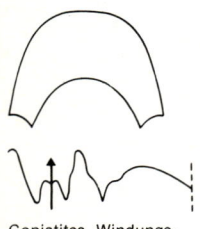

Goniatites, Windungs-
querschnitt (oben)
und Lobenlinie

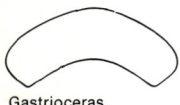

Gastrioceras,
Windungsquerschnitt

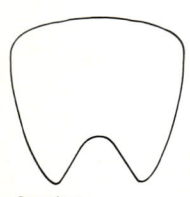

Ceratites,
Windungsquerschnitt

Cephalopoden (Kopffüßer)

Tintenfisch, Octopus, Sepia und Nautilus gehören zu den heute lebenden Cephalopoden. Ammoniten und Belemniten sind ausgestorbene Cephalopoden.

Ammoniten

Eine hauptsächlich mesozoische Gruppe mit einigen paläozoischen Vertretern, die nach der Kreide nicht bekannt sind. Ammoniten dienen als eine der wichtigsten Fossilgruppen zur Datierung mesozoischer Gesteine, da sie sich im Laufe der Zeit sehr rasch abgewandelt haben und eine große geographische Verbreitung besaßen. So wird durch bestimmte Gattungen das Alter der Gesteine definiert, in denen sie innerhalb enger Grenzen auftreten.

Ammoniten sind ähnlich abgeflachten Gastropoden, von denen sie sich durch ihre *Lobenlinie* und den *Sipho* unterscheiden. Orientierung und äußere Form s. Zeichnung. Die *Lobenlinie*, eine schmale, gewellte Linie oder Vertiefung an der Gehäuseflanke, ist ein äußerst wichtiges Merkmal für die Bestimmung. Sie verläuft von der *Ventralseite* (a) bis zur *Naht* (h), der Grenze zweier aufeinanderfolgender Windungen. Der Pfeil auf der Lobenlinie zeigt in Richtung der *Mündung* (k). *Lateralloben* sind rückwärts gerichtete Ausbuchtungen oder Vertiefungen, *Lateralsättel* vorwärts gerichtete Vorsprünge der Lobenlinie. Auf *Ceratites* [3] ist durch Farbgebung mehrerer Flächen die einfache Lobenlinie hervorgehoben; eine komplizierte Lobenlinie sieht man an *Phylloceras* (S. 253). Der *Sipho* (b) ist eine Röhre, die nahe der Ventralseite jeder Windung durch jede einzelne Kammer verläuft. Seine Lage ist oft durch einen scharfen Knick der Lobenlinie auf der Ventralseite angedeutet. Der *Nabel* (d) ist die Vertiefung auf der *Gehäuseflanke* (c), die durch die Aufrollung hervorgerufen wird; als *Nabelkante* wird jene Stelle bezeichnet, an der die Gehäuseflanke zum Nabel hin umbiegt. Der *Kiel* (f) ist eine Kante, die entlang der Ventralseite verlaufen kann. Mit (e) wird die Gehäusedicke bezeichnet, der Pfeil (j) deutet nach rückwärts. Die meisten der hier abgebildeten Exemplare sind Steinkerne. Die Ammoniten werden nach ihrem zeitlichen Auftreten zusammengefaßt.

Paläozoische Ammoniten

Goniatites. Unterkarbon; nördliche Hemisphäre [1]. Dick, engnabelig. Windungsquerschnitt wie abgebildet. Die Lobenlinie weist die charakteristischen Merkmale der Gruppe (Goniatitacea) auf, die im Karbon und Perm vorkommt. Bei diesem Typus ist der Ventrallobus gegabelt, der Laterallobus ist glatt und konvex. Die Abbildung läßt einen Teil der Schale mit feinen Anwachsstreifen erkennen.

Gastrioceras. Oberkarbon; weltweit [2]. Kugelig (s. Abb.) bis abgeflacht. Windungsquerschnitt und enger (bis weiter) Nabel wie gezeichnet. Lobenlinie einfach mit glatten gebogenen Sätteln und spitzen Loben. Im Bereich der Nahtloben besteht die Ornamentierung aus kräftigen Rippen, die sich an der Nabelkante verstärken; sie gabeln sich auf der Ventralseite, über die sie leicht nach rückwärts geschwungen hinwegziehen.

Mesozoische Ammoniten

Ceratites. Trias; E [3]. Weitnabelig, Windungsquerschnitt wie abgebildet. Die Form der Lobenlinie wird als *ceratitisch* bezeichnet und ist für die Gruppe (Ceratitacea) charakteristisch, die durch die gesamte Trias vorkommt. Sie besitzt glatte, einfache Sättel und gezähnte Loben.

Lytoceras. Unterjura – Oberkreide; weltweit [1]. Weitnabelig, Windungsquerschnitt fast kreisförmig. Windungen rasch an Größe zunehmend. Komplizierte Lobenlinie mit geteiltem Ventrallobus, zwei Lateralloben und farnartigen, extrem zerschlitzten Lobenspitzen. Skulptur aus feinen Rippen. Wenn die Schale erhalten ist, sind in bestimmten Abständen charakteristische gewellte Kragen vorhanden (nicht abgebildet).

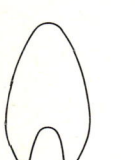

Phylloceras,
Windungsquerschnitt

Phylloceras. Unterjura – Oberkreide; weltweit [2]. Mittelgroß, meist 10–15 cm im Durchmesser. Abgeflacht, mehr eng- oder ungenabelt; die letzte Windung überdeckt die vorausgehenden. Auf dem abgebildeten Exemplar ist an der Farbgrenze zwischen rot und weiß die sehr komplizierte Lobenlinie zu erkennen: Sättel mit gerundeten, blattförmigen Vorsprüngen und in mehrere Spitzen auslaufende Loben. Oberfläche glatt oder mit feinen Linien verziert, die sich ohne Unterbrechung über die Ventralseite hinwegziehen. Windungsquerschnitt wie gezeichnet.

Jura-Ammoniten, Unterlias
Arnioceras. NA, SA, E, Af, Asien [3]. Abgeflacht, sehr weitnabelig. Windungsquerschnitt wie abgebildet. Skulptur aus kräftigen Rippen, die nahe der Ventralseite vorgezogen sind. Kiel kräftig, beiderseits von zwei Furchen begleitet.

Arnioceras,
Windungsquerschnitt

Asteroceras. NA, E, Asien [5]. Mittelgroß, meist bis etwa 10 cm im Durchmesser. Relativ dick, weitgenabelt. Windungsquerschnitt ähnlich Arnioceras [3], Windungen rasch an Größe zunehmend; Nähte tief. Kräftige Rippen nur auf den Flanken, mit größeren Zwischenräumen als bei Arnioceras. Lobenlinie ziemlich einfach (s. Abb.). Kiel kräftig, mit flachen Seitenfurchen.

Promicroceras. E [4]. Klein, meist 3–6 cm im Durchmesser. Windungsquerschnitt fast kreisförmig. Lobenlinie sehr kompliziert. Rippen sehr scharfkantig, auf der Ventralseite abgeflacht.

Jura-Ammoniten, Mittellias
Amaltheus. Nördliche Hemisphäre [6]. Abgeflacht mit Windungsquerschnitt wie in der Zeichnung. Mittelgroß bis groß, meist 7–15 cm im Durchmesser. Die späteren Umgänge überdecken einen großen Teil der vorhergehenden; Nabel ziemlich eng. Lobenlinie mit komplizierten blattförmigen Sätteln und einfacher gestalteten Loben. Rippen kräftig, nur auf den Flanken, nach außen schwächer werdend, leicht vorgebogen. Charakteristischer kräftiger Kiel, zopfartig.

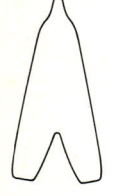

Amaltheus,
Windungsquerschnitt

Dactylioceras. Weltweit [7]. Mittelgroß, meist 5–10 cm im Durchmesser. Sehr weitnabelig, Windungsquerschnitt fast kreisförmig. Rippen kräftig, gegabelt, ohne Unterbrechung, aber leicht abgeflacht über die Ventralseite hinwegziehend.

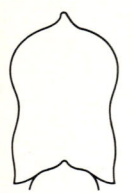

Harpoceras,
Windungsquerschnitt

Hildoceras,
Windungsquerschnitt

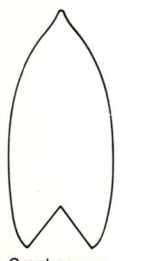

Graphoceras,
Windungsquerschnitt

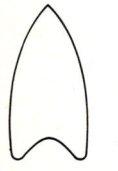

Cardioceras,
Windungsquerschnitt

Jura–Ammoniten, Oberlias

Harpoceras. NA, SA, E, Af, Asien [1]. Mittelgroß bis groß, bis 20 cm Durchmesser. Mäßig weit genabelt. Windungsquerschnitt s. Zeichnung. Flanken abgeflacht, Kiel kräftig. Nabelkante scharf, rechtwinklig. Rippen fein, auf Flankenmitte und nahe der Ventralseite vorgebogen, nach außen kräftiger werdend.

Hildoceras. E, Af, Asien [2]. Flach, weitnabelig. Windungsquerschnitt s. Zeichnung. Nabelkante glatt, abgerundet, mit Knötchen nahe der Naht. Auf der Flankenmitte eine Vertiefung. Im nabelnahen Abschnitt der Flanken fehlen Rippen; im äußeren Abschnitt kommen kräftige zurückgebogene Rippen vor. Kiel kräftig, beiderseits von charakteristischen breiten Furchen begleitet. Lobenlinien mit breiten gezähnten Loben und Sätteln.

Jura–Ammoniten, Mitteljura

Parkinsonia. E, Af, Asien [3]. Mittelgroß, meist etwa 10–15 cm im Durchmesser. Mäßig weit genabelt. Rippen scharfkantig und zahlreich, vorgebogen, nahe der Ventralseite in Sekundärrippen aufgegabelt. Auf der Ventralseite eine tiefe Furche, die gegen die Mündung hin flacher wird.

Stephanoceras. Weltweit [4]. Mittelgroß, Windungsquerschnitt fast kreisförmig. Weitnabelig. Nahe der Flankenmitte eine Knotenreihe. Jedem Knoten entsprechen auf dem umbilikalen (nabelnahen) Flankenabschnitt eine einzelne kräftige Rippe und auf der Ventralseite meist drei feinere Rippen.

Graphoceras. E, Af, Asien [5]. Klein bis mittelgroß, meist 5–10 cm im Durchmesser. Abgeflacht; Windungsquerschnitt, s. Zeichnung. Mäßig weit genabelt; nahe der Nabelkante ist die Flanke schwach eingesenkt. Ähnlich *Harpoceras* [1], Ornamentierung aus wellenförmigen Rippen, die sich gegen die Mündung abschwächen. Kiel kräftig. Bei dem hier in Flankenansicht abgebildeten Exemplar ist die Schale größtenteils erhalten. Sie zeigt Anwachsstreifen nahe der Mündung, die dem Verlauf der Rippen folgen.

Cardioceras. NA, E, Asien [6]. Nabel ziemlich eng und tief. Windungsquerschnitt dreieckig, s. Zeichnung. Ventralseite zugeschärft mit kräftigem gezähntem Kiel. Nabelkante scharf und überhängend. Rippen auf den Anfangswindungen kräftig, gegen die Mündung an Stärke und Häufigkeit abnehmend. Knoten fehlen, doch die in Nabelnähe sehr kräftigen Hauptrippen brechen auf der Flankenmitte abrupt ab und gabeln sich ventralwärts in Sekundärrippen.

Perisphinctes. E, Af, Asien [7]. Groß bis sehr groß, mit fast quadratischem Windungsquerschnitt und steiler Nabelwand. Auf den Flanken der Alterswindungen Rippen sehr kräftig, gegabelt und im mündungsfernen Abschnitt über die Ventralseite hinwegziehend. Nahe der Mündung ist die Ventralseite glatt. Lobenlinie sehr kompliziert.

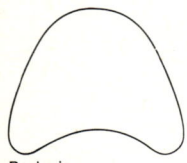

Pavlovia,
Windungsquerschnitt

Hamites, Umrisse
eines vollständigen
Gehäuses

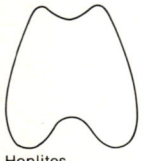

Hoplites,
Windungsquerschnitt

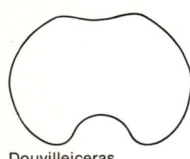

Douvilleiceras,
Windungsquerschnitt

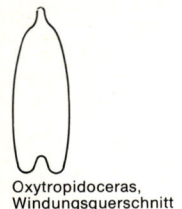

Oxytropidoceras,
Windungsquerschnitt

Placenticeras,
Windungsquerschnitt

Pavlovia. E, Asien [1]. Mittelgroß, meist etwa 10 cm im Durchmesser. Weitnabelig, Windungsquerschnitt wie gezeichnet. Naht tief, Nabelwand zurückgebogen. Rippen sehr kräftig und scharf, einfach gegabelt und über die Ventralseiten hinwegziehend.

Kreide-Ammoniten
Hamites. NA, E, Af, Asien [2]. Die Zeichnung zeigt die charakteristische äußere Form, wobei nur der schraffierte Abschnitt zu sehen ist. Das Gehäuse besteht aus einer länglichen offenen Spirale mit drei oder vier geraden Abschnitten und knickförmigen Krümmungen. Die Rippen sind kräftig und umschließen die im Querschnitt kreisrunden Windungen ringartig. Die Lobenlinie zeigt sich sehr kompliziert.

Hoplites. E, Asien [3]. Mittelgroß, 5–10 cm im Durchmesser. Nabel tief und ziemlich eng. Windungsquerschnitt s. Zeichnung. Aus kräftigen Höckern an der Nabelkante entwickeln sich starke, gegabelte Rippen, die an der gefurchten Ventralseite vorwärts gebogen sind.

Mortoniceras. NA, SA, E, Af, Asien [4]. Groß, abgeflacht, meist 15–25 cm im Durchmesser. Weitnabelig; kräftiger, von Seitenfurchen begleiteter Kiel. Rippen kräftig, mit Knötchen am Nabelrand und feineren Sekundärrippen auf der Ventralseite.

Douvilleiceras. NA, SA, E, Af, Asien [5]. Mäßig weit genabelt, Windungen gerundet, Windungsquerschnitt wie gezeichnet. Rippen mit zahlreichen Knötchen besetzt, die in Wachstumsrichtung an Zahl zu-, an Größe abnehmen. Sämtliche Rippen auf der Ventralseite abgeflacht.

Oxytropidoceras. NA, SA, E, Af, Asien [6]. Mittelgroß, meist 5–10 cm im Durchmesser, abgeflacht. Windungsquerschnitt s. Zeichnung, mit engem tiefem Nabel. Rippen zahlreich, gegabelt, scharfkantig und an den Ventralenden nach vorne gebogen. Glatter, sehr kräftiger Kiel.

Placenticeras. NA, E, Af [7]. Mittelgroß bis groß. Gehäuse abgeflacht mit engem, tiefem Nabel und gerundeter Nabelkante (s. Abb.). Skulptur schwach oder fehlend oder mit Knötchen (s. Abb.) an der Nabelkante und einer zweiten Knotenreihe auf der Ventralseite. Diese besitzt einen erhabenen Kiel mit konkaven Flanken, der von zwei Reihen zahlreicher kleiner Knötchen begleitet wird.

Baculites,
Windungsquerschnitt

Baculites. Untere Oberkreide; weltweit [1]. Meist über 10 cm lang. Das Gehäuse besteht aus ein oder zwei Anfangswindungen (hier nicht zu sehen) und einem langen geraden Abschnitt. Abgeflachter Windungsquerschnitt und komplizierte Lobenlinie (s. Abb.). Ornamentierung schwach oder fehlend. Vertreter einer Ammonitengruppe (Baculitidae aus der unteren Oberkreide), deren sämtliche Vertreter gerade oder leicht gebogene Gehäuse besitzen.

Turrilites. Untere Oberkreide; NA, E, Af, Asien [2]. Groß, spiralförmig aufgewunden und dadurch Ähnlichkeit mit Gastropoden. Die einzelnen Windungen berühren sich jedoch nicht. Skulptur aus Knoten, Ventralseite eingesenkt; Lobenlinie kompliziert.

Acanthoceras. Oberkreide; NA, E, Af, Asien [3]. Mittelgroß bis groß. Weitnabelig, Windungsquerschnitt wie abgebildet. Rippen gerade, mit Knoten nahe der Ventralseite. Diese besitzt einen schwachen Kiel, der von Knotenreihen begleitet wird.

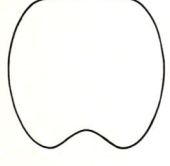

Acanthoceras,
Windungsquerschnitt

Scaphites. Untere Oberkreide; weltweit [4]. Klein bis mittelgroß. Nabel eng, Windungsquerschnitt s. Zeichnung. Aufrollung anormal mit einem geraden Abschnitt, dessen Windungsende die vorhergehende Umgänge nicht berührt. Skulptur aus Knoten und zahlreichen feinen gegabelten Rippen, die mit leichter Vorbiegung über die Außenseite hinwegziehen.

Belemniten

Eine ausgestorbene Gruppe von Cephalopoden, die im Jura und in der Kreide besonders bedeutend war. Meist ist nur der rückwärtige Gehäuseabschnitt oder das *Rostrum* erhalten. Dieses ist geschoßförmig und war ein Innenskelett. Bei vollständigen Exemplaren sind im Vorderabschnitt (d. h. gegenüber der Spitze) abgeflachte Bereiche vorhanden. Durchgebrochene Exemplare zeigen eine Struktur aus strahlenförmig angeordneten Kalzitfasern und konzentrische Anwachsstreifen. Der eingetiefte Bereich am Vorderende des Rostrums wird *Alveole* genannt. Er kann einen gekammerten Teil des Gehäuses, den *Phragmakon,* enthalten (hier am Beispiel von *Cylindroteuthis* [7] zu sehen).

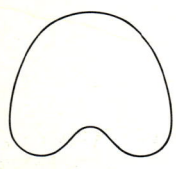

Scaphites,
Windungsquerschnitt

Neohibolites. Oberkreide; E [5]. Rostrum klein, meist 5–10 cm lang. Querschnitt kreisförmig, nach vorne vor der rasch zulaufenden Spitze verdickt. Am Vorderende dieses Exemplares ist der zerdrückte Phragmakon erhalten. Auf der Rückseite, nahe der Alveole, sind ein kurzer Schlitz und eine Furche zu sehen.

Belemnitella. Kreide; E [6]. Rostrum groß, meist über 10 cm lang. Querschnitt fast kreisrund, aber mit abgeflachter Oberseite, die von einem Paar flacher, in Längsrichtung verlaufender Vertiefungen begrenzt wird. Auf der Ventralseite ist nahe dem Rand der Alveole ein langer Schlitz ausgebildet.

Cylindroteuthis. Jura – Kreide; NA, E [7]. Groß, Rostrum meist etwa 15 cm lang. Querschnitt breitoval mit leicht abgeflachten Seiten und einer langen Furche auf der Unterseite, die nach rückwärts gegen die Spitze tiefer wird. Am Vorderende des abgebildeten Exemplars ist der gekammerte Phragmakon deutlich zu erkennen.

Bivalven (Zweischaler)

Herzmuscheln, Kammuscheln, Scheidenmuscheln, Austern, Miesmuscheln und Venusmuscheln gehören alle zu den bivalven Mollusken. Muscheln ähneln Brachiopoden (S. 270), doch bei genauerem Hinsehen erkennt man wichtige Unterschiede. Bei den meisten Muscheln sind die einzelnen Klappen unsymmetrisch *(ungleichseitig)*, wobei der Wirbel nach vorne gerichtet ist. Die beiden Klappen verhalten sich spiegelbildlich zueinander *(gleichklappig)*. Austern bilden eine bekannte Ausnahme hiervon, sie sind *ungleichklappig*. Bei Brachiopoden ist jede Klappe in der Regel symmetrisch, aber die beiden Klappen unterscheiden sich in Größe und Krümmung voneinander.

Wichtige Merkmale der Muscheln sind die Höhe (h), die Länge (l), die Dicke (t), der Wirbel (b) und die Skulptur. Ein abgeflachtes Feld zwischen den beiden Wirbeln wird als *Area* bezeichnet (abgebildet bei *Arca*, S. 265 [4]). Eine abgeflachte Vertiefung vor dem Wirbel wird als *Lunula*, eine ebensolche hinter dem Wirbel als *hintere Area* bezeichnet. Eine Öffnung oder Kerbe zwischen oder hinter den Wirbeln ist die *Ligamentgrube*. Die Klappen sind entlang des *Schloßrandes* scharnierartig miteinander verbunden. Bei einigen Gehäusen sind die beiden Klappen vorne oder hinten nicht völlig geschlossen, sondern klaffen etwas (abgebildet bei *Pholadomya* S. 263 [4]).

Als *Schloßzähne* bezeichnete Fortsätze der Schale können unter dem Wirbel und an beiden Enden des Schloßrandes vorhanden sein. Eine Reihe kleiner Vorsprünge oder „Zähne" kennzeichnet das *taxodonte Schloß* (abgebildet bei *Glycimeris*, S. 265 [6]). Es können ein vorderer und ein hinterer Muskeleindruck (hier abgebildet bei *Mya* [4]) oder nur ein einziger Muskeleindruck entwickelt sein. Die *Mantellinie* ist eine Vertiefung zwischen den Muskeleindrücken, die die Grenze markiert, bis zu der das Tier in der Schale angeheftet war. Die *Mantelbucht* ist eine Einbuchtung dieser Linie nahe dem Hinterende der Schale.

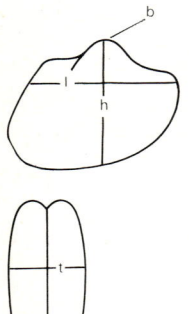

Typische zweiklappige Muschel. Seitenansicht (oben) und Querschnitt

Venericardia. Paleozän – Eozän; NA, E, Af [1]. 3–15 cm lang. Gleichklappig, stark konvex. Wirbel nach vorne gerichtet. Ligamentgrube hinter dem Wirbel. Zwei kräftige Zähne (s. Zeichnung a, b) unter dem Wirbel in beiden Klappen. Skulptur aus weitständigen radialen Rippen und konzentrischen Lamellen, die gegen die gezähnten Ränder hin kräftiger werden.

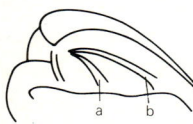

Venericardia, die Zähne sind zu sehen

Arctica. Kreide – Neuzeit; NA, E [2]. Meist 3–10 cm lang. Form ähnlich Venericardia [1]. Ligamentgrube tief. Zwei oder drei Zähne (s. Zeichnung). Ornamentierung aus konzentrischen Rippen. Klappenränder ungezähnt.

Arctica, Wirbel mit Zähnen

Plagiocardium. Paleozän – Neuzeit; E, Af, Aust [3]. Mittelgroß. Klappen fast symmetrisch; Wirbel leicht nach vorne gerichtet. Schloßrand gerade. In jeder Klappe zwei Hauptzähne, in der linken Klappe je ein vorderer und hinterer Leistenzahn, in der rechten Klappe zwei vordere und ein hinterer Leistenzahn. Skulptur aus kräftigen, perlschnurartigen Rippen. Klappenränder kräftig gezähnt.

Mya. Oligozän – Neuzeit; NA, E, Asien [4]. Meist 3–15 cm lang. Länglich, flach. Wirbel klein, nach oben gerichtet. Skulptur fehlend oder aus konzentrischen Lamellen. Schloßrand gebogen, ohne Zähne, aber mit einem löffelförmigen Fortsatz, der als Ligamentlöffel *(Chondrophor)* bezeichnet wird. Klappenränder nicht gezähnt. Schalen hinten weit klaffend. Vorderer Muskeleindruck erhaben und gebogen, hinterer kreisrund und tief. Mantelbucht tief.

Teredo. Eozän – Neuzeit; weltweit [1]. Vertreter einer Gruppe von Muscheln, die gewöhnlich durch ihre Bohrgänge in Holz bekannt sind (wie abgebildet). Diese Gänge haben einen kreisrunden Querschnitt und manchmal eine kalkige Tapete. Sie können mit Schlamm ausgefüllt sein oder Überreste der Muschelschale enthalten. Teredo hat eine sehr kleine Schale; die Bestimmung ihrer rezenten Vertreter gründet sich auf die Weichteilanatomie.

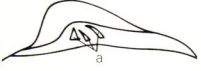

Pitar, Wirbel und Schloßrand; die Zähne sind zu erkennen

Pitar. Eozän – Neuzeit; weltweit [2]. Mittelgroß. Klappen stark konvex und in der Form ähnlich Arctica (S. 261 [2]). Wirbel nach vorwärts gerichtet. Lunula flach, hintere Area fehlend. Zähne s. Zeichnung; vordere Leistenzähne gut entwickelt, gewöhnlich drei Hauptzähne (a) in jeder Klappe. Abgesehen von der hinter dem Wirbel gelegenen Ligamentgrube sind die Klappen geschlossen. Unterer Klappenrand glatt, Mantelbucht vorhanden. Skulptur aus konzentrischen Rippen.

Neocrassina. Jura – Kreide; E, Af [5]. Eine rechte Klappe ist abgebildet. Mittelgroß; flach konvex bis dick. Wirbel nach vorne gerichtet; vorderer Schalenabschnitt wesentlich kleiner als der hintere. Große deutlich abgegrenzte Lunula und hintere Area. Ornamentierung aus konzentrischen Rippen. Zwei Hauptzähne auf jeder Klappe. Klappenränder glatt oder leicht gezähnt, nicht klaffend.

Pholadomya. Trias – Neuzeit; weltweit [4]. Mittelgroß bis groß, länglich. Klappen stark konvex, Schale dünn. Wirbel nahe dem Vorderende, wenig hervorragend, gerundet, nach oben gerichtet. Ornamentierung mit radialen Rippen im zentralen Teil und mit konzentrischen Rippen, die am Vorder- und Hinterende besonders deutlich sind. Zähne sehr schwach. Klappen vorne und hinten stark klaffend. Mantelbucht vorhanden.

Sanguinolites. Devon – Perm; weltweit [7]. Mittelgroß. Klappen länglich und gebogen mit stark verkürztem Vorderende. Dick. Schloßrand ohne Zähne. Hintere Area groß und deutlich begrenzt; Lunula weniger deutlich. Ornamentierung aus konzentrischen Rippen. Schalenränder glatt; Klappen am Hinterende schwach klaffend.

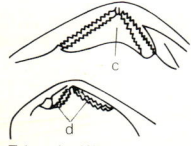

Trigonia, Wirbel; man sieht links (oben) die Zähne und rechts die Klappen

Trigonia. Trias – Kreide; weltweit [6]. Mittelgroß bis groß. Fast dreieckig mit steil abfallender Vorderseite. Wirbel nach oben oder leicht rückwärts gerichtet. Das abgeflachte Hinterende der Schale wird durch eine erhabene Kante und eine glatte Rinne abgegrenzt. Ornamentierung auf der Vorderseite aus kräftigen konzentrischen Rippen, an der Hinterseite aus schwächeren Radialrippen. Hintere Area groß und durch eine scharfe perlschnurartige Kante begrenzt. Großer Hauptzahn (c) in der linken, zwei große Zähne (d) in der rechten Klappe. Zähne mit kräftig gerieften Oberflächen. Klappenränder geschlossen und glatt.

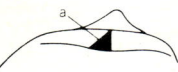

Schizodus, Wirbel und Schloßrand sowie Zähne

Schizodus. Karbon – Perm; weltweit [3]. Klein bis mittelgroß. Dick mit abgeflachten Rändern. Wirbel kräftig, nach oben gerichtet; vorderer Klappenrand verkürzt. Lunula und hintere Area fehlend. In jeder Klappe ein einziger großer Zahn (a); außerdem kommen einige kleinere Zähne vor. Schalenoberfläche glatt oder mit schwachen, feinen konzentrischen Rippen. Klappenränder glatt und geschlossen.

Anodonta *(Süßwassermuschel)*. Kreide – Neuzeit; NA, SA, E, Af, Asien [1]. 3–15 cm lang. Schale länglich, Wirbel deutlich ausgebildet, nach vorne oder oben gerichtet. Gehäuse abgeflacht bis dick. Oberfläche glatt oder mit konzentrischen Streifen. Schloß zahnlos oder mit kleinen Kerben. Eine verschieden kräftige Kante verläuft vom Wirbel zum Hinterrand, der stärker gekrümmt ist als der Vorderrand. Klappenränder nicht klaffend, ungezähnt.

Carbonicola. Karbon; E [2]. In Süßwasser lebend. Mittelgroß, abgeflacht bis dick. Hinterende verlängert, Vorderende verkürzt. Wirbel nach oben oder vorne gerichtet. Schloßrand gebogen, manchmal mit ein oder zwei zahnartigen Fortsätzen unter dem Wirbel auf jeder Klappe. Klappenränder glatt, nicht klaffend. Vorderer Muskeleindruck kreisförmig und tief, hinterer flach und erhaben. Ornamentierung aus konzentrischen Streifen.

Mediomorpha. Silur – Perm; NA, E, Asien [3]. Mittelgroß. Gleichklappig, Klappen nach hinten verbreitert. Wirbel wenig erhaben. In der linken Klappe ein einzelner Zahn, in der rechten eine Zahngrube. Klappenränder glatt, nicht klaffend. Ornamentierung aus konzentrischen Streifen.

Arca. Jura – Neuzeit; weltweit [4]. Mittelgroß, meist 5–10 cm lang. Länglich, Wirbel deutlich vor der Mittellinie gelegen und leicht nach vorne gebogen. Klappen stark konvex. Am Schloßrand eine sehr breite flache Area, die die Wirbel trennt. Schloß mit einer langen Reihe kleiner, kammartiger Zähne. Am Unterrand eine längliche offene Lücke zwischen den Klappen, die als langes dunkles Band sichtbar ist. Ornamentierung aus konzentrischen und radialen Rippen.

Parallelodon, Wirbel und Schloßrand sowie Zahn

Parallelodon. Devon – Jura; weltweit [5]. Meist 5–15 cm lang. Form länglich mit langem Hinterende und verkürztem Vorderende. Wirbel nach vorne gerichtet. Schloßrand gerade. Die breite abgeflachte Area zwischen den Wirbeln trägt in Längsrichtung verlaufende Kanten. Am Hinterende des Schlosses sehr wenige Zähne (a), am Vorderende zahlreiche kürzere gebogene Zähne. Klappenränder glatt, auf der Unterseite klaffend.

Glycymeris. Kreide – Neuzeit; weltweit [6]. Klein bis mittelgroß, fast kreisförmig. Wirbel fast zentral und nach oben gerichtet (d. h. Klappen gleichseitig). Schloßzähne ähnlich Arca [4], Schloßrand jedoch leicht gebogen. Area vorhanden, jedoch kleiner als bei Arca. Unterer Klappenrand gezähnt (s. Abb.). Oberfläche glatt oder mit radialen Rippen und konzentrischen Furchen.

Modiolus. Devon – Neuzeit; weltweit [5]. Mittelgroß bis groß, bis 10 cm lang. Im allgemeinen ähnlich der gemeinen Miesmuschel, Wirbel jedoch nicht am äußersten Schalenende. Schloß zahnlos. Oberfläche glatt oder mit flachen konzentrischen Rippen. Gleichklappig, mit Ligamentgrube. Klappenränder glatt und nicht klaffend.

Pinna. Karbon – Neuzeit; weltweit [1]. Mittelgroß bis groß. Äußere Form wie ein halbgeschlossener Fächer, dreieckig und bis 25 cm lang. Gleichklappig, Wirbel an der vorderen Spitze gelegen. Ornamentierung aus breiten Rippen im unteren und Radialrippen im oberen Abschnitt. Schalenoberfläche oft glänzend (s. Abb.). Klappenränder nahe dem Vorderende etwas, am Hinterende weit klaffend.

Gervillella. Trias – Kreide; weltweit [3]. Mittelgroß bis groß, bis 25 cm lang. Hinterende stark verlängert, Vorderende verkürzt und stark gekrümmt. Die Bezahnung besteht aus wenigen länglichen Zähnen, die der langen Gehäuseschale fast parallel laufen. Über dem Schloßrand eine flache Leiste mit zahlreichen (bis zehn) vertikalen Gruben, in denen das Ligament liegt. Schale konzentrisch gestreift.

Inoceramus, Wirbel mit Schloßrand und Ligamentgruben; man sieht die Ansatzstellen der Muskeln

Inoceramus. Jura – Kreide; weltweit [4]. Mittelgroß bis groß, meist 8–15 cm hoch. Hinteres Ohr verlängert, wie abgebildet, oder reduziert. Zahlreiche Ligamentgruben (a) entlang der Oberkante des Schloßrandes. Schloß zahnlos. Ornamentierung aus konzentrischen groben Rippen und feinen Furchen. Wirbel nach oben gerichtet. Schale kurz und hoch, stark konvex.

Pterinopecten. Silur – Devon; weltweit [2]. Mittelgroß. Wirbel nach oben gerichtet. Schloßrand gerade. Vor und hinter dem Wirbel sind Ohren entwickelt, von denen das hintere das größere ist. Rechte Klappe im allgemeinen weniger konvex als die linke. Schale mit verschiedenen starken radialen Rippen bedeckt.

Oxytoma. Trias – Kreide; weltweit [7]. Klein bis mittelgroß. Wirbel nach oben gerichtet, beiderseits mit Ohren versehen. Hinteres Ohr im allgemeinen länger und zugespitzt. Rechte Klappe flach, linke konvex. Schloß zahnlos, aber mit schmaler Area. Diejenige der linken Klappe geht in den Schalenrand über, die der rechten Klappe steht in einem Winkel von etwa 90° hierzu. Schale mit weitständigen groben Rippen bedeckt, die am Schalenrand in Dornen auslaufen.

Meleagrinella. Trias – Jura; weltweit [5]. Klein bis mittelgroß. Vor und hinter dem Wirbel kleine Ohren, Schloß zahnlos. Linke Klappe konvex, rechte Klappe flach. Linke Klappe mit radialen, dornenbesetzten Rippen. Rippen auf der rechten Klappe schwach oder fehlend. Auf der Abbildung ist ein Block mit zahlreichen kleinen Exemplaren zu sehen, von denen hauptsächlich die linken Klappen sichtbar sind.

Chlamys. Trias – Neuzeit; weltweit [6]. Mittelgroß, selten mehr als 15 cm hoch. Ähnlich der lebenden gemeinen Kammuschel. Gleichseitig, ungleichklappig, linke Klappe stärker konvex als die rechte. Vor und hinter dem Wirbel Ohren; hinteres Ohr der linken Klappe mit einer Kerbe. Schloßzähne fehlen, doch ist auf beiden Klappen unter dem Wirbel eine zentral gelegene, dreieckige Ligamentgrube entwickelt. Schale mit konzentrischen Streifen und kräftigen radialen Rippen verziert, die einen gewellten Schalenrand bilden.

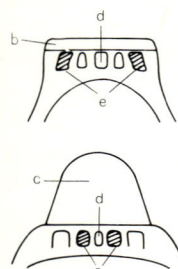

Spondylus, Wirbel und
Schloßrand der rechten (oben) und linken
Klappe (unten)

Spondylus. Jura – Neuzeit; weltweit. Mittelgroß, bis 12 cm hoch. Fast gleichseitig, sehr ungleichklappig. Klappen hoch, rechte Klappe tiefer als die linke. Schloßrand gerade. Wirbel der rechten Klappe mit großer Area (c), die eine feine Senkrecht- und Querstreifung aufweist. Area (b) der linken Klappe niedrig und nach außen abfallend. Das abgebildete Exemplar ist besonders stark bedornt. Bei einigen Formen herrschen jedoch Rippen vor; Dornen treten nur untergeordnet auf. Die linke Klappe trägt zwei große weitständige Zähne (e), die rechte Klappe zwei eng zusammenliegende Zähne. Auf beiden Klappen eine tiefe Furche (d) unter dem zentralen Teil des Wirbels.

Plagiostoma. Trias – Kreide; weltweit [2]. Mittelgroß bis groß, bis 15 cm lang. Beide Klappen gleich groß. Wirbel nach hinten gerichtet; Vorderseite gerade und mit einer länglichen, großen Lunula. Klappenränder meist geschlossen; Zähne schwach oder fehlend. Oberfläche glatt mit feinen konzentrischen oder radialen Streifen.

Cardiola. Silur – Devon; NA, E [4]. Klein. Wirbel nach oben oder vorne gerichtet. Gleichklappig; Schloß zahnlos; auf beiden Klappen eine dreieckige Area. Schalenränder können klaffen. Kräftige radiale Rippen werden von konzentrisch verlaufenden Furchen gequert und erzeugen auf der Schalenoberfläche ein rechteckiges Netzmuster. Auf der Abbildung ist ein Block mit Steinkernen und Abdrücken dieser Gattung zu sehen.

Nucula. Kreide – Neuzeit; weltweit [3]. Klein; gleichklappig; Wirbel nach hinten gerichtet. Am Schloßrand vor und hinter dem Wirbel kammartige Zähne (s. Abb.). Unter dem Wirbel ein innerer Ligamentfortsatz. Unterer Schalenrand mit feinen Streifen. Vorderer und hinterer Muskeleindruck gleich groß. Schalenoberfläche glatt mit feinen radialen Rippen und/oder konzentrischen Ringen. Innenseite der Schale oft glänzend.

Gryphaea. Trias – Jura; weltweit [6]. Mittelgroß bis groß, bis 15 cm lang. Linke Klappe stark konvex und wesentlich größer als die rechte; ihr Wirbel ist über der rechten Klappe eingerollt und etwas nach hinten verdreht; Rechte Klappe flach oder konkav. Linke Klappe mit zahlreichen scharf begrenzten Lamellen; Oberfläche der rechten Klappe glatt oder berippt und mit randlichen Lamellen. Linke Klappe mit länglicher gebogener Anschwellung entlang dem hinteren Schalenrand.

Lopha. Trias – Neuzeit; weltweit [7]. Meist mittelgroß, Klappen konvex; ihre Form schwankt von ostreaähnlich bis ungleichseitig (s. Abb.). Fast gleichklappig. Charakteristisch sind die radialen Falten, die in ihrer Ausbildung von kräftigen Rippen bis zu hohen Graten schwanken (s. Abb.). Sie verleihen dem Unterrand ein zickzackartiges Aussehen. Innenseite mit kleinen Knötchen am Rand.

Ostrea *(Gemeine Auster)*. Kreide – Neuzeit; weltweit [5]. Mittelgroß bis groß, bis 20 cm lang. Linke Klappe konvex, rechte Klappe kleiner als linke, abgeflacht oder konkav. Die äußere Form schwankt von ebenso lang wie hoch bis zu wesentlich kürzer als hoch. Hauptmerkmal ist die radiale Berippung auf der linken Klappe und die fehlende Berippung auf der rechten Klappe.

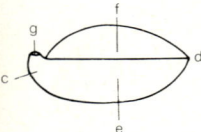

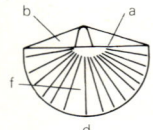

Typischer Brachiopode.
Seitenansicht (oben)
und Ansicht der Arm-
klappe (nicht die
gleiche Art!)

Brachiopoden (Armkiemer)

Im Aussehen ähneln sie im allgemeinen den zweiklappigen Mollusken, da sie zwei Klappen besitzen. Die charakteristischen Unterscheidungsmerkmale der Mollusken sind auf Seite 238 f. aufgeführt. Wichtige Merkmale der Brachiopoden sind die *Schloßlinie* (a), die *Interarea* (b), d. h. die abgeflachte Region, die oft zwischen Schloßlinie und Wirbel vorhanden ist, der *Wirbel* (c), das *Vorderende* (d), der *Wulst,* eine ausgedehnte Wölbung (hier auf der Armklappe von *Spirifer* [1, 2] sichtbar) und der *Sinus,* eine lange Furche (hier auf der Stielklappe von Spirifer sichtbar). Wulst und Sinus kommen oft zusammen auf Klappenpaaren vor. Die Ornamentierung besteht gewöhnlich aus Radialrippen (wie bei Spirifer), aber auch konzentrische Wachstumslinien können vorkommen (wie bei Atrypa [4]). Die beiden Klappen heißen *Stiel-* bzw. *Armklappe.* Die *Stielklappe* (e) trägt stets den ausgeprägteren Wirbel und ist oft größer als die *Armklappe* (f). Der Wirbel der Stielklappe besitzt ferner oft ein kleines Loch, das *Foramen* (g), durch das beim lebenden Tier der Stiel hindurchtritt.

Spiriferen

Spiriferen werden durch ihre Internstruktur gekennzeichnet; ihre äußere Morphologie variiert jedoch stark. Bei aufgebrochenen oder angewitterten Exemplaren kommt gelegentlich eine Spiralstruktur zum Vorschein. Andere Exemplare lassen sich in die jeweilige Großgruppe aufgrund einiger weniger, einfacher, äußerlicher Merkmale einordnen.

Spirifer. Karbon; weltweit [1, 2]. Relativ breites und stark bikonvexes Gehäuse; lange Schloßlinie. Breite, lange Interarea nur auf der Stielklappe. Wirbel der Stielklappe kräftig; ausgeprägter Sinus auf der Stielklappe sowie Wulst auf der Armklappe. Die Ornamentierung besteht aus kräftigen, sich gabelnden Rippen, die auf Wulst und Sinus vorkommen. Auch Wachstumslinien können auftreten. Ein Foramen fehlt. Abgebildet sind Dorsalansicht [1] und Ventralansicht [2].

Eospirifer. Silur – Devon; weltweit [3]. Bikonvex, Stielklappe jedoch nur schwach gewölbt. Starker Wirbel, Interarea der Stielklappe fast horizontal. Lange Schloßlinie, die kürzer als die maximale Schalenbreite ist. Ausgeprägter Wulst auf der Armklappe und Sinus auf der Stielklappe. Das Gehäuse ist fein radiär berippt und besitzt konzentrische Wachstumslinien.

Atrypa. Silur – Devon; weltweit [4]. Mittelgroß; Armklappe stark konvex, Stielklappe abgeflacht oder nur leicht konvex und an den Rändern nach unten abbiegend. Eine Interarea fehlt; die Schloßlinie ist lang oder kurz; der Wirbel ist klein und eingebogen. Die Ornamentierung besteht aus Rippen, die von ebenso starken Wachstumslinien gekreuzt werden. Ausgeprägter Wulst auf der Armklappe und Sinus auf der Stielklappe, vor allem bei alten Individuen.

Athyris. Devon – Trias; weltweit [1]. Ein kleiner bis mittelgroßer Spiriferide mit einem glatten, bikonvexen Gehäuse. Ohne Interarea; die Schloßlinie ist kurz. Die Gehäuseform variiert von breit nach länglich. Wulst auf der Armklappe, Sinus auf der Stielklappe, die beide einfache Kurven von unterschiedlicher Ausprägung darstellen. Der Wirbel ist kräftig, ein Foramen ist vorhanden. Die Ornamentierung besteht aus Wachstumslinien, die die Form dicker Lamellen besitzen können.

Cyrtia. Silur – Devon; weltweit [2]. Mittelgroß. Stielklappe (a) konvex und sehr stark gewölbt. Wulst auf der Arm- und Sinus auf der Stielklappe. Die Interarea der Stielklappe ist sehr groß (b) und fast senkrecht mit einem hohen dreieckigen Vorsprung in der Mitte. Gehäuse glatt oder mit feinen Rippen und Furchen überzogen.

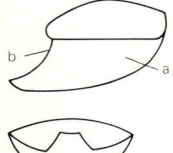

Cyrtia, Seitenansicht (oben) und Vorderseite

Orthiden
Lange Schloßlinie, Interarea auf beiden Seiten, bikonvex.

Orthis. Kambrium – Ordoviz; weltweit [3]. Klein bis mittelgroß; Stielklappe konvex; Armklappe schwach konvex oder flach. Die größte Gehäusebreite findet sich an der Schloßlinie. Interarea der Stielklappe groß, die der Armklappe schmal. Beide neigen sich nach innen und weisen dreieckige Erhebungen oder Vertiefungen in der Mitte auf. Die Ornamentierung besteht aus kräftigen radialen Rippen. Armklappe gewöhnlich mit schwachem Sinus.

Platystrophia. Ordoviz – Silur; weltweit [4]. Groß bis mittelgroß, stark bikonvex. Die Schloßlinie kann der größten Gehäusebreite entsprechen und läuft auf beiden Seiten spitz zu. Interarea auf beiden Klappen groß und ungefähr von gleicher Größe. Wirbel eingebogen. Starker Wulst auf der Arm- und Sinus auf der Stielklappe. Ornamentierung aus Radialrippen bestehend. Äußerlich läßt sich Platystrophia nicht von den Spiriferen (S. 270) unterscheiden, besitzt jedoch eine abweichende Innenstruktur.

Schizophoria. Devon – Perm; weltweit [7]. Mittelgroß; Armklappe stärker gewölbt als die Stielklappe. Interarea der Stielklappe größer als die der Armklappe, beide jedoch kürzer als die Schloßlinie, die nicht die größte Gehäusebreite repräsentiert. Schwacher Wulst auf der Armklappe und Sinus auf der Stielklappe. Feine Rippen und Wachstumslinien.

Dalmanella. Ordoviz – Silur; weltweit [5]. Mittelgroß; Umriß fast kreisrund. Armklappe mehr gewölbt als die Stielklappe. Interarea der Stielklappe lang mit gewölbter Fläche, die nach unten abbiegt. Interarea der Armklappe kürzer und nach oben abbiegend. Auf der Armklappe ist gelegentlich ein schwacher Sinus ausgebildet. Die Ornamentierung besteht aus feinen Rippen unterschiedlicher Stärke. Am Schalenrand kräftig ausgebildete Wachstumslinien.

Dicoelosia. Ordoviz – Devon; weltweit [6]. Klein bis mittelgroß; ein starker Sinus auf beiden Klappen bewirkt am Vorderende eine deutliche Einbuchtung. Schloßlinie nicht der größten Gehäusebreite entsprechend; Interarea der Stielklappe länger als die der Armklappe. Mit Rippen und Wachstumslinien.

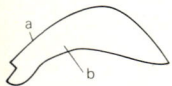

Strophomena, Seiten-
ansicht mit Stiel und
Wulst der Armklappe

Chonetes, Seiten-
ansicht mit Stiel und
Wulst der Armklappe

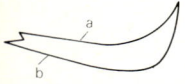

Rafinesquina, Seiten-
ansicht mit Stiel und
Wulst der Armklappe

Strophomeniden
Mit Interarea auf beiden Klappen. Die eine Klappe gewöhnlich
konvex, die andere konkav.

Strophomena. Ordoviz; weltweit [1]. Armklappe (a) konvex,
Stielklappe (b) konkav; Schloßlinie lang, der größten Schalen-
breite entsprechend. Interarea der Stielklappe breiter als die der
Armklappe. Dreieckiger Vorsprung in der Mitte der oberen und
unteren Interarea. Die Ornamentierung besteht aus feinen
Radiärrippen und -furchen.

Chonetes. Devon; weltweit [2]. Armklappe (a) konkav, Stielklappe (b) konvex. Schloßlinie lang, aber nicht immer der größten Gehäusebreite entsprechend. Gehäuse mit feinen Radiärrippen und -furchen. Interarea der Armklappe kleiner als die der
Stielklappe. Auf der Stielklappe befindet sich eine Reihe von
Stacheln am Rande der Interarea. Dies ist ein charakteristisches
Merkmal der Gruppe, zu der Chonetes gehört.

Rafinesquina. Ordoviz; NA, E, Af, Asien [3]. Stielklappe groß bis
mittelgroß. Diese Form ähnelt *Strophomena* [1], weist jedoch
eine umgekehrte Wölbung auf, d. h. die Armklappe (a) ist konkav, und die Stielklappe (b) ist konvex. Schloßlinie lang. Mit
kleinem Foramen auf der Stielklappe. Die Ornamentierung besteht aus Radiärrippen unterschiedlicher Stärke, wobei die
kräftigeren Rippen bis zum Wirbel reichen. Die in der Mitte liegende Rippe der Stielklappe ist gewöhnlich sehr kräftig
(s. Abb.).

Sowerbyella. Ordoviz – Silur; weltweit [4]. Klein bis mittelgroß;
Armklappe konkav, Stielklappe konvex. Schloßlinie entspricht
der größten Gehäusebreite. Die Ornamentierung besteht aus
feinen Radiärrippen und -furchen.

Leptaena. Ordoviz – Devon; weltweit [6]. Armklappe konkav,
Stielklappe konvex. Schloßlinie entspricht der größten Gehäusebreite und trägt auf beiden Seiten eine lange, schmale Interarea. Gehäuse mit sehr kräftigen Wülsten und feineren Radiärrippen und -furchen.

Productella. Devon; NA, E, Asien [5]. Klein bis mittelgroß.
Gehäuse halbkugelig bis fast viereckig mit einer stark konkaven
Armklappe (nicht abgebildet) und einer stark konvexen Stiel-
klappe. Interarea sehr eng, gerade und schwach ausgebildet.
Kleine Stacheln finden sich über die Stielklappe hin verstreut;
sie sind auf der Armklappe nur selten vorhanden.

Spinulicosta. Devon; weltweit [7]. Klein bis mittelgroß; ähnelt
der sehr nah verwandten Form Productella. In Spinulicosta ist
das Gehäuse eher länglich und besitzt schwache Radiärrippen
und -furchen. Lange, zarte Stacheln sind manchmal vorhanden,
jedoch nur selten erhalten. Interarea auf beiden Klappen sehr
eng und gerade, wie bei Productella [5]. Armklappe mit Grübchen und gelegentlich mit konzentrischen Wülsten.

Productus. Karbon; E, Asien [1]. Groß. Die Stielklappe (hier abgebildet) ist stark konvex und ragt über die Schloßlinie hinaus. Armklappe flach. Gehäuse mit Radiärrippen, manchmal mit Stacheln im Bereich der Schloßlinie. Stachelreihen finden sich gelegentlich auf der Stielklappe.

Pentameriden

Mit kurzer Interarea auf beiden Klappen; Gehäuse bikonvex, Schloßlinie kurz.

Sieberella. Silur – Devon; NA, E, Af, Asien [2]. Mittelgroß; ähnelt im Aussehen *Conchidium* [3]; Stielklappe jedoch gewöhnlich stärker konvex. Wirbel deutlich ausgeprägt. Sinus auf der Armklappe, Wulst auf der Stielklappe, beide kräftig und berippt. Der Rest des Gehäuses ist glatt. Vorderende mit einer deutlichen, winkeligen Umbiegung.

Conchidium. Silur – Devon; weltweit [3]. Groß; beide Klappen stark konvex. Die Stielklappe ist stärker konvex als die Armklappe. Wirbel der Stielklappe nach oben gebogen, überragt dabei den Wirbel der Armklappe (hier in Seitenansicht). Interarea der Stielklappe klein, die der Armklappe durch den nach innen gewölbten Wirbel verdeckt. Berippt. Wulst und Sinus nicht ausgebildet; Vorderende schwach gebogen.

Terebratuliden

Interarea nur auf der Stielklappe, falls sichtbar. Gehäuse gewöhnlich glatt, Foramen auf dem Wirbel deutlich sichtbar.

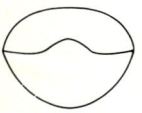

Dielasma, Vorderansicht

Dielasma. Karbon – Perm; weltweit [4]. Klein bis mittelgroß; bikonvex mit glattem Gehäuse. Längliche, tropfenförmige Form. Das Vorderende weist gelegentlich eine Falte auf, die jedoch nur schwach entwickelt sein mag (s. Abb.). Foramen offen, Wirbel nach oben und nach außen gerichtet.

Gibbithyris. Kreide; E [5]. Mittelgroß; bikonvex. Vorderrand mit Doppelfalte (s. Abb.). Foramen offen, Wirbel nach oben oder nach oben und nach innen gerichtet. Gehäuse glatt, im Umriß mehr rundlich als das von Ornithella [6].

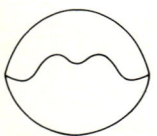

Gibbithyris, Vorderansicht

Ornithella. Jura; E [6]. Klein bis mittelgroß; bikonvex mit glattem Gehäuse und schwachen bis kräftigen Wachstumslinien. Im Umriß langoval. Vorderrand nach oben gebogen mit einer zentralen Eintiefung. Formen deutlich sichtbar; Wirbel nach außen und nach oben gerichtet.

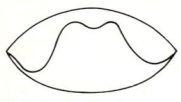

Sellithyris, Vorderansicht

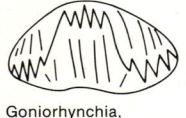

Goniorhynchia,
Vorderansicht

Sellithyris. Kreide; E [1]. Mittelgroß; Gehäuse abgeflacht und bikonvex. Gehäuse glatt mit kräftigen Wachstumslinien. Vorderrand kompliziert (s. Abb.), ähnlich dem von Gibbithyris (S. 277 [5]). Foramen offen und groß, Wirbel nach oben gerichtet oder nach oben und innen.

Rhynchonelliden
Interarea auf beiden Klappen sehr klein oder nicht sichtbar; Gehäuse mit kräftigen, scharfkantigen Rippen; Wirbel meist kräftig.

Cyclothyris. Kreide; NA, E [2]. Relativ großer Rhynchonellide, der wie *Goniorhynchia* [3] aussieht, aber breiter und abgeflachter ist. Vorderrand weniger stark nach oben gebogen als bei Goniorhynchia. Wirbel nach oben gerichtet.

Goniorhynchia. Jura; E [3]. Mittelgroß, bikonvex. Gehäuse breiter als lang; Vorderrand wie abgebildet mit einer einfachen, starken, winkelig nach oben gerichteten Falte. Sinus der Armklappe und Wulst der Stielklappe sind kräftig ausgebildet. Kräftige ineinandergreifende Kerben sitzen an der Berührungslinie der Klappen. Wirbel kräftig und nach oben und außen gerichtet. Gehäuse mit kräftigen, scharfkantigen Rippen.

Rhynchotrema. Ordoviz; NA [4]. Klein, bikonvex. Sinus der Armklappe und Wulst der Stielklappe gut ausgebildet. Vorderrand mit ineinandergreifenden Kerben. Wirbel kräftig; Gehäuse mit kräftigen Rippen.

Hypothyridina. Devon; weltweit [5]. Groß bis mittelgroß. Gehäuse sehr hoch und bikonvex. Der Vorderrand ist sehr typisch, da die Stielklappe als kräftiger Fortsatz nach oben gerichtet ist und die Armklappe in der Nähe des höchsten Punktes des Gehäuses berührt. Der Sinus auf der Stielklappe und der Wulst auf der Armklappe sind gut ausgebildet. Gehäuse in der Nähe des Wirbels glatt, jedoch in der Nähe des Vorderrandes kräftig berippt. Dorsalansicht oben, Vorderansicht unten.

Inartikulierte Brachiopoden
Klappen nicht fest verbunden; ohne Interarea und Schloßzähne.

Lingula. Ordoviz – Neuzeit; weltweit [6]. Gehäuse länglich und fast oval mit kleiner, spitz zulaufender Schloßregion; schwach bikonvex; Klappen gewöhnlich einzeln auftretend. Ornamentierung besteht aus feinen Rippen, die von zahlreichen Wachstumslinien gekreuzt werden. Schale sehr dünn, mit einer leichten Verdickung im Bereich des Schlosses. Kann ein perlmuttähnliches Aussehen haben.

Crania. Kreide – Neuzeit; weltweit [7]. Klein; ist gewöhnlich mit der gesamten Stielklappe an andere Fossilien angeheftet und mit dieser fest verbunden. Gehäuseform konisch oder abgeflacht; auf der Schale finden sich Radiärrippen und -furchen sowie konzentrische Wachstumslinien. Die vier hier abgebildeten Exemplare sind auf einem Strophomeniden (vgl. S. 224) angeheftet.

Diplograptus, biserial (zweireihig) angeordnete Theken

Monograptus, monoserial (einzeilig) angeordnete Theken

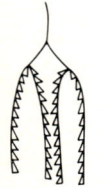

Tetragraptus, Wuchsform

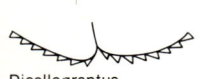

Dicellograptus, Wuchsform

Graptolithen

Eine Gruppe koloniebildender, meist planktonischer Tiere. Es handelt sich um eine ausgestorbene Klasse, deren Vertreter vom Kambrium bis zum Karbon existierten und wichtige Fossilien sind. Für die Altersbestimmung paläozoischer Gesteine sind Graptolithen sehr nützlich, da sie sich sehr rasch umwandelten und viele Gattungen weltweite Verbreitung besaßen. Graptolithen kommen häufig in Schiefertonen und Tonschiefern vor, wo man sie meist flachgedrückt auf den Schichtflächen findet. Sie liegen gewöhnlich in kohliger Erhaltung vor. Im Gestein sind Graptolithen manchmal schwierig zu erkennen; hält man jedoch das Handstück schräg zum einfallenden Licht, kann man gewöhnlich ihre glänzenden Oberflächen sehen.

Eine Graptolithen-Kolonie wird *Rhabdosom* genannt und besteht aus einer wechselnden Anzahl von Ästen oder *Stolonen,* die vom ursprünglichen Individuum der Kolonie, der *Sikula,* abzweigen. Als *Nema* bezeichnet man den fadenförmigen Fortsatz, mit dem ein Rhabdosom festgeheftet sein kann. Jedes Individuum einer Kolonie bewohnt ein tassenförmiges Gebilde, *Theka* genannt.

Dendrograptus. Kambrium – Karbon; weltweit [1]. Eine angeheftete, pflanzenähnliche Form. Die Rhabdosome bestehen aus zahlreichen Stolonen, die der Kolonie ein farnähnliches Aussehen verleihen.

Diplograptus. Ordoviz – Silur; weltweit [2]. Ein Vertreter der eigentlichen Graptolithen-Gruppe (Graptoloidea). Diese Gruppe schließt auch Monograptus [3], Dicellograptus [5] und Tetragraptus [4] ein. Vertreter dieser Gruppe waren im Ordoviz und Silur wichtige planktonische Formen. In Diplograptus sind die Theken auf beiden Seiten des Stolons angeordnet. Diese Anordnung nennt man biserial (s. Zeichnung). Dies macht sich als zweireihige Zähnung auf den bandförmigen Exemplaren bemerkbar.

Monograptus. Silur; weltweit [3]. Theken einreihig entlang des Stolons angeordnet. Diese Anordnung nennt man monoserial (s. Zeichnung). Die Rhabdosome sind aufgerollt, spiralig oder gestreckt. Stolonenfragmente der anderen Gattungen der Familie Monograptidae können ebenso Monograptus ähneln.

Tetragraptus. Ordoviz; NA, E, Asien, Aust [4]. Die Rhabdosome bestehen aus vier kurzen, breiten Ästen, die vom Nema auseinandergehen, um sich dann erneut zu gabeln (s. Zeichnung). Jeder Ast trägt Theken nur auf einer Seite. Die Zähnung ist deutlich auf dem abgebildeten Stück zu sehen.

Dicellograptus. Ordoviz; weltweit [5]. Besteht aus zwei Stolonen, die in charakteristischer Weise vom Zentrum nach oben gebogen sind. Theken befinden sich nur auf einer Seite.

Echinodermen (Stachelhäuter)

Fossile Echinodermen sind leicht zu erkennen, da die meisten von ihnen lebenden Formen ähneln oder eine kennzeichnende Form besitzen. Fünf Gruppen werden hier erwähnt: Seesterne, Seelilien, Seeigel, Blastoideen und Edrioasteroideen. Fossil am wichtigsten sind Seeigel und Seelilien.

Gruppe	Ausbildung und Form
Seelilien	pflanzenähnlich; meist mit Stiel, federförmigen Armen und Kelch. Alle bestehen aus großen oder kleinen Platten
Seesterne	Sternförmig, Arme lang oder kurz
Edrioasteroideen	Scheibenförmig, mit erhabenen welligen, sternförmigen Furchen
Blastoideen	Knospenförmig mit fünf radiären Furchen
Seeigel	Konisch, abgeflacht oder raupenförmig, mit After und Mund sowie radiären Ambulakren, die entweder erhaben oder vertieft auf der Oberfläche verlaufen

Seelilien (Crinoidea)

Sie bestehen aus einer *Theka,* die aus *Platten* zusammengesetzt ist und fünf oder mehr *Arme* besitzt, die oft verzweigt sind. Kleine, haarförmige Fortsätze, *Pinnulae* genannt, können daran auftreten. Die Theka wird gewöhnlich von einem Stiel getragen (jedoch nicht bei *Marsupites,* auf S. 284, oder *Uintacrinus,* hier abgebildet). Für die Systematik sind Merkmale wie *Stielglieder, Kelchplatten, Pinnulae* und Arme, die aus *radiären Platten* hervorgehen, wichtig. Oft findet man nur Stielglieder (abgebildet bei Cyathocrinites auf S. 284/285).

Sagenocrinites. Silur; NA, E [1]. Großwüchsig. Die Theka besteht aus zahlreichen hexagonalen Platten. Auf der Kelchoberfläche fallen die Basen der Arme nicht besonders auf. Die Arme bestehen aus Säulen von einzelnen Platten. Ohne Pinnulae. Querschnitt des Stieles kreisrund.

Taxocrinus. Devon bis Karbon; NA, E [2]. Großwüchsig. Der Kelch besteht aus zahlreichen lose verbundenen Platten, deren Gestalt von denen bei Sagenocrinites [1] abweichen. Armbasen deutlich. Ornamentierung der Radialplatten läßt sich leicht bis zur Kelchbasis verfolgen. Arme kurz, Pinnulae fehlen. Obwohl bei unserem Beispiel nicht deutlich zu sehen, ist die Krone von Taxocrinus gewöhnlich höher und gestreckter als die bei Sagenocrinites.

Uintacrinus. Kreide; NA, E [4]. Große stiellose Form. Der Kelch besteht aus vielen kleinen Platten, die Arme sind lang und zart; sie besitzen Pinnulae. Armbasen kräftig ausgebildet; sie lassen sich bis zur Radialplatte in der Nähe der Kelchbasis verfolgen.

Pentacrinites. Trias – Kreide; NA, E [3]. Großwüchsig mit kleinem Kelch. Arme lang und stark verzweigt. Der Stiel von Pentacrinites ist charakteristisch, und die einzelnen Stielglieder lassen sich leicht anhand ihres sternförmigen Querschnitts erkennen. Der Stiel kann haarähnliche Fortsätze tragen, die man *Cirren* nennt. Diese haben einen rautenförmigen Querschnitt.

Marsupites. Kreide; NA, E [1]. Eine stiellose Form. Der Kelch ist groß und besteht aus sehr großen Platten, die Rippen aufweisen. Die Arme setzen sich aus Säulen von sehr großen, Pinnulae tragenden Platten zusammen.

Cyathocrinites. Silur – Perm; NA [2]. Eine mittelgroße Form mit einem relativ hohen Kelch, der aus wenigen großen Platten besteht. Diese sind in drei Reihen angeordnet und fest miteinander verbunden. Die Arme stehen frei vom Kelch ab und gabeln sich; sie setzen sich aus Säulen einzelner Platten zusammen; Pinnulae fehlen. Auf dem hier abgebildeten Exemplar sind mehrere Stielfragmente sichtbar; man erkennt sie unter den Armen im oberen linken Teil der Abbildung; sie besitzen einen weiten Kanal mit kreisrundem Querschnitt sowie ein Muster aus radiären Rippen und Furchen.

Phanocrinus. Karbon; NA [3]. Kleiner als Cyathocrinites [2]. Mit einem niedrigen Kelch, der aus drei Reihen großer, fest verbundener Platten besteht. Die Kelchbasis ist konkav, wobei der Stiel im Zentrum anschließt. Arme dick und lang, aus Säulen einzelner Platten bestehend. Zehn Arme in fünf Paaren sind vorhanden, die sich an der obersten Platte des Kelches aufteilen.

Platycrinites, Kelchbasis (oben) und biseriale (zweireihige) Arme

Platycrinites. Devon – Karbon; NA, E [4]. Der tassenförmige Kelch besteht aus fest verbundenen Platten, die größer als bei Cyathocrinites [2] sind. Ihre Anzahl ist geringer. Die Kelchbasis wird von drei Platten gebildet, von denen zwei (a und b) groß sind und eine (c) klein ist. Die Arme bestehen aus doppelten Säulen von Platten, was man *biserial* nennt. Arme mit Pinnulae. Der Stiel besitzt einen charakteristisch abgeflachten Querschnitt, ist gewunden und bandförmig (s. Abb.).

Glyptocrinus. Ordoviz – Silur; NA [6]. Eine kleine Seelilie mit einem hohen Kelch, der aus zahlreichen kleinen Platten besteht. Diese sind in den Bereichen zwischen den Armen verschmolzen. Arme zart, mit langen, federähnlichen Pinnulae. Stiel mit kreisförmigem Querschnitt.

Carpocrinus. Silur; NA [7]. Arme und allgemeines Aussehen wie bei Phanocrinus [3]. Der Kelch jedoch ist sehr verschieden, da er aus zahlreichen kleinen Platten besteht. Die Kelchbasis wird von drei gleichgroßen Platten gebildet (a, b und c).

Dichocrinus. Karbon; NA [5]. Kelch groß und kugelig, aus einigen wenigen, großen Platten bestehend. Von diesen sind die oberen höher und schmaler als bei Pentacrinites (S. 283 [3]). Zwei gleichgroße Platten bilden die Kelchbasis. Der Stiel besitzt einen kreisförmigen Querschnitt. Arme lang und federähnlich mit großen Pinnulae. Die Arme bestehen aus Doppelreihen von Platten. In unserer Abbildung liegt Dichocrinus auf einem *Rhodocrinites*. Dieser sieht im allgemeinen ähnlich aus, sein Kelch besteht jedoch aus zahlreichen kleinen Platten.

Dichocrinus, Kelchbasis

Seesterne (Asteroidea)

Sternförmig, meist mit fünf Armen, die von Art zu Art stark in ihrer Länge variieren und von der zentralen Scheibe nicht deutlich abgesetzt sind. Die Skelettplatten entlang der Armränder werden als *Marginalplatten* (Marginalia) bezeichnet. Fossil kommen vollständige Exemplare selten vor; wo sie jedoch vorkommen, können sie in großen Massen auftreten.

Pentasteria. Jura – Eozän; E [1]. Arme meist gerade, lang und spitz zulaufend. Scheibe relativ klein. Marginalplatten groß. Innere Platten, die ein körniges Aussehen besitzen, sind weniger wichtig. Kräftige Stacheln treten gelegentlich auf den Marginalplatten auf. Pentasteria ist dem lebenden *Astropecten* sehr ähnlich, von dem es sich durch die Größe der Kontaktflächen zwischen den Marginalplatten unterscheiden läßt: Diese sind bei Astropecten klein, bei Pentasteria jedoch groß.

Mesopalaeaster. Ordoviz; NA, E [2]. Scheibe größer als bei Pentasteria; Arme schmal und gestreckt. Auf den Marginalplatten finden sich manchmal kleine Stacheln, die von Erhebungen oder Warzen ausgehen. Die inneren Plattenreihen verlaufen bis zu den Armspitzen. Diese Platten sind verhältnismäßig groß im Unterschied zu Pentasteria. Ein ziemlich typischer Seestern, der von mehreren eng verwandten Formen nur schwer zu unterscheiden ist.

Calliderma. Kreide – Oligozän; E [3]. Ein ziemlich häufiger europäischer Vertreter einer Seesterngruppe, bei der Marginalplatten deutlich, relativ groß und länger als breit sind. Die inneren hingegen sind klein und unregelmäßig verteilt. Die Arme sind kurz, die Scheibe ist groß.

Palaeocoma. Jura; E [4]. Eine mittelgroße Form, die zu der noch lebenden Gruppe der *Schlangensterne* (Ophiuroidea) gehört. Sie ist gekennzeichnet durch lange, dünne Arme und eine kleine Scheibe. Schlangensterne sind innerhalb ihrer Gruppe schwierig zu bestimmen, aber Palaeocoma ist eine typische fossile Form und unterscheidet sich nur geringfügig von *Ophiura* (Kreide – Neuzeit, weltweit), dem häufigsten lebenden Schlangenstern.

Edrioasteroidea

Edrioaster. Ordoviz; NA, E [6]. Man kennt nicht ganz 30 Gattungen von Edrioasteroideen. Vertreter dieser Gruppe sehen aus wie ein Seestern, der um einen Ball oder eine Scheibe gewickelt ist. Die Ambulakren bestehen aus länglichen Deckplatten, das übrige Gehäuse besteht aus zahlreichen Platten unterschiedlicher Größe.

Blastoidea

Blastoideen besitzen zahlreiche Gattungen und können örtlich sehr häufig vorkommen. Am häufigsten finden sie sich in oberkarbonischen Gesteinen. Pentremites ist ihr häufigster Vertreter.

Pentremites. Karbon; NA, SA [5]. Knospenförmige Echinodermen. Die Ambulakren bilden längliche Vertiefungen und enthalten zahlreiche Furchen, die Stellen von kleinen Deckplatten bezeichnen. Das Gehäuse besteht aus wenigen Platten. Seitliche Platten sind V-förmig, um die Abulakren aufnehmen zu können. Die Basisregion besteht aus zwei großen und einer kleinen Platte.

Seegel (Echinoidea)

Runde, fünfseitige oder herzförmige Tiere mit einem Gehäuse,
das bei gut erhaltenen Exemplaren noch Stacheln trägt. Meist
ist jedoch nur das Gehäuse erhalten. Radiale, durch Porenreihen abgegrenzte Felder nennt man *Ambulacra* (Ambulakren).
Bei näherer Betrachtung zeigt sich, daß die Poren paarig angeordnet sind. Die Felder zwischen den Ambulacra bezeichnet
man als *Interambulacra.* Ist das Gehäuse kreisrund und besitzt
an der Oberseite eine Öffnung und senkrecht darunter auf der
Unterseite eine weitere, dann gehört das Exemplar zu den *regu-
lären Seeigeln.* Weist die Oberseite keine Öffnung auf, dann gehört das Exemplar zu den *irregulären Seeigeln.* In dieser
Gruppe ist der Körperumriß gewöhnlich nicht kreisrund.

Reguläre Seeigel

Die untere Öffnung bezeichnet man als *Mund* und die Unterseite als *Oralseite.* Die Öffnung auf der Oberseite heißt *Anus.*

Pedina. Jura in E und Af, Miozän in SA [2]. Gehäuse abgeflacht,
Anus von erhabenen Plattenreihen umgeben. Über die Oberfläche sind kleine Warzen verstreut, größere finden sich in Reihen
angeordnet in den Ambulakren.

**Pygaster. Jura – Kreide; E [1]. Gehäuse abgeflacht. Unter-
scheidet sich von Pedina** [2] dadurch, daß der Anus sich als
große ovale Öffnung auf dem hinteren Interambulakrum befindet. Gehäuse mit kleinen abgeflachten Warzen bedeckt, die zu
Lebzeiten wohl kurze Stacheln getragen haben.

Psammechinus. Pliozän – Neuzeit; NA, E, Af [3]. Eng verwandt
mit dem häufigen Seeigel *Echinus.* Gehäuse halbkugelig oder
abgeflacht, ohne ausgeprägte Oberflächenskulptur. Über die
Oberfläche sind Warzen in regelmäßigen Reihen verteilt. Die
Warzen sind glatt und ohne Loch an ihrer Spitze.

Acrosalenia. Kreide; E, Af [4]. Gehäuse abgeflacht. Große Warzen in den Interambulakren. Jede mit einem kleinen Loch an der
Spitze und einem kleinen Kranz von Furchen gerade darunter.
Anus ein wenig vom Mittelpunkt der Oberseite versetzt und von
erhabenen Platten umgeben. Ambulakren schmal mit paarigen,
kleinen Warzenreihen.

Hemicidaris. Jura – Kreide; NA, E, Af, Asien [5]. Anus von erhabenen Platten umgeben. Große Warzen in den Interambulakren.
Warzen mit einem Kranz von Furchen gerade unterhalb der
Spitze umgeben. Große Warzen kommen auch im unteren
Bereich der Ambulakren vor. Ihre Größe nimmt gerade oberhalb
der Grenze zwischen Ober- und Unterseite ab. Mund groß mit
mehreren tiefen Kerben am Rande.

Coelopleurus. Eozän – Neuzeit; weltweit [6]. Große Warzen in
den Ambulakren, die nicht durchbrochen sind. Das ist ein Merkmal, das diese Form von Acrosalenia [4] und Hemicidaris [5] unterscheidet. Interambulakren deutlich eingetieft. Große Warzen
im unteren Bereich eines jeden Interambulakrums. Ihre Größe
nimmt oberhalb der Grenze zwischen Ober- und Unterseite abrupt ab. Zwischen den Ambulakren auf der Oberseite befindet
sich eine glatte Fläche.

Irreguläre Seeigel

Der Anus befindet sich nicht auf der Oberseite, sondern in der Hinterregion des Tieres. Umriß gewöhnlich nicht kreisrund.

Micraster. Kreide – Paleozän; weltweit [1, 2]. Herzförmig, sehr ähnlich dem lebenden Seeigel *Spatangus* oder *Echinocardium*. Das hintere Interambulakrum ragt als deutlicher Rücken heraus und trägt an seinem Ende den Anus. Zwischen Anus und Mundfläche ist das Gehäuse aufgebläht. Das Zentrum der Mundfläche, ein großer Bereich, der fast ausschließlich aus zwei Platten besteht, ist von großen Warzen bedeckt. Mund am Vorderende des Gehäuses. Eine tiefe Einbuchtung verläuft vom Mund zur Oberseite und trägt dadurch zur herzförmigen Gestalt bei. Hinter dem Mund ist das Gehäuse aufgebläht. In Europa ist Micraster sehr häufig. Die Abb. zeigt die Dorsal- [1] und Ventralansicht [2].

Pygurus. Kreide – Eozän; weltweit [6]. Abgeflachtes Gehäuse, im Umriß fünfseitig. Der Anus liegt in der Nähe der Spitze. Ambulakren blattförmig und glatt. Die äußeren Poren eines jeden Ambulakrums sind länglich und schlitzförmig, die inneren Poren sind kürzer. Auf der Mundfläche verläuft eine längliche Anschwellung vom Anus zum Mund, der im Zentrum des Mundfeldes unterhalb des höchsten Punktes der Oberseite liegt.

Holaster. Jura – Kreide; weltweit [4]. Herzform weniger ausgeprägt als bei Micraster [1, 2]. Der Mund befindet sich in der vorderen Ambulakralfurche, der Anus in der Nähe der hinteren Spitze. Ambulakren nicht eingetieft, Poren schlitzförmig. Warzen sehr klein und in geringer Anzahl über die Oberseite verteilt. Ein Feld mit vielen großen Warzen befindet sich wie bei Micraster auf der Unterseite.

Echinolampas. Eozän – Neuzeit; weltweit [7]. Ähnelt im allgemeinen Pygurus [6], ist jedoch gewöhnlich weniger abgeflacht. Ambulakren blattförmig und offen wie bei Pygurus. Poren rund oder schlitzförmig. Die Porenreihen sind meist ungleich. Die Ambulakren können über den Rest des Gehäuses hervorragen.

Clypeaster. Eozän – Neuzeit; weltweit [3]. Umriß fast oval. Mundfläche tief eingesenkt, Mund im Zentrum senkrecht unter dem höchsten Punkt der Oberseite. Die Oberseite ist gewölbt. Die Ambulakren sind blattförmig und breit; sie tragen paarige Poren, die durch Furchen miteinander verbunden sind. Anus auf der Unterseite in der Nähe des gestutzten Hinterendes.

Conulus. Kreide; NA, E, Af, Asien [5]. Runder oder fünfseitiger Umriß. Unterseite abgeflacht. Gehäuse halbkugelig bis hochkonisch. Anus an der Grenze zwischen Ober- und Unterseite. Mund zentral, unmittelbar unterhalb des höchsten Punktes der Oberseite. Ambulakren schmal und nicht blattförmig. Conulus ist in der Schreibkreide von England sehr häufig.

Arthropoden (Gliederfüßer)

Der größte Tierstamm, zu dem Insekten, Spinnen, Skorpione, Schalentiere, Tausendfüßer und mehrere ausgestorbene Gruppen gehören, von denen die Trilobiten (S. 294 ff.) die wichtigsten sind. Der Stamm war bereits zu Beginn des Kambriums stark vertreten. Das charakteristische Merkmal des Stammes ist der harte äußere Panzer, der bei den meisten Arthropoden etwas biegsam ist und Anheftungsflächen für die Muskulatur bietet. Bei den meisten Formen läßt sich der Körper in Kopf, Thorax und Abdomen untergliedern. Die gegliederten Beine setzen am Thorax an. Mit Ausnahme der Trilobiten sind die Arthropoden nur selten fossil überliefert, obwohl Insekten oder Schalentiere gelegentlich häufig sein können. Wegen der Vielfalt der Arthropoden können wir hier nur einige wenige Vertreter des Stammes vorstellen.

Schalentiere (Crustacea)
Dazu gehören Hummer, Langusten, Garnelen und Seepocken. Sie bilden eine der wichtigsten und mannigfaltigsten Gruppen unter den marinen Invertebraten.

Hoploparia. Kreide – Eozän; weltweit [3]. Ein kleiner Hummer. Man beachte die Gliederfüße, die großen *Chelipeden* (Greifzangen) und das lange, gegliederte Abdomen.

Balanus *(Seepocken).* Eozän – Neuzeit; weltweit [5]. Hochspezialisierte Schalentiere, im erwachsenen Zustand seßhaft. Mit starren Platten. Verschlußplatten über der Öffnung sind in diesem Exemplar noch vorhanden.

Insekten
Körper deutlich in drei Teile gegliedert. Der Thorax trägt drei Beinpaare. Gewöhnlich mit Flügeln.

Marquetia. Oligozän [4]. Ähnelt im Aussehen einer kleinen Libelle, unterscheidet sich jedoch durch etwas andere Flügel. Gehört zur Familie der *Nemopteridae,* die jetzt fast völlig auf die wärmeren Erdteile beschränkt ist.

Leptis. Oligozän; E [1]. Insekt in Bernstein. Bernstein ist fossilisiertes Harz und enthält in manchen Vorkommen zahlreiche Insekten und Spinnen in vollständiger Erhaltung. Bernstein ist selten, aber Insekten wie das hier abgebildete Exemplar werden gelegentlich in Juwelierläden zum Kauf angeboten. Leptis ist ein Vertreter der *Diptera,* zu denen auch die echten Fliegen gehören.

Eurypteriden
Eurypterus. Devon – Karbon; NA, E, Asien [2]. Eine ausgestorbene Gruppe, die mit den Skorpionen eng verwandt ist und im Paläozoikum von Bedeutung war. Einige Eurypteriden erreichten eine Größe von mehr als einem Meter. Vollständige Exemplare sind selten, Bruchstücke können lokal häufig vorkommen. Eurypteriden werden volkstümlich als Riesenwasserskorpione bezeichnet. Die größte Form, *Pterygotus,* war etwa drei Meter lang und ist zugleich der größte bekannte Arthropode.

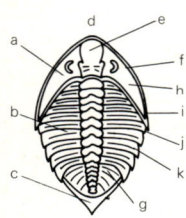

Typische Struktur
eines Trilobiten
gezeigt an
Dalmanites

Trilobiten

Die häufigsten fossilen Arthropoden. Der Körper wird in *Kopf* (a), *Thorax* (b) und *Schwanz* (c) unterteilt. Der Länge nach gliedern den Körper zwei Furchen, die die *zentrale Achse* (d) gegen die Seiten absetzen. Den zentralen Bereich des Kopfes nennt man *Glabella* (e) und seine Seitenbereiche *Wangen* (f). Die Seitenbereiche des Thorax und des Schwanzes nennt man *Pleuren* (g).

Beiderseits der Glabella können Augen vorhanden sein (z. B. Phacops [3] auf dieser Seite). Die hintere äußere Ecke einer jeden Wangenregion heißt *Wangenecke* (h) und kann einen *Wangenstachel* (i) tragen (z. B. Dalmanites [1] auf dieser Seite). Er verläuft als erhabener Streifen um die Vorderseite der Glabella und der Wangen.

Der Thorax besteht aus *Segmenten,* die durch *Furchen* (j) abgegrenzt sind. Ihre Anzahl ist wichtig. Die Segmente eines jeden Seitenbereiches nennt man *Pleuren. Pleuralfurche* (k) nennt man einen Einschnitt, der manchmal auf der Oberseite eines jeden Pleurons vorhanden ist.

Der Schwanz (Pygidium) ist ebenso segmentiert; auf seiner Achse können Querfurchen auftreten.

Die Unterseite von Trilobiten findet man nur selten. Eine große Platte unterhalb des Mundes, das Hypostom, kann örtlich häufig auftreten.

Dalmanites. Silur – Devon; weltweit [1]. Mittelgroß. Schwanz etwa so groß wie der Kopf. Glabella mit tiefen Furchen, die sich nach vorn verbreitern; auffällige Augen. Außensaum des Kopfes breit; Wangenstacheln lang. Thorax mit etwa elf Segmenten; Pleuralfurchen deutlich. Schwanz ebenfalls mit etwa elf Segmenten; Schwanzsaum glatt und mit Stachel. Ornamentierung besteht aus kleinen Warzen.

Phacops. Silur – Devon; weltweit [3]. Kopf größer als Schwanz. Glabella breit und nach·vorn sich erweiternd. Augen groß; bei dem abgebildeten Exemplar sind die einzelnen Linsen sichtbar. Außensaum konvex und von einer tiefen Furche begrenzt. Wangenecken rund. Thorax mit etwa elf Segmenten. Hinterende rund und glatt. Das hier gezeigte Exemplar ist aufgerollt.

Ogygopsis. Kambrium; NA [2]. Mittelgroß bis groß, länglich. Schwanz größer als Kopf. Glabella mit parallelen Seiten und schwach ausgebildeten Querfurchen; Augen lang und schmal. Außensaum breit und flach; Wangenstacheln kurz. Thorax mit etwa acht Segmenten. Achse stark und breit. Pleuren mit tiefen, breiten Pleuralfurchen. Schwanz mit etwa zehn Segmenten; Schwanzachse spitz zulaufend. Schwanzpleuren mit tiefen Segmentfurchen und -kerben. Schwanzsaum konvex und glatt.

Calymene. Silur – Devon; weltweit [4]. Mittelgroß. Schwanz kleiner als Kopf. Glabella stark konvex und nach vorn steil abfallend; zugleich nach vorn sich verjüngend. Sie trägt drei Lobenpaare. Augen groß; Außensaum konvex, von der Glabella durch eine tiefe Furche abgetrennt; Wangenecke rund. Thorax mit etwa dreizehn Segmenten, Schwanz mit etwa sechs.

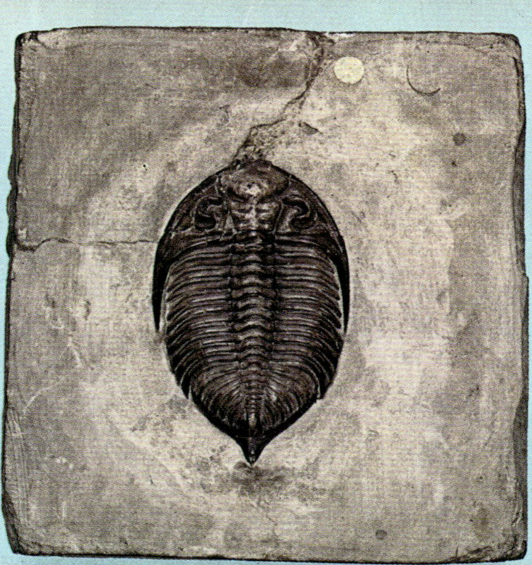

1

2

3

4

Paradoxides. Kambrium; NA, E, Af, Aust [1]. Kopf viel größer als Schwanz. Glabella sich nach vorne verbreiternd mit etwa drei querverlaufenden Furchenpaaren. Augen groß. Wangenstacheln etwa von halber Körperlänge. Thorax mit etwa achtzehn Segmenten. Pleuralfurchen kräftig und diagonal. An den Seiten sind die Pleuren in Stacheln ausgezogen, die nach hinten größer werden. Schwanz klein mit geradem Saum.

Paedumias. Kambrium; NA, E, Asien [2]. Kopf groß mit abgeflachten Wangen. Glabella tief gefurcht. Die runde Anschwellung an der Vorderseite der Glabella ist mit dem Außensaum durch einen Rücken verbunden. Wangenstacheln lang. Thorax mit etwa vierzehn Segmenten, die ab dem zweiten Segment nach hinten kleiner werden. Stachel des ersten Segmentes kurz. Das zweite Segment ist groß und trägt einen Stachel, der über die Schwanzregion hinausragt. Die übrigen Pleuren besitzen lange Stacheln. Pleuralfurchen tief; Schwanz klein mit langem Stachel (er ist in der Abb. nach links verdreht).

Olenoides. Kambrium; NA, SA, Asien [3]. Kopf und Schwanz etwa gleich groß. Glabella mit mehreren Furchen, die sich nach vorn leicht verbreitern und bis zum Randsaum reichen. Augen mittelgroß. Außensaum konvex und breit. Wangenstacheln kurz. Thorax mit etwa sieben Segmenten. Achse breit und spitz zulaufend, mit Querfurchen und Warzen oder Stacheln auf jedem Segment. Pleuren zu kurzen Stacheln ausgezogen. Schwanz mit wenigstens fünf Segmenten, Schwanzachse nach hinten spitz zulaufend. Schwanzsaum mit mehreren Stachelpaaren.

Oryctocephalus. Kambrium; NA, SA, E, Asien [4]. Schwanz und Kopf fast gleich groß. Glabella mit parallelen Seiten und drei oder vier paarigen Querfurchen, die an jedem Ende tiefe Grübchen aufweisen. Augen klein. Wangenstacheln lang (auf der Abb. nicht klar zu sehen). Thorax mit etwa sieben Segmenten. Pleuren zu Stacheln ausgezogen, Pleuralfurchen tief und diagonal. Schwanzachse mit sechs Querfurchen. Schwanzsaum zu langen Stacheln ausgezogen (auf der Abb. undeutlich erkennbar).

Encrinurus. Ordoviz – Silur; weltweit [6]. Kopf größer als Schwanz. Glabella sich nach vorn verbreiternd. Augen auffällig. Wangenstacheln klein, nach außen gerichtet. Thorax besteht aus elf oder zwölf Segmenten, der Schwanz aus fünf bis zehn Pleuralsegmenten. Schwanzsaum gezähnt. Ornamentierung aus kräftigen Warzen.

Cheirurus. Ordoviz – Devon; weltweit [5]. Schwanz kleiner als Kopf. Glabella nach vorn über den Außensaum verlängert. Augen mittelgroß, Wangenstacheln klein. Thorax mit etwa elf Segmenten. Pleuralfurchen kurz und diagonal. Schwanz mit deutlicher, tief eingeschnittener Achse und Schwanzsaum mit drei Stachelpaaren, die durch einen kleinen Zentralstachel getrennt sind.

Leonaspis, Silur – Devon; NA, SA, E [7]. Kopf sehr breit. Augen groß. Außensaum mit kräftigen Stacheln. Wangenstacheln groß (bei dem hier abgebildeten Exemplar abgebrochen). Thorax mit etwa elf Segmenten. Pleuren nach hinten zu Stacheln ausgezogen. Schwanz klein; Schwanzsaum mit einem großen Stachelpaar und zwei kleineren Stachelpaaren.

Triplagnostus. Kambrium; NA, E, Aust, Asien [1]. Kleiner als 1 cm, Kopf und Schwanz gleich groß. Glabella in einen dreieckigen Vorderteil und ausgezogene hintere Loben unterteilt. Weniger konvex als bei Eodiscus [2, 3]. Wangen gekrümmt und am Vorderende durch eine Furche zerteilt. Außensaum kräftig und konvex. Augen fehlen. Wangenecke gerundet oder mit kleinem Wangenstachel. Thorax mit zwei Segmenten. Schwanz ähnelt stark dem Kopf. Schwanzachse etwas breiter als Glabella, unterteilt in einen größeren hinteren Bereich und einen kurzen vorderen, der eine kräftige Wölbung aufweisen kann. Eine Furche am Hinterende trennt die zwei geschwungenen Seitenregionen des Schwanzes. Der Schwanzsaum ähnelt dem Außensaum.

Eodiscus. Kambrium; NA, E [2, 3]. Kleiner als 0,5 cm. Kopf und Schwanz gleich groß. Kopf [2] setzt sich aus kurzer, stark konvexer Glabella mit einem einzelnen Paar undeutlicher Furchen und geschwungenen Wangenbereichen zusammen. Diese sind nach vorn durch eine tiefe Furche getrennt, die bis zum schmalen Außensaum reicht. Augen fehlen. Wangenecke deutlich; kräftige Wangenstacheln können vorhanden sein. Thorax mit zwei oder drei Segmenten. Schwanzachse [3] deutlich, mit vielen kräftigen Querfurchen. Schwanzpleuren stark gewölbt und gekrümmt. Kopf- [2] und Schwanzregion [3] sind hier getrennt abgebildet, da Eodiscus oft in diesem Zustand gefunden wird.

Cedaria. Kambrium; NA [4]. Kopf und Schwanz fast gleich groß. Glabella ohne Furchen, mit gerundetem Vorderende, das Kopfende nach hinten überragend. Augen mittelgroß. Außensaum kräftig und konvex. Wangenstacheln (nicht abgebildet) ziemlich lang. Thorax mit etwa sieben Segmenten. Achse durch Furchen deutlich abgegrenzt. Pleuralfurchen lang. Schwanz mit kräftiger Achse und vier oder fünf Furchen. Schwanzsaum gerundet.

Ctenocephalus. Kambrium; NA, E, Af, Asien [5]. Hier ist nur die Kopfregion abgebildet. Glabella stark konvex, nach vorn spitz zulaufend. Sie trägt drei kräftige Furchenpaare. Wangen aufgebläht, konvex. Augen fehlen. Außensaum stark konvex. Wangenstachel lang; sie erstrecken sich über die halbe Länge des Thorax (hier nicht abgebildet). Körperform ähnelt der von Elrathia [7]. Mit kleinem Schwanz und etwa fünfzehn Thoraxsegmenten. Kopfregion mit kleinen Warzen bedeckt.

Bonnaspis. Kambrium; NA [6]. Kopf etwas größer als Schwanz. Glabella stark konvex, sich stark nach vorn bis an den Außensaum verbreiternd. Glabella ohne Furchen. Augen klein. Wangenstacheln kurz (nicht abgebildet). Thorax mit etwa sieben Segmenten; Pleuren mit tiefen Furchen. Schwanz mit bis zu fünf, undeutlich ausgebildeten Segmenten. Schwanzsaum gerundet.

Elrathia. Kambrium; NA [7]. Mittelgroß. Kopf viel größer als Schwanz. Glabella nach vorn sich verjüngend, mit rundem Vorderende ein gutes Stück hinter dem Außensaum. Glabella mit mehreren schwach ausgebildeten Furchenpaaren. Kräftige Augenrippen. Außensaum breit, Wangenstacheln kurz. Thorax mit etwa dreizehn Segmenten. Pleuralfurchen lang und tief. Auf dem Schwanz teilen seichte Furchen etwa fünf Segmente ab. Schwanzsaum glatt, gerundet. Der häufigste Trilobit Nordamerikas.

Cryptolithus. Ordoviz; NA, E [1]. Kopf viel größer als Schwanz. Glabella schmal und stark konvex, sich nach vorn verbreiternd und mit einem Furchenpaar versehen. Augen nicht sichtbar. Das charakteristische Merkmal ist der breite Außensaum, der nach unten und außen abfällt und radiale Reihen tiefer Grübchen trägt. Wangenstacheln lang. Thorax umfaßt etwa sechs Segmente. Schwanz glatt mit gewölbter Zentralregion und glattem Schwanzsaum.

Bumastus. Ordoviz – Silur; weltweit [5]. Länglich; Kopf und Schwanz etwa gleich groß. Glabella nicht scharf abgegrenzt. Kopf mit großen Anschwellungen auf beiden Seiten. Wangenecken gerundet. Thorax mit acht bis zehn Segmenten. Achse nicht deutlich ausgebildet. Schwanz konvex mit steil abfallendem Schwanzsaum und gerundetem Umriß. Ornamentierung sehr schwach.

Trinucleus. Ordoviz; E [2]. Allgemeine Form ähnlich wie bei Cryptolithus [1]. Glabella konvex mit drei tiefen Furchenpaaren, Außensaum breit mit radiären Furchen. Wangenstacheln lang (nicht abgebildet). Thorax mit sechs Segmenten; Achse kräftig. Schwanz viel breiter als lang. Schwanzsaum glatt.

Harpes. Devon; E, Af [3]. Nur der Kopfbereich ist hier abgebildet. Glabella stark konvex mit seitlichen Loben. Augen auffällig. Wangenstacheln erreichen fast Körpergröße und sind sehr breit. Außensaum breit mit vielen feinen Grübchen und Warzen. Thorax mit etwa neunundzwanzig Segmenten. Schwanz klein.

Griffithides. Karbon; NA, E [6]. Mittelgroß, länglich. Kopf und Schwanz fast gleich groß. Glabella breit, sich schwach nach vorn verbreiternd. Augen klein. Außensaum schmal, Wangenecken gerundet. Thorax mit etwa neun Segmenten. Achse kräftig. Schwanz mit zahlreichen Segmenten.

Isotelus. Ordoviz; NA, E, Asien [4]. Kopf und Schwanz gleich groß. Glabella nicht deutlich abgegrenzt. Augen mittelgroß, kegelförmig. Wangenecken gerundet. Thorax mit acht Segmenten. Achse sehr breit und von seichten Furchen begrenzt. Pleuren kurz. Pleuralfurchen ebenfalls kurz, tief und diagonal. Schwanzregion spitz zulaufend mit undeutlicher Achsenregion und schwachen Furchen im Pleuralbereich.

Vertebraten (Wirbeltiere)

Dazu sind zu zählen: Fische, Amphibien, Reptilien, Vögel und Säugetiere. Wirbeltiere haben Innenskelette aus Knorpel oder Knochen. Vollständige fossile Skelette sind selten.

Fische (Pisces)
bilden die größte Gruppe der lebenden Wirbeltiere mit über 10 000 Arten und einer großen Anzahl fossiler Formen.

Panzerfische: Viele paläozoische Fische besaßen einen schweren Panzer aus Knochenplatten. Diese werden meist isoliert gefunden. Vorkommen besonders im Silur und Devon.

Cephalaspis. Silur – Devon; NA, E, Asien [1]. Einer der am besten bekannten Panzerfische. Abgebildet ist ein vollständiges Exemplar. Man beachte den breiten Kopf und die schlanke Schwanzregion, die mit Knochenplatten bedeckt ist.

Haie und Rochen: Das Skelett besteht aus Knorpel und wird selten fossil: Die häufigsten Überreste fossiler Fische sind Zähne. Haie und Rochen kommen vom Karbon an vor und werden in Kreide und Tertiär häufiger.

Hybodus. Trias – Kreide; weltweit [2, 3]. Zähne [2] niedrig und breit, mit hohem Zentralhöcker und zahlreichen Seitenhöckern. Stachel [3] lang und spitz mit gefurchten Seiten.

Carcharodon. Paleozän – Pleistozän; weltweit [4]. Sehr große Zähne mit einer einzigen Spitze und gezähnten Kanten.

Lamna. Kreide – Pliozän; weltweit [5]. Ein mittelgroßer Hai. Zahn mit einer breiten Spitze und einem Paar Seitenspitzen.

Orodus. Karbon – Perm; NA, E [8]. Lange, breite Zähne mit einer einzigen Spitze und gerippten Seiten.

Ptychodus. Kreide; NA, E, Af, Asien [6]. Zähne abgeflacht, zum Zerknacken von Molluskenschalen geeignet. Ein hybodonter Hai, aber die Zähne sind ähnlich denen vieler Rochen.

Myliobatis. Kreide – Pliozän; weltweit [7]. Die abgeflachten Zähne (Abb.) dieses Rochen dienten zum Zerknacken von Schalentieren als Nahrung.

Knochenfische: Meist noch lebende Fische wie Lachs, Kabeljau und Hering. Diese Gruppe wurde gegen das Ende des Paläozoikums im Süßwasser bedeutend und entfaltete sich später stark im marinen Milieu.

Ceratodus. Trias – Paleozän; weltweit [9]. Lungenfisch. Von fossilen Vertretern meist nur die Zähne [9] bekannt. Ihre äußere Form und die Kämme sind charakteristisch. Oberfläche mit vielen kleinen Poren.

Perleidus. Trias; E, Af, Asien [10]. Vollständige Knochenfische kann man in Knollen finden. Wahrscheinlich hat der tote Fisch die Bildung der Knolle verursacht.

Brookvalia. Trias; Aust [11]. Fossile Fische kann man in flachgedrücktem Zustand auf Schichtflächen finden.

Reptilien (Reptilia)

Dazu zählen Dinosaurier, Krokodile, Schildkröten, Ichthyosaurier, Eidechsen und Schlangen. Reptilien waren eine sehr bedeutende Tiergruppe auf dem Land und im Meer vom Perm bis zum Ausgang der Kreide. Ihre Überreste sind relativ selten, kommen lokal aber häufig vor, besonders in Nordamerika und in Afrika.

Krokodile. Trias – Neuzeit; weltweit [1, 2]. Krokodile gehören zu den häufigsten fossilen Reptilien, sind aber generisch sehr schwierig zu bestimmen. Eine Knochenplatte [1] und zwei Zähne [2] sind hier abgebildet. Die Knochenplatten sind auf dem Rücken des Tieres reihenförmig angeordnet und haben immer stark skulptierte Oberflächen. Krokodilzähne zeigen im Kiefer ein und desselben Individuums eine starke Variabilität. Im allgemeinen haben sie kurze, scharf zugespitzte Kronen (der schwarze obere Abschnitt) und lange Wurzeln.

Trionyx. Jura – Neuzeit; NA, Af, Asien [3]. Teile oder Schilde des Schildkrötenpanzers oder Carapax gehören zu den am häufigsten gefundenen Resten. Ein Hornschild aus dem oberen Abschnitt des Panzers [3] von Trionyx, einer Süßwasser-Schildkröte, ist hier abgebildet. Bei Süßwasser-Schildkröten sind die Hornschilde auf der Oberseite gemustert, bei Meeres-Schildkröten sind sie glatt.

Ichthyosaurier. Jura – Kreide; NA, SA, E, Aust, Asien [4, 5]. Seltener als Krokodile und Schildkröten, doch bedeutende Meeresreptilien im Mesozoikum. Am häufigsten werden einzelne Wirbel [5] gefunden. Die beiden Anschwellungen auf der Oberseite zeigen die Stelle an, an der der Neuralbogen abgebrochen ist. Ebenfalls abgebildet ist ein aus Unter- und Oberkiefer mit Zähnen bestehendes Fragment [4]. Die Zahnkronen zeigen tiefe senkrechte Furchen.

Dinosaurier. Trias – Kreide; weltweit [6, 7, 8].

Aublysodon. Jura – Kreide; NA [7]. Fleischfressende Dinosaurier; sie haben hohe, scharfe Zähne. Hier ein einzelner Zahn.

Iguanodon. Jura – Kreide; E, Af, Asien [6]. Pflanzenfressende Dinosaurier haben abgeflachte, viereckige Zahnkronen, die randlich gezackt sind. Die Abb. zeigt einen einzelnen Zahn vom Iguanodon.

Hypsilophodon. Kreide; E [8]. Nicht alle Dinosaurier waren groß. Hier ist ein Oberschenkelknochen (Femur) von Hypsilophodon abgebildet. Dieser Dinosaurier war etwa 1 m hoch.

Vögel (Aves)

Vögel entstanden im Jura und sind seit dem Paleozän häufig. Ihre Knochen sind sehr brüchig, da sie dünnwandig und innen hohl sind. Daher sind sie nur selten fossil erhalten. Man findet sie am leichtesten in pleistozänen Ablagerungen, wo sie im allgemeinen durch den Vergleich mit rezenten Vogelknochen bestimmt werden können. Hier ist der Metatarsus (Laufbein) eines Dodo (Pleistozän; Mauritius [9]) abgebildet, der eine für Vögel charakteristische Form besitzt, da er an seinem Unterende drei Gelenkflächen für die Zehen aufweist. Vogelknochen können manchmal mit den Knochen von Reptilien und Säugetieren verwechselt werden.

Säugetiere (Mammalia)

Mensch, Pferd, Elefant, Wal, Fledermaus und Hund sind Säugetiere. Sie wurden wichtig seit dem Ende der Kreide. Ihre Überreste sind im Pleistozän häufig. Die Bestimmung der meisten Säugetiere gründet sich auf die Merkmale der Backenzähne (die hinteren drei Backenzähne sind die Molaren). Der Teil des Zahnes oberhalb des Zahnfleisches wird als Krone bezeichnet, größere Anschwellungen auf der Kaufläche nennt man Höcker. Das von den Zahnhöckern gebildete Muster ist für die Bestimmung wichtig.

Pflanzenfressende Säugetiere: Backenzähne hochkronig, meist quadratisch oder rechteckig mit flachen Kauflächen. Oft sind Falten entwickelt.

Rhinozeros. Oligozän – Neuzeit; NA, E, Af, Asien [1, 4]. Obere Zähne [1] mit zusammenhängenden Außenwänden und zwei innere Falten. Die unteren Zähne [4] bestehen aus zwei konzentrischen Graten. Die Tapire (NA, SA, E, Asien) haben ähnliche, aber meist kleinere Backenzähne.

Equus, Aufsicht auf einen Backenzahn

Equus. Pleistozän – Neuzeit; NA, SA, E, Af [2, 5]. Asiatisches Pferd, Esel, Zebra. Zahnkronen sehr hoch mit quadratischen Kronen oben [2] und rechteckigen Kronen unten [5], mit kompliziertem Muster. Pferde aus dem Eozän (z. B. Hyracotherium auf Seite 308/309), dem Oligozän und dem frühen Miozän haben niedrigkronige Zähne ähnlich denen kleiner Rhinozerosse.

Bos. Pleistozän – Neuzeit; Alaska, E, Af, Asien [3, 6]. Rind, Kuh. Obere Zähne [3] mit vier halbmondförmigen Höckern, die eine quadratische Krone bilden. Untere Molaren [6] rechteckig mit einem zusätzlichen Höcker auf der Rückseite des letzten Molaren. Bison (NA), Antilopen und Gazellen (Af, Asien), Hirsch und Giraffen (E, Af, Asien) haben niedrigkronige Backenzähne mit ähnlichen Mustern.

Hippopotamus. Pleistozän; E, Af, Asien [9]. Flußpferd. Abgebildet ist ein unterer Molar. Vier rechteckig angeordnete Höcker; Muster ähnlich wie bei Bos; Höcker jedoch weniger halbmondförmig. Ähnliche Zähne haben einige Schweine, ebenso wie die *Anthracotheren,* Vertreter einer ausgestorbenen Gruppe.

Ursus. Pliozän – Neuzeit; NA, E, Asien [7, 8]. Hierzu gehören der Grizzly und der Braunbär. Backenzähne [8] mit niedrigen Kronen, niedrigen gerundeten Höckern und zahlreichen kleinen zusätzlichen Höckern und Furchen. Einige Schweine haben ähnliche Backenzähne. Eckzähne (Caninen) [7] groß mit dicker Wurzel und scharf zugespitzter Krone.

Castor. Pliozän – Neuzeit; NA, E, Asien [10]. Biber. Abgebildet ist ein vollständiger Unterkiefer. Schneidezähne extrem lang mit fast dreieckigem Querschnitt und nur auf der Vorderseite mit Schmelz überzogen. Backenzähne in geringer Anzahl, von den Schneidezähnen durch einen Zwischenraum getrennt; sehr hochkronig, mit flacher Oberfläche und einigen Schmelzleisten.

Elephas. Pleistozän; E, Asien (S. 309 [2]). Neuzeit: Asien.
Lebender Vertreter ist der indische Elefant. Die sehr großen
Backenzähne bestehen aus breiten, fast parallelseitigen Lamel-
len, die Falten auf der Kaufläche bilden. Beim afrikanischen
Elefanten haben die Lamellen der Backenzähne einen fast
rhombischen Querschnitt.

Mammut. Miozän – Pleistozän; NA, E, Af, Asien [1]. Überreste,
bekannt als der amerikanische Mastodon, ziemlich häufig im
Pleistozän von Nordamerika. Backenzähne groß mit mehreren
Schmelzleisten, die jedoch niedriger und dreieckiger sind als
bei den Elephantiden. Der Schmelz auf diesem Typ von Molaren
ist sehr dick.

Merycoidodon. Oligozän; NA [4]. Auch als Oreodon bekannt
und im Oligozän des Mittelwestens sehr häufig, wo eine Schich-
tengruppe als Oreodonschicht bezeichnet wird. Schädel relativ
kurz und hoch. Ein pflanzenfressendes Säugetier, dessen obere
Molaren im allgemeinen Kronenmuster denen von Bos (S. 306/
307 [3]) ähneln. Die wesentlich niedrigeren Kronen bestehen
aus vier Halbmonden. Obere Backenzähne relativ groß, wodurch der Schädel ein schweineähnliches Aussehen erhält.

Hyracotherium. Paleozän bis Eozän; NA, E [3]. Das früheste
Pferd, auch als *Eohippus* bekannt. Schädel lang und niedrig.
Backenzähne niedrigkronig mit vier gerundeten Höckern auf
den oberen Molaren. Der Sammler dürfte kaum Überreste dieses Tieres finden, doch ist es in den meisten Museen ausgestellt.

Diprotodon. Pleistozän; Aust [6]. Abgebildet sind die oberen
Zähne. Sie haben je ein Paar niedriger, scharfkantiger Schmelz-
falten. Diprotodon ist ein Marsupialier und daher verwandt mit
dem Känguruh, Koala und Opossum. Überreste von Marsupiali-
ern sind die häufigsten Säugetierreste in Australien und kommen auch in Südamerika vor (hauptsächlich Eozän bis Pliozän),
sind aber sehr selten in Nordamerika und Europa und aus Asien
und Afrika unbekannt. Große diprotodonähnliche Zähne aus
dem Miozän bis Pleistozän von Europa, Afrika und Asien gehören zu *Deinotherium,* kleinere gehören zu Schweinen oder
Tapiren (nicht aus Afrika). *Pyrotherium* aus dem Oligozän Süd-
amerikas besaß ebenfalls ähnliche Zähne.

Fleischfressende Säugetiere: Backenzähne mit niedrigen,
schmalen Kronen, gewöhnlich mit scharfen Kanten und Spitzen. Schmelzleisten selten.

Canis. Pliozän – Neuzeit; weltweit (S. 307 [11]). Wolf, Haushund,
Dingo. In jedem Kiefer wenige Backenzähne; einer davon groß,
lang, mit scharfer Kaukante, die zum Schneiden dient. Katzen,
Hyänen, Wiesel und Zibetkatze haben im allgemeinen ähnliche
Schneidezähne.

Hyaena. Pliozän – Neuzeit; E, Af, Asien [5]. Dies ist der Schädel
eines jungen Individuums; er zeigt den langen schneidenden
Backenzahn und eine relativ kleine Anzahl von Zähnen. Die
oberen Eckzähne sind noch nicht durchgebrochen, doch sind
ihre Spitzen an der Vorderseite der Kiefer erkennbar. Der Kie-
fernbogen ist breit, um die großen Kiefernmuskeln unterzubrin-
gen. Das Gesicht ist relativ kurz. Dies sind Merkmale der meisten
fleischfressenden Säugetiere. Bei den Hyänen, die an das Zerbrechen von Knochen angepaßt sind, sind sie jedoch in besonderem Maße entwickelt.

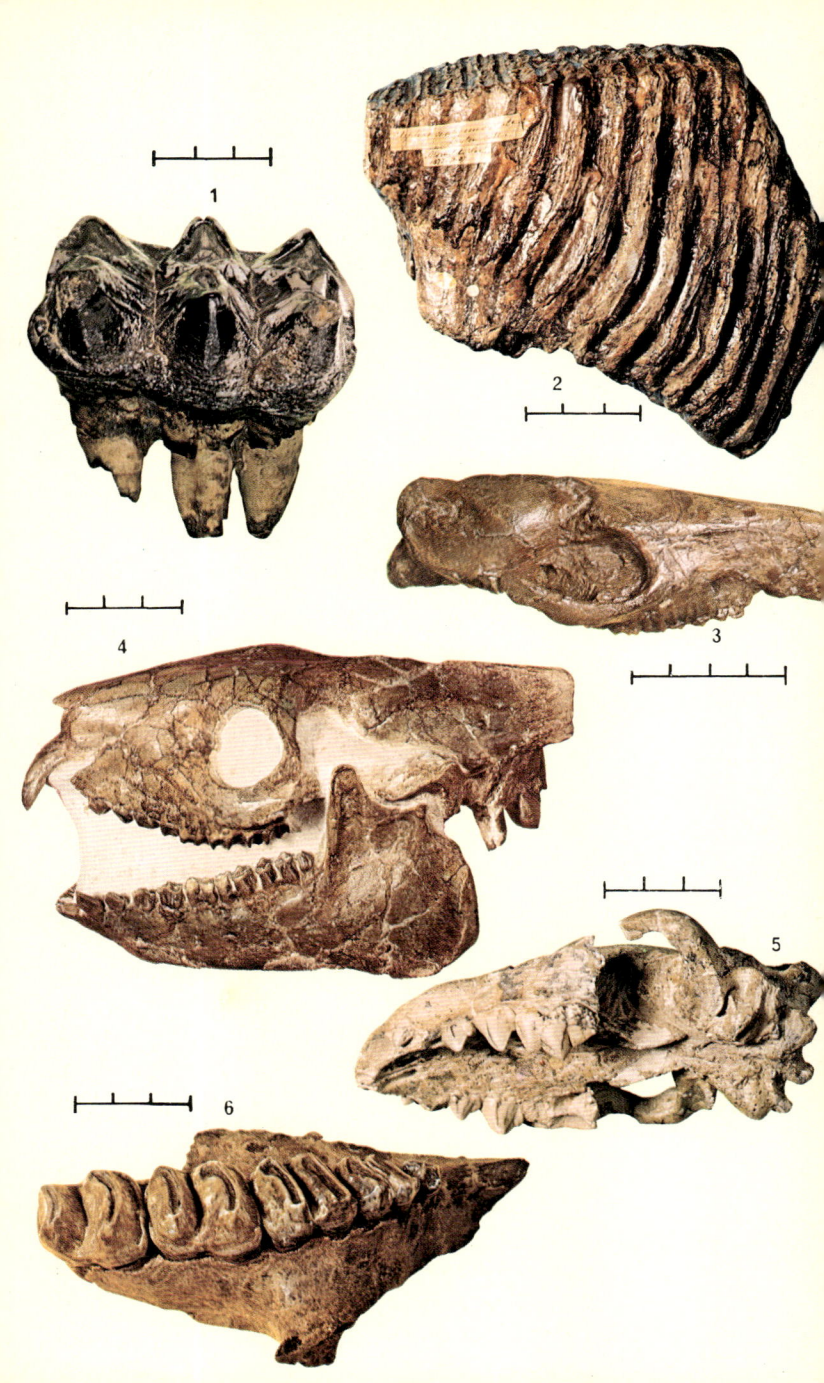

Geologische Zeittafel

Diese stratigraphische Tabelle gibt in Millionen Jahren die Zeitdauer der einzelnen geologischen Formationen an (Quartär, Pliozän usw.). Die einzelnen Zeiten oder Formationen sind zu größeren Zeiteinheiten zusammengefaßt, die man Ära nennt (känozoisch, mesozoisch usw.). Der Ausdruck rezent (Neuzeit) wird hier benutzt, um Objekte zu bezeichnen, die im Laufe der letzten Tausenden von Jahren vorkommen.

Quartär↓

Zeit in Millionen Jahren	Ära	Formation
2	Känozoikum	Pliozän
7		Miozän
25		Oligozän
40		Eozän
55		Paleozän
70	Mesozoikum	Kreide
135		Jura
195		Trias
225	Paläozoikum	Perm
280		Karbon
345		Devon
395		Silur
440		Ordoviz
500		Kambrium
600		Präkambrium

Weiterführende und ergänzende Literatur

Diese Übersicht muß sich aus Platzgründen auf Hinweise beschränken

Geologie:

Beurlen, K.: Geologie. – Franckh'sche Verlagshandlung, Stuttgart, 1976.

Brinkmann, R.: Abriß der Geologie. 2 Bde – Enke Verlag, Stuttgart, 1966/67.

Bülow, K. v.: Geologie für jedermann. – Franckh'sche Verlagshandlung, 1974.

Cissarz, A.: Einführung in die allgemeine und systematische Lagerstättenkunde. – Verlag Schweizerbart, Stuttgart, 1965

Murawski, H.: Geologisches Wörterbuch. – Enke Verlag, Stuttgart, 1972

Rittmann, A.: Vulkane und ihre Tätigkeit. – Enke Verlag, Stuttgart 1966

Wagner, G.: Einführung in die Erd- und Landschaftsgeschichte, 2. Aufl. Verlag Hohenlohe'sche Buchhandlung, Öhringen, 1960

Wunderlich, H. G.: Einführung in die Geologie, 2 Bde. – Hochschultaschenbücher 340a, 341a, Bibliographisches Institut, Mannheim, Wien, Zürich, 1968

Minerale und Gesteine:

Barth, T.: Theoretical Petrology. – John Wiley & Sons, New York, 1962

Barth, T., Correns, C. W., Eskola, P.: Die Entstehung der Gesteine. – Springer Verlag, Berlin, Heidelberg, 1970 (Reprint)

Bauer, J.: Der Kosmos-Mineralienführer. – Kosmos Verlag, Stuttgart, 1976

Betechtin, A. G.: Lehrbuch der Mineralogie. – VEB Deutscher Verlag der Grundstoffindustrie, Berlin, 1968, 4. Auflage

Braitsch, O.: Entstehung und Bestand der Salzlagerstätten. – Springer Verlag, Berlin, Göttingen, Heidelberg, 1962

Brauns, R., Chudoba, K. F.: Allgemeine Mineralogie. (Sammlung Göschen, 29/a) Walter de Gruyter, Berlin, 1968

Brauns, R., Chudoba, K. F.: Spezielle Mineralogie. (Sammlung Göschen, 31/1) – Walter de Gruyter, Berlin 1964

Bruhns, W., Ramdohr, P.: Petrographie. (Sammlung Göschen 173) – Walter de Gruyter, Berlin, 1972

Correns, C. W.: Einführung in die Mineralogie. – Springer Verlag, Berlin, Heidelberg, New York, 1968, 2. Aufl.

Engelhardt, W. v., Füchtbauer, H., Müller, G.: Sediment-Petrologie. 3 Teile. – Verlag E. Schweizerbart, Stuttgart, 1964–1973

Heide, F.: Kleine Meteoritenkunde. – Springer Verlag, Berlin, Göttingen, Heidelberg, 1957

Linck, G., Jung, H.: Grundriß der Mineralogie und Petrographie. – Fischer Verlag, Jena 1960

Machatschki, F.: Grundlagen der allgemeinen Mineralogie und Kristallchemie. – Springer Verlag, Wien, 1946

Machatschki, F.: Spezielle Mineralogie auf geochemischer Grundlage. – Springer Verlag, Wien, 1953

Mason, B.: Meteorites. – John Wiley & Sons, New York, 1962

Nickel, E.: Grundwissen in Mineralogie. 3 Bde. Ott Verlag, Thun, 1971–1975

Pape, H. G.: Der Gesteinssammler. Franckh'sche Verlagshandlung, Stuttgart, 1975

Parker, R. und Bambauer, H. U.: Mineralienkunde. Ott Verlag, Thun, 1975

Ramdohr, P., Strunz, H.: Klockmanns Lehrbuch der Mineralogie. 14. Auflage. – Enke Verlag, Stuttgart, 1967

Tröger, W. E.: Optische Bestimmung gesteinsbildender Minerale, 2 Bände. – Verlag Schweizerbart, Stuttgart, 1969 und 1971

Turner, F. J., Verhoogen, J.: Igneous and Metamorphic Petrology. 2. Auflage. – McGraw Hill Book Co., New York, Toronto, London, 1960

Winkler, H. G. F.: Die Genese der metamorphen Gesteine. – Springer Verlag, Berlin, 1967

Fossilien:

Beurlen, K.: Welche Versteinerung ist das? – Kosmos Verlag, Stuttgart, 1973

Fraas, E.: Der Petrefaktensammler. – Kosmos Verlag, Stuttgart, 1973

Kummel, B., Raup, D.: Handbook of Paleontological Techniques. – W. H. Freeman and Company, Reading, 1965

Lehmann, U.: Paläontologisches Wörterbuch. – Enke Verlag, Stuttgart, 1964

Müller, A.: Lehrbuch der Paläontologie. – G. Fischer Verlag, Jena, 1963–1967

Thenius, E.: Paläontologie. Die Geschichte unserer Tier- und Pflanzenwelt. – Kosmos Verlag, Stuttgart, 1971

Wegner, H.: Der Fossiliensammler. – Ott Verlag, Thun, 1973

Woods, H.: Palaeontology, Invertebrates. – Cambridge University Press, 1961

Sachregister

Aa-Lava 170
Acanthoceras 258
Acer 218
Achat 132
Achondrite 206
Acropora 222
Acrosalenia 288
Actaeonella 248
Adamin 92
Adular 136
Ägirin 114
Agglomerat 172
Aggregate 9
Akanthit 20
Aktinolith 118
Aktinolith-Chlorit-Schiefer 186
Alabaster 76
Alaunstein 78
Albit 136
Albit-Schiefer 182
Alkalifeldspäte 136
Alkaligranit 156
Allanit 106
Almandin 100
Altersbestimmung von Gesteinen 212f.
Alunit 78
Alveolaria 234
Alveole 258
Amaltheus 252
Amazonenstein 134
Amblygonit 84
Ambulakrum 286, 288
Amethyst 13, 128
Ammoniten 213, 250ff.
Amphibole 147
Amphibol-Gruppe 118
Amphibolit 186
amygdaloidal 148
Analzim 138, 142
Anatas 50
Andalusit 102
Andalusit-Cordierit-Hornfels 174
Andesin 136
Andesit 168
Andradit 100
Angiospermen 218
Anglesit 10, 76
Anhydrit 76
Ankerit 66
Annabergit 88
Annularia 214
Anodonta 264
Anorthit 136
Anorthosit 136, 160
Anthophyllit 118
Anthracotheren 306
Antigorit 124

Antimon 16
Antimonglanz 28
Antimonit 28
Anus (Seeigel) 288
Apatit 86
Apertur 232, 238
Apophyllit 126
Apophysen 154
Aporrhais 244
Aquamarin 108
Aragonit 68
Araucaria 216
Arca 264
Archimedes 232
Architectonica 244
Arctica 260
Area 260
Argentit 20
Arkose 194
Armkiemer 270ff.
Armklappe 270
Arnioceras 252
Arsen 16
Arsenkies 32
Arsenopyrit 32
Art 211
Arthropoden 292ff.
Asbest 118, 120
Aschentuff 172
Asteroceras 252
Asteroidea 286
Atakamit 58
Athleta 246
Athyris 272
Atrypa 270
Aublysodon 304
Augengneis 190
Augit 112
Aulopora 228
Aureole, metamorphe 149
Auripigment 28
Ausgangsgesteine 149
Austern 260
Australite 208
Autunit 90
Aves 304
Avicularium 236
Axinit 108
Azurit 70
Baculites 258
Bärlappgewächse 214
Balanus 292
Baryt 9, 74
Basalt 146, 170
Batholithe 148
Bathrotomaria 240
Bathytoma 248
Bauxit 54
Bediasite 208
Belemnitella 258
Belemniten 258
Bellerophon 238
Bennettitales 216
benthonische Organismen 198

Berenicea 236
Bergkristall 128
Beryll 108
Bezugsachse 7
Biber 306
Bimsstein 164, 172
Biotit 122
Biotit-Granit 154
Biotit-Schiefer 180
biserial 284
Bismuthinit 28
Bittersalz 78
Bivalven 260ff.
blättrig 9
Blastoidea 286
Blauspat 92
Blei 10
Bleiglanz 24
Blockwerk 152
Blue John 60
Blutstein 130
Boehmit 52
Bomben 172
Bonnaspis 298
Borax 72
Bornit 20
Bos 306
botryoidal 9
Boulangerit 36
Bournonit 36
Bowlingit 94
Brachiopoden 198, 260, 270ff.
Braunbär 306
Braunbleierz 86
Braunit 46
Brechung 11
Brekzie 192
Brockentuff 172
Brocklehm 192
Bronzit 112
Brookit 50
Brookvalia 302
Bruch 10, 11
Brucit 52
Bryozoen 232ff.
Buccinum 246
Bumastus 300
Bytownit 136
Calamites 214
Calliderma 286
Calliostoma 240
Callus 238
Calymene 294
Calyptraea 242
Cancrinit 138
Caninen 306
Caninia 222, 226
Canis 308
Carapax 304
Carbonicola 264
Carchorodon 302
Cardioceras 254
Cardiola 268
Carnallit 58

Carneol 130
Carnotit 90
Carpocrinus 284
Caryophyllia 224
Cassiterit 48
Castor 306
Cedaria 298
Cephalaspis 302
Cephalopoden 250 ff.
Ceratites 250
Ceratodus 302
Cerussit 70
Chabasit 142
Chalcedon 130
Chalcotrichit 38
Chalkanthit 78
Chalkopyrit 22
Chalkosin 20
Cheilostomata 236
Cheirurus 296
Chelipeden 292
chemische Zusammensetzung
  von Mineralen 12
Chenendopora 230
Chiastolith 102
Chlamys 266
Chloanthit 34
Chlorargyrit 58
Chlorit-Gruppe 124
Chlorit-Schiefer 178
Chondren 206 f.
Chondrite 206 f.
Chondrodit 96
Chondrophor 260
Chonetes 274
Chromit 42
Chrysoberyll 44
Chrysopras 130
Chrysotil 124
Cirren 282
Cirrus 240
Citrin 128
Clavilithes 246
Clinohumit 96
Clinopyroxene 112, 114
Clinozoisit 106
Cliona 230
Clypeaster 290
C^{14}-Methode 213
Cobaltin 32
Coelestin 10, 74
Coelopleurus 288
Coenites 222, 228
Colemanit 72
Columbit 50
Columella 238
Conchidium 276
Coniferales 216
Constellaria 234
Conulus 290
Conus 248
Corallit 222
Cordaianthus 216
Cordaiten 216

Cordierit 108
Cordierit-Andalusit-Hornfels
  174
Cotyledonen 218
Covellin 20
Crania 278
Crepidula 244
Crinoiden 198, 282 f.
Crinoidenkalk 198
Crustacea 292
Cryptolithus 300
Cryptostomata 232
Ctenocephalus 298
Cummingtonit 118
Cuprit 38
current bedding
  s. Schrägschichtung
Cyathocrinites 284
Cyclolites 224
Cyclostomata 234
Cyclothyris 278
Cylindroteuthis 258
Cypraea 244, 248
Cyprin 110
Cyrtia 272
Dactylioceras 252
Dalmanella 272
Dalmanites 294
Deckenergüsse 148, 170
Deinotherium 308
Demantoid 100
Dendrite 9
Dendrograptus 280
Dentalium 248
Descloizit 92
detritisch 152
Diabas 170
Diaboleit 58
Diamant 18
Diaphragmen 232
Diaspor 52
Diatomeenerde 132
Diatomit 132
Dicellograptus 280
Dichorinus 284
Dichroit 108
Dichte 10
Dicoelosia 272
Dicotyledonen 218 f.
Dielasma 276
Differentiation 146
Dingo 308
Dinosaurier 304
Diopsid 112
Dioptas 96
Diorit 158
Diplograptus 280
Diprotodon 308
Diptera 292
Diskordanz 152, 153
Dissepimente 222
Disthen 102
Dodo 304
Dolerit 170

Dolomit 66, 200
Doryderma 230
Douvilleiceras 256
Drusen 154
Dumortierit 98
Dunit 94, 162
Echinocardium 290
Echinodermen 282 ff.
Echinoidea 288 f.
Echinolampas 290
Echinopora 222, 226
Echinus 288
Edelopal 132
Edrioaster 286
Edrioasteroidea 286
Effusivgestein 146, 148
Eiche 220
Eidechsen 304
Einsprenglinge 148
Eisen 16
Eisenglanz 42
Eisenkiesel 128
Eisenmeteorite 206
Eisenspat 64
Eisenstein 202
Eisensulfid 206
Eklogit 184
Elefant 308
Elrathia 298
Enargit 36
Encrinurus 296
Enstatit 112
Eodiscus 298
Eohippus 308
Eospirifer 270
Epidiorite 186
Epidot-Gruppe 106
Epsomit 78
Equisetum 214
Equus 306
Erosion 152, 153
Erosionsdiskordanz 153
Eruptivgesteine 146 ff., 154 ff.
Erythrin 88
Esel 306
Eudialyt 98
Euklas 104
Eurypteriden 292
Eurypterus 292
Evaporite 151, 202
externe Formen 210
extrusive Gesteine 148
Fahlerz 36
Falten (Mollusken) 238
Faltung 150
Familie 211 f.
Farbe der Minerale 11
Farbzahl 147
Farn 214
farnähnliche Pflanzen 214
Faserzeolithe 9, 144
Favia 222
Favosites 228
Fayalit 94

Feigenschnecke 244
Feldahorn 218
Feldbeziehungen 148, 153
Feldspäte 147, 150
Feldspat-Gruppe 134
Feldspatvertreter 138, 147
felsisch 147
Fenestella 232
Ferberit 82
Feueropal 132
Feuerstein 130, 204
Fibrolith 102
Ficus 244
Fische 302
Fissidentalium 248
Fistulipora 234
Fleckschiefer 174
Fließtextur 148
Fluoreszenz 11
Florit 11, 60
Foramen 270
Formation 152
Formel, chemische 12
Forsterit 94
fossile Früchte 220
fossile Pflanzen 214 ff.
fossiles Holz 220
fossile Tiere 222 ff.
Fossilien 150, 210 ff.
Fossilisation 210
Franklinit 38
Frischwasserkalk 198
Furchen (Trilobiten) 294
Gabbro 160
Gänge 148, 150
Galenit 24
Galeodea 246
Galmei 110
Gangart 13
Ganggesteine 148
Garnelen 292
Gastrioceras 250
Gastropoden 198, 238 ff.
Gattung 211
Gedrit 118
Geisterquarz 128
Geisterstruktur 190
Geoden 13
Geologenhammer s. Hammer
geologische Zeittafel 310
Georgiaite 208
Geosynklinale 194
Gervillella 266
Geschiebelehm 152, 192
Geschiebemergel 192
Gesteine 146 ff.
Geysirit 132
Gibbithyris 276
Gibbsit 52
Ginkgo 216
Ginkgoales 216
Ginkgo biloba 216
Gips 76, 202
Glabella 294

Glanz 11
Glas 164, 172, 208
Glauberit 80
Glaukonit 122
Glaukophan 120
Glaukophan-Schiefer 178
gleichklappig 260
Gliederfüßer 292 ff.
Glimmer 10, 147
Glimmer-Gruppe 122
Glimmer-Lamprophyr 168
Glimmer-Peridotit 162
Glycymeria 264
Glyptocrinus 284
Gneis 150, 151, 190
Goethit 54
Gold 14
Goniatites 250
Goniorhynchia 278
graded bedding 153
gradierte Schichtung 153
Gräser 220
Granat 138
Granat-Glimmer-Schiefer 182
Granat-Gruppe 100
Granat-Hornblende-Schiefer 186
Granit 146, 154
Granitisation 190
Granitpegmatit 156
granoblastisch 150
Granodiorit 154
Graphit 18
Graphoceras 254
Graptolithen 280
Grauwacke 152, 153, 194
Greenockit 26
Greifzangen 292
Griffithides 300
Grit 194
Grizzly 306
grober Sandstein s. Grit
Grossular 100
Grünbleierz 86
Grünsand 194
Grundausrüstung 4
Grunerit 118
Gryphaea 268
Guano 202
Haarkies 26
Habitus 9
Hälleflinta 176
Hämatit 42
Härte 10
Härteskala 10
Haie 302
Halit 56
Halysites 228
Hamites 256
Hammer 4
Handstück 4
Harmotom 142
Harpes 300
Harpoceras 254

Haüyn 140
Haushund 308
Hedenbergit 112
Heliodor 108
Heliotrop 130
Hemicidaris 288
Hemimorphit 110
Herzmuscheln 260
Hessonit 100
Heulandit 11, 142
Hexagonaria 222, 228
Hildoceras 254
Hippochrenes 244
Hippopotamus 306
Holaster 290
Holzopal 132
Hoplites 256
Hoploparia 292
Hornblende 9, 120
Hornblende-Lamprophyr 168
Hornblende-Schiefer 186
Hornfels 150, 174
Hornsilber 58
Hornstein 130, 204
Hübnerit 82
Hülsenfrüchte 220
Humit-Reihe 96
Hummer 292
Hyaena 308
Hyalit 132
Hyazinth 98
Hybodus 302
Hydnoceras 230
Hydrargillit 52
Hydrophan 132
hypabyssische Gesteine 148
Hypersthen 112
Hypostom 294
Hypothyridina 278
Hypsilophodon 304
Hyracotherium 308
Ichthyosaurier 304
Iddingsit 94
Idocras 110
Ignimbrit 172
Iguanodon 304
Ilmenit 44
Ilvait 110
inartikulierte
    Brachiopoden 278
Index-Minerale 151
Indochinite 208
Inkohlung 211
Inoceramus 266
Insekten 292
Interambulacra 288
Interarea 270
interne Formen 210
Intrusionen 148
Intrusiva 146, 147
Intrusivgesteine 148
Iolith 108
Isastraea 224
Isotelus 300

Jadeit 114
Jamesonit 28
Jarosit 78
Jaspis 130
Javaite 208
Känguruh 308
Kalifeldspäte 134, 136
Kalium-Argon-Methode 213
Kalke 151, 198 ff.
–, biogene 198
–, oolithische 200
–, pisolithische 200
Kalksilikatfels 176
Kalkspat 62
Kalk-Tonstein 200
Kalktuff 200
Kalzit 62
Kalziumkarbonat 151
Kammuscheln 260
Kanal 238
Kaneelstein 100
Kaolinit-Gruppe 124
Karbon 214
Karbonate 12
Karten, geologische 4, 5
Kaurischnecke 244
Kelchplatten 282
Kerargyrit 58
Kiel 238, 250
Kies 152
Kieselsäure-Gruppe 128
Kieselsinter 132
Kieselzinkerz 110
Kimberlit 162
Kissenstruktur 150
Kissen-Lava 149, 170
Klasse 11
Klassifikation 13
Klingstein 166
Kloake 230
Klüfte 148
Knochenfische 302
Knollen 204
Koala 308
Kobaltblüte 88
Kobaltglanz 32
Kolonien 222
Konglomerat 192
Koniferen 216
Konkretionen 204
Kontakthof 149
Kontaktmetamorphose 149,
174 f.
Kopffüßer 250 ff.
Korallen 222 ff.
Korngröße 147, 152
Korund 44
Kreide 198
Kreuzschichtung 150
Kristallasche 172
Kristallaufbau 6
Kristallformen 7
Kristallsysteme 7
Kristalltuff 172

Krokodil 304
Krokoit 80
Krokydolith 120
Kruste 146
Kryolith 56
Kumulat 162
Kupfer 14
Kupferglanz 20
Kupferindig 20
Kupferkies 22
Kupferlasur 70
Kupfervitriol 78
Kyanit 102
Kyanit-Schiefer 184
Labradorit 136
Labyrinthites 228
Lagen 152
lagenförmig 148
Lagergänge 148
Lamellen 152
Lamellibranchiaten 198
Lamna 302
Langusten 292
Lapilli 172
Lapislazuli 140
Lasurit 140
Lateralloben 250
Lateralsättel 250
Laumontit 144
Laurus 218
Lava 146, 148, 170 f.
Lazulith 92
Leguminosae 220
Leitfossilien 213
Leonaspis 296
Lepidodendron 214
Lepidokrokit 52
Lepidolith 122
Leptaena 274
Leptis 292
Leuzit 138
Leuzitophyr 166
Licopodiinen 214
Ligamentgrube 260
Ligamentlöffel 260
Limonit 54
Linarit 80
Lingula 278
Liospira 238
Lithium-Glimmer 122
Lithostrotion 226
Lobenlinie 250
Löß 196
Lonsdaleia 226
Lopha 268
Lorbeer 218
Loxonema 242
Lunula 260
Lunulites 236
Lytoceras 252
mafisch 147
Magma 146, 149
Magnesit 64
Magnetit 40

Magnetkies 24
Malachit 70
Malaysianite 208
Mammalia 306 f.
Mammut 308
Mandel 148
Mandelstein-Basalt 170
Mandelsteinstruktur 148, 150
Manganit 54
Manganoxide 46
Manganspat 64
Mantel 146
Mantelbucht 260
Mantellinie 260
Marginalplatten 286
Marginella 246
Markasit 30
Marmor 176, 188
Marquetia 292
Marsupialier 308
Marsupites 284
Matrix 148
Mauritius 304
Meandrina 226
Meandropora 234
Mediomorpha 264
Melanit 100
Meleagrinella 266
Meliceritites 234
Membranipora 236
Mergel 200
Merycoidodon 308
Mesolith 144
Mesopalaeaster 286
Mesosiderite 206
Meta-Autunit 90
metamorphe Gesteine
146, 149 ff., 174 ff.
Metamorphite
s. metamorphe Gesteine
Metamorphose 149, 150 f.
Metasomatose 151
Metatarsus 304
Metatorbernit 90
Meta-Tyuyamunit 90
Meteorite 206 f.
Micraster 290
Micromounts 13
Microptychia 242
Miesmuscheln 260
Migmatit 190
Mikrodiorit 168
Mikrogranit 164
Mikroklin 134
Mikrolith 46
Mikrosyenit 166
Milchquarz 128
Millerit 26
Mimetesit 86
Mineralbestand 147, 150 f.,
153
Minerale 6
Modiolus 264
Mokkastein 130

Molaren 306
Moldawite 208
Mollusken 238ff.
Molybdänglanz 32
Molybdänit 32
Monazit 84
Mondgestein 136
Mondstein 136
Monocotyledonen 218f.
Monograptus 280
Monticellit 94
Momicules 234
Monticulipora 234
Montivaltia 224
Montmorillonit 94
Moosachat 130
Moostierchen 232ff.
Morganit 108
Morion 128
Mortoniceras 256
Mourlonia 238
Mündung 232
Mund (Seeigel) 288
Murex 246
Muscheln 260ff.
Muskowit 122
Muskowit-Granit 154
Muskowit-Schiefer 180
Mya 260
Myliobatis 302
Nabel 238, 250
Nadeleisenerz 54
Nadelhölzer 216
Naht 238, 250
Napfschnecken 238
Natica 242
Natrolith 144
Natronsalpeter 72
Nautilus 250
Nema 280
Nemalit 52
Nemopteridae 292
Neocrassina 262
Neohibolites 258
Nephelin 138
Nephelin-Syenit 158
Nephrit 118
Neuropteris 214
Niccolit 26
Nickelblüte 88
Nickeleisen 16
Nickelin 26
Nilssonia 218
Niobit 50
Nipa 220
Nipadites 220
Nitronatrit 72
Nomenklatur 211f.
Norbergit 96
Nosean 140
Nucula 268
Nuggets 14
Obsidian 164
Octopus 250

Ogygopsis 294
Olenoides 296
Oligoklas 136
Olivella 246
Olivenit 92
Olivin 94
Olivin-Basalt 170
Olivin-Diabas 170
Olivine 147
Olivin-Gabbro 160
Onychocella 236
Onyx 132
Ooid 200
Oolitica 242
Oolith 200
oolithisches Eisenerz 202
opak 11
Opal 132
Operculum 236
ophitisch 148
Ophiura 286
Opossum 308
optische Eigenschaften 11
Ordnung 211f.
Oreodon 308
Ornamentierung
  s. Verzierung
Ornithella 276
Orodus 302
Orpiment 28
Orthiden 272
Orthis 272
Orthit 106
Orthoklas 134
Orthopyroxene 112
Orthoquarzit 194
Oryctocephalus 296
Ostrea 268
Oxytoma 266
Oxytropidoceras 256
Paedumias 296
Pahoehoe-Lava 170
Palaeocoma 286
Paläogeographie 153
Paläontologie 212f.
Palaeosmilia 226
Pallasite 206
Palme 220
Palmoxylon 220
Pantoffelschnecke 244
Panzerfische 302
Pappel 218
Paradoxides 296
Parallelodon 264
Parasmilia 222
Parkinsonia 254
Pavlovia 256
Pechblende 50
Pechstein 164
Pecopteris 214
Pedina 288
Pegmatit 13, 156
Pektolith 116
Pelite 152

Penniretepora 234
Pentacrinites 282
Pentameriden 276
Pentasteria 286
Pentremites 288
Peridotit 162
Perisphinctes 254
Perleidus 302
Peronidella 230
Perthit 134
Petalit 116
Petrologie 146
Pferd 306
Phacops 294
Phänokristalle 148
Phanocrinus 284
Phenakit 96
Philippinite 208
Phlogopit 122
Pholadomya 262
Phonolith 166
Phosphatgestein 202
Phragmakon 258
Phyllit 150, 178
Phylloceras 252
physikalische
  Eigenschaften 10
Piemontit 106
Pinakoid 7
Pinien 216
Pinit 108
Pinna 266
Pinnulae 282
Pipe 18, 148
Pisces 302
Pisolithe 200
Pitar 262
Placenticeras 256
Placosmilia 224
Plagiocardium 260
Plagioklase 136
Plagiostoma 268
Planera 218
Planorbis 248
Platane 218
Platyceras 240
Platycrinites 284
Platystrophia 272
Pleuralfurche 294
Pleuren 294
Pleurotomaria 240
plutonische Gesteine
  s. Tiefengesteine
poikilitisch 148
poikiloblastisch 150
Polarisationsmikroskop 11, 147
Poleumita 238
Polyhalit 80
Polyp 222
Polypora 232
Populus 218
Porites 222
porphyrisch 148

Porphyrit 168
porphyrobiastisch 150
Prehnit 126
Prisma 7
Productella 274
Productus 276
Promicroceras 252
Prosopsis 220
Proustit 34
Psammechinus 288
Psammite 152
Psephite 152
Pseudoleuzit 138
Psilomelan 46
Psilophyten 214
Pterinopecten 266
Pteriphyllum 216
Pterygotus 292
Ptychocarpus 214
Ptychodus 302
ptygmatische Gänge 190
Ptylodictya 232
Pygaster 288
Pygidium 294
Pygurus 290
Pyrargyrit 34
Pyrit 30, 204
Pyrochlor 46
Pyroklastika 148
Pyroklastite 172
Pyrolusit 48
Pyromorphit 86
Pyrop 100
Pyrotherium 308
Pyroxene 147
Pyroxen-Granulit 184
Pyroxen-Gruppe 112
Pyroxen-Hornfels 174
Pyroxenit 162
Pyroxen-Lamprophyr 168
Pyrrhotin 24
Quarz 10, 11, 128, 147, 150
Quarz-Feldspat-Schiefer 188
Quarzit 188
Quercus 220
Rädererz 36
Rafinesquina 274
Rampe 238
Rauchquarz 128
Rauchtopas 104, 128
Rauschrot 28
Realgar 28
Regionalmetamorphose 149, 178f.
Reliktstruktur 150
Reptilien 304
Reticrissina 236
Rhabdosom 280
Rhinozeros 306
Rhodochrosit 64
Rhodocrinites 284
Rhodolit 100
Rhodonit 116
Rhus 218

Rhynchonelliden 278
Rhynchotrema 278
Rhyolith 164
Riebeckit 120
Rippelmarken 150, 153
Rind 306
Rochen 302
Rosenquarz 128
Rostrum 258
Roteisenstein 42
Rotgültigerz 34
Rothölzer, kalif. 216
Rotkupfererz 38
Rotnickelkies 26
Rotzinkerz 38
Rubellit 110
Rubidium-Strontium-Methode 213
Rubin 44
Rubinglimmer 52
Rugosa 226
Rutil 46
Rutilquarz 48, 128
Säugetiere 306f.
Sagenit 128
Sagenocrinites 282
Salbänder 170
Samenfarn 214
Sammlung, Anlegen einer 5
Sand 152
Sandstein 194
Sanguinolites 262
Sanidin 134
Saphir 44
Sarder 130
Scaphites 258
Scaphopoden 248
Schachtelhalm 214
Schalenerhaltung 210
Schalenkalk 198
Schalenmündung 238, 250
Schalentiere 292
schalig 170
Scheelit 82
Scheidenmuscheln 260
Schichtfläche 152
Schichtsilikate 10
Schichtung 152f.
Schiefer 150, 178ff.
Schieferton 196
Schieferung 150
Schildkröten 304
Schizodus 262
Schizophoria 272
Schlacken-Lava 170
Schlammstein 196
Schlangen 304
Schlangensterne 286
Schloßlinie 270
Schloßrand 260
Schloß, taxodontes 260
Schloßzähne 260
Schmelzkruste 206f.
Schmirgel 44

Schnecken 238ff.
Schrägschichtung 152, 153
Schriftgranit 156
Schwämme 230
Schwanz (Trilobiten) 294
Schwefel 18
Schwefelkies 30
Schweine 308
Schwiele 238
Scleractinia 222
Sediment 151
Sedimentgesteine 146, 151ff., 192ff.
Seeigel 288f.
Seelilien 282f.
Seepocken 292
Seesterne 286
Segmente (Trilobiten) 294
Seifen 194
Seifenstein 126
Seil-Lava 170
Sellithyris 278
Sepia 250
Septaria 204
Septum 222
Sequoia 216
Serizit-Schiefer 180
Serpentin 94
Serpentin-Gruppe 124
Serpentinit 162
Sertfntin-Marmor 188
Siderit 64
Sieberella 276
Sikula 280
Silber 14
Silberglanz 20
Silex 130
Silikate 11, 147
Sillimanit 102
Sillimanit-Schiefer 184
Silt 148, 152
Siltstein 196
Sinus 242, 270
Sipho 238, 250
Siphonia 230
Skapolith-Gruppe 140
Skarn 151, 176
Skolezit 144
Skorodit 88
Skorpione 292
Skulptur 238
Skutterudit-Reihe 34
Smaragd 108
Snithsonit 66
Sodalith 140
Sowerbyella 274
Spaltbarkeit 10
Spatangus 290
Speckstein 126
Speiskobalt 34
Spessartin 100
Spezies 211
spezifisches Gewicht 10
Sphalerit 22

Sphen 98
Sphenophyllen 214
Spindel 238
Spinell 9, 40
Spinnen 292
Spinulicosta 274
Spirifer 270
Spiriferen 270
Spodumen 114
Spondylus 268
Spongien 230
Stachelhäuter 282 ff.
Stamm 212
Staurolith 104
Staurolith-Schiefer 182
Steatit 126
Stein-Eisenmeteorite 206
Steinkernerhaltung 210
Steinmeteorite 136, 206
Steinsalz 56, 202
Stephanoceras 254
Stern-Rubin u. -Saphir 44
Stibnit 28
Stielglieder 282
Stielklappe 270
Stilbit 142
Stöcke (Gesteine) 148
Stöcke (Korallen) 222
Stolonen 280
Stomatopora 236
Straparollus 238
Strich 11
Strichplatte 11
Strontianit 68
Strontium 10
Strophomena 274
Strophomeniden 274
Struktur 148, 150, 152 f.
Stylophora 222
Süßwassermuschel 264
Sulfate 12
Suspensionsstrom 153
Sutur 238
Syenit 158
Sykomore 218
Sylvin 56
Symmetrie 6
Syringopora 228
Tabulae 222
Tabulata 228
Talk 126
Tantalit 50
Tapire 306, 308
Tausendfüßer 292
Taxocrinus 282
Tedraedrit 36
Tektite 208
Tennantit 36

Terebratuliden 276
Teredo 262
Tetragraptus 280
Textur 147 f., 150, 152
Thamnasteria 224
Thecosmilia 224
Theka 280, 282
Thenardit 80
Thilit 106
Thomsonit 144
Thorax (Trilobiten) 294
Tiefengesteine 146
Till 192
Tillit 152, 192
Tinkal 72
Tintenfisch 250
Titanit 98
Ton 152, 196
Tonschiefer 150, 178
Tonstein 196
Topas 104
Torbernit 90
Tornatellaea 248
Trachyt 166
trachytisch 166
Transparenz 11
Travertin 200
Tremolit 118
Trepospira 238
Trepostomata 234
Tridymit 10
Trigonia 262
Trilobiten 294 ff.
Trinucleus 300
Trionyx 304
Triplagnostus 298
Trivialnamen 211
Troilit 206
Troktolith 160
Türkis 88
Tuffe 148, 172
Tungstit 38
Turmalin 110
Turrilites 258
Tyuyamunit 90
Uintacrinus 282
Ulexit 72
Ulme 218
Umbilicus 238
ungleichklappig 260
Uraninit 50
Ursus 306
Uvarovit 100
Vanadinit 88
Venericardia 260
Ventralseite 250
Ventriculites 230
Venushaar 48, 128

Venusmuscheln 260
Verdrängung 210
Vermikulit 124
Versteinerung 210
Vertebraten 302 ff.
Verwerfung 150
Verzierung 238
vesikular 148
Vesuvian 110
Vivianit 84
Vögel 304
Vulkankegel 148
Wachstumslinien 238
Wad 46
Wandporen 228
Wangenecke 294
Wangenstachel 294
Wangen (Trilobiten) 294
Wawellit 92
Wegschnecken 238
Weichtiere 238 ff.
Weißnickelkies 34
Wellhornschnecke 246
Widmannstättsche
  Strukturen 206
Willemit 94
Williamsonia 216
Windung 238
Wirbel 270
Wirbeltiere 302 ff.
Wismut 16
Wismutglanz 28
Witherit 68
Wolf 308
Wolframit 82
Wollastonit 116
Worthenia 238
Wüstenrose 74
Wulfenit 82
Wulst 238, 270
Wurtzit 22
Xenolithe 148, 154
Xenophora 242
Xenotim 84
Zebra 306
zentrale Achse
  (Trilobiten) 294
Zeolithe 9, 142
Zinkblende 22
Zinkit 38
Zinkspat 66
Zinnober 26
Zinnstein 48
Zirkon 98
Zoarium 232
Zoisit 106
Zooecium 232
Zweischaler 260 ff.

Steine erzählen Erdgeschichte(n)

Andreas E. Richter
Handbuch des Fossiliensammlers
Ein Wegweiser für die Praxis und Führer zur Bestimmung von mehr als 1300 Fossilien
Ein Buch, das keine Frage zu diesem beliebten, anspruchsvollen Hobby offenläßt!
461 S., 1191 z. T. farb. Abb., 81 Tab.

Bauer/Bouska
Der Kosmos-Edelsteinführer
Edel- und Schmucksteine. Entstehung – Vorkommen – Eigenschaften – Verwendung
Dieser Naturführer informiert über Entstehung und Vorkommen, physikalische und chemische
Eigenschaften sowie Verfahren zur Gewinnung von Edel- und Schmucksteinen und skizziert
ihre historische Bedeutung.
227 S., 366 meist farb. Abb., 6 Ktn.

Karl Beurlen
Geologie
Die Geschichte der Erde und des Lebens. Mit einer geologischen Übersichtskarte im Anhang
„...Tiefschürfend und zugleich leicht verständlich..."   (Gießener Anzeiger)
320 S., 250 z. T. farb. Abb., 3 geolog. Ktn.

W. Stuart McKerrow
Paläkologie
*Lebensräume, Vergesellschaftungen, Lebensweise und Funktion ausgestorbener Tiere und
ihre Veränderungen im Laufe der Erdgeschichte. Ein illustrierter Führer*
Ein wichtiges Buch für den Wissenschaftler – und ein nützliches für den Laien, dessen Interesse
an Paläontologie sich nicht im bloßen Aufsammeln schöner Versteinerungen erschöpft!
248 S., 88 Abb., 16 Ktn.

Jaroslav Bauer
Der Kosmos-Mineralienführer
Mineralien – Gesteine – Edelsteine. Ein Bestimmungsbuch
„...Trefflich läßt sich darüber streiten, was das größte Plus des Buches ist: die geradezu
narrensicheren Bestimmungstabellen, die Fotos... oder der knappe, aber hervorragende
Texteil..."   (Welt am Sonntag)
215 S., 640 meist farb. Abb.

Wir halten einen ausführlichen Prospekt für Sie bereit – bitte beim Verlag anfordern!

KOSMOS
Verlagsgruppe · Stuttgart